风云丝路

“一带一路”沿线国家气候概况

宋英杰 主编

江苏凤凰科学技术出版社
国家一级出版社 全国百佳图书出版单位

本书编委会

主　编　宋英杰

副主编　黄蔚薇　霍云怡　章　芳

编　者　黄蔚薇　霍云怡　李文静　齐棚然　宋英杰
王天奇　王　也　张　斌　章　芳　翟　羽
（按照姓氏首字母排序）

前言
preface

我们形容世界上最极端的气候，往往会说：“撒哈拉的夏天和西伯利亚的冬天。”人们总是希望气候温和，温度行走在“寒止于凉、热止于温”的舒适区间。

在雨热同季的季风气候背景下，我们的理想气候是“风调雨顺”，希望雨热两种极致的叠加能够为农耕文明赐予丰沛的阳光雨露。就连古时的启蒙读本中，都有“几阵秋风能应候，一犁春雨甚知时”的气候价值观。

古时，我们坐拥自己的“一亩三分地”，“燕子初归风不定，桃花欲动雨频来”，常以物候表象探寻气候规则。当人们寻访游历之时，才发现“燕草如碧丝，秦桑低绿枝”，各地的物候竟然如此不同。

陆上“丝绸之路”的延展，使唐太宗认识到西域的“三月连明，赤气遍野”；海上“丝绸之路”的开拓，使郑和有了对信风的驾驭。

气候是这个星球的“本底”，使文明世界得以萌生。但各国气候的差异，却常常超出人们基于本土气候的思维模式。一些地方，有着齐全的春夏秋冬；一些地方只有两个季节，一个是冬季，一个是“大约在冬季”；一些地方没有气温上的季节更迭，只有降水上的雨季和旱季。

不同的气候，造就了不同的风光和物产，滋养了不同的文化和习俗，甚至育化了不同的性情和智识。端详气候，往往可以成为理解风土和文化的一个切入点、一种思维攻略。

平常聊天时，我们常说到中亚五国，说到中东地区，说到“哪片云彩都可能会下雨”的东南亚，说到零下 70℃的雅库茨克，说到热到“不可描述”的迪拜，说到年降水量随便就可以超过 1 万毫米的乞拉朋齐……“一带一路”沿线国家确实是汇聚了各种气候的“博物馆”。

所以，我们将“一带一路”沿线国家的气候进行了一番梳理，源于气候数据，但不囿于气候数据，对各国的自然与人文进行气候延伸评述。和大家一起浏览一下从历史走向未来的这个“博物馆”。

宋英杰

2017 年 9 月

目　录
Contents

中亚篇………………………………………… 201

东南亚篇……………………………………… 230

东亚篇

East Asia

01

中国——丝绸之路的起点

China

地理概况：“万国博览会”

中国位于亚洲大陆东部、太平洋西岸，幅员之辽阔近于整个欧洲，地形之多样近于“万国博览会”。自西向东，中国的地势大致有“三个台阶”，呈现逐级降低的分布。

第一级台阶是“世界屋脊”青藏高原，海拔高度总体超过4000米。

第二级台阶包括内蒙古高原、黄土高原、云贵高原和塔里木盆地、准噶尔盆地、四川盆地等，并以大兴安岭、太行山、巫山和雪峰山为边缘。

而在这一系列山脉以东，就是中国的第三级台阶，自北向南分布着东北平原、华北平原、长江中下游平原和东南一系列丘陵地带，海拔高度大多在1000米以下。

当然，中国各地的气候，不仅取决于海拔，更取决于纬度、地形地貌与海拔高度等因素的排列组合，可谓包罗万象。

中国东北的大兴安岭冬日漫长，林海雪原是其代表性的景色；而西北的吐鲁番盆地则酷暑炎炎，通体赤红的火焰山似乎也在诉说这里的炙热。巍巍立于中国西南的青藏高原，使气候温热的北纬30°圈多出了一个高寒的“第三极”；而长夏无冬的华南西侧，则由于云贵高原的存在而常年如春。

在中国，由于地形过于复杂，并不能仅靠方位来估算冷热。不过雨雪多寡却有比较简明的地理分界。

第一个分界是秦岭－淮河一线，大致以800毫米年降水量划分了中国的气候湿润区与半湿润区。秦岭－淮河以南地区则雨季较长、雨水丰沛。秦岭－淮河以北地区，七八月的降水量占全年降水的很大比重，平时雨水贵如油，这时雨多也发愁。

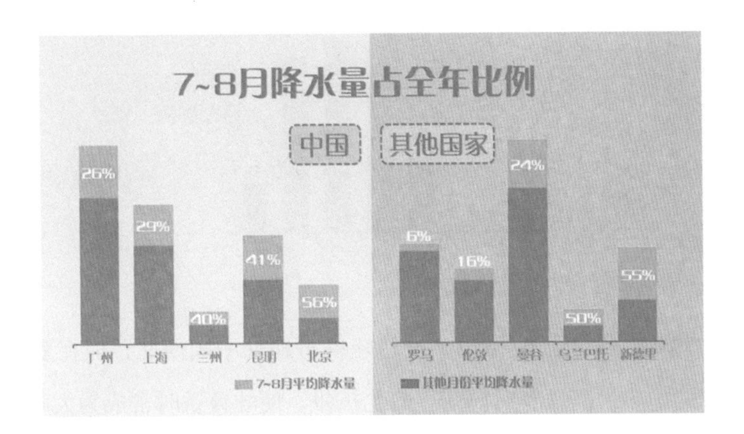

第二个分界是黑河－腾冲一线，这是地理学家胡焕庸先生划定的。途经大兴安岭、张家口、兰州、拉萨和喜马拉雅山脉东南端，这条线在地理上近似于中国西南－东北方向的对角线，同时也近似于中国400毫米年降水量线，是中国气候半湿润区与半干旱区的分界。

中国这只雄鸡，下身是世界上最高的青藏高原，头顶是最辽阔的冷空气发源地——西伯利亚，眼前是世界上最浩瀚的水域——太平洋。这一切极致，使它的气候注定纷繁。

中国北方的“冰与火”

在中国的低海拔地区，有一个有趣的现象——与北半球通常的“南热北冷”规律不同，中国的“冷极”和“热极”都在北方。

中国的“冷极”是黑龙江漠河，位于北纬53°。漠河的北边，就是我们潜意识中冷空气的代名词——西伯利亚。漠河的冬季漫长而寒冷，零下30℃的严寒是家常便饭，就连最暖的7月，平均最低气温也只有11.3℃。历史上的极端最低气温为零下52.3℃（1969年2月13日），也是中国的极端最低气温纪录。

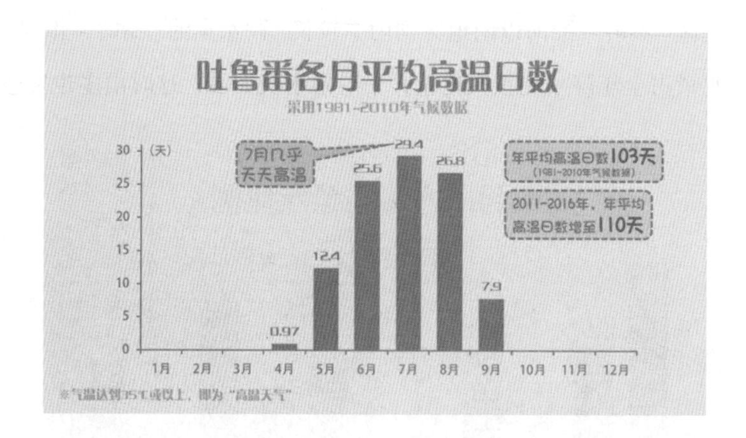

中国的“热极”是新疆吐鲁番。虽然吐鲁番地处中国西北，但在夏季，位于阿拉伯半岛一带的副热带高压有时向东、向北扩张，使吐鲁番时常成为大陆高压的“势力范围”。而吐鲁番盆地四周有海拔超过2000米的高山环绕，自身地势极低（最低处海拔为-155米，是世界第二低地），使这里增热很快、散热极慢，热浪都被“兜”在盆地里。

中国的极端最高气温纪录一直是由吐鲁番保持并“自我提升”的，新纪录是49℃（2017年7月10日）。

特别的“第三极”

世界上最高的高原——青藏高原，被称为“世界屋脊”或“第三极”，这两个称号从两个侧面表明了青藏高原的特点：海拔极高、气候高寒。

虽然青藏高原位于北半球中纬度（北纬26°～39°），却因为平均海拔超过4000米，而拥有着与同纬度其他地区完全不同的寒冷气候。

然而青藏高原的作用，并不只是让这片大约250万平方千米的土地拥有与同纬度其他地区迥异的气候，它的隆起使中国很多地方的气候都与北半球同纬度地区不再相似。

翻开世界地图可以发现，无论是北半球的阿拉伯沙漠、撒哈拉沙漠、墨西哥沙漠，还是南半球的澳大利亚沙漠，普遍集中在南北回归线附近的纬度上，即 15°～30° 之间，这一纬度区也因此得名“回归沙漠带”。

而中国的沙漠位置却与众不同，新疆塔克拉玛干沙漠、古尔班通古特沙漠，以及内蒙古的巴丹吉林沙漠，均位于北纬 30°～50° 之间。反观与“回归沙漠带”同纬度的中国南方地区，却温暖湿润、物产丰富。而造成这种“乾坤大挪移”的根源，就是青藏高原。

青藏高原平均海拔超过 4000 米，面积也极为广阔（为中国国土面积的 1/4）。它的崛起，造就了东亚地区独特的大气运动方式。

在冬季，高原的存在使来自高纬度地区的冷空气绕开高原，从中国西北地区向南铺展，并形成稳定的大陆冷高压，使北方干燥寒冷；而高原南侧的暖湿气流也绕开高原，从西南方进入中国南方上空，和冷空气一起造雨酿雪，使南方的冬季依然湿润。

也正是由于高原的存在，使得北半球的副热带高压带在中国上空发生断裂，并退居太平洋。只在盛夏时节（7~8 月）得以西伸，给中国南方地区带来酷暑。而大部分时间里，来自南海海面上空的暖湿气流得以长驱直入地影响中国，湿润的偏南气流与沿高原北侧南下的冷空气交汇后形成丰沛的降雨。在西北地区，高原的阻挡使暖湿气流难以到达，而大陆高压时常滞留于此，所以西北的夏天干燥酷热。

而在中国中、东部，特别是本可能为荒漠的中国南方，高原的隆起使包括长江、黄河在内的大小河流自西向东奔流不息，暖湿气流更增添了万物生长所必需的丰沛雨露。雨水与河流，滋养了千里沃野、四季分明的鱼米之乡。

雨季：气候最丰厚的赐予

中国神话中有两位神仙——雨师和风伯，雨师播撒雨水，离不开风伯的助力。风调，所以雨顺。谁把雨季这份“年度大礼”奉送到我们面前的呢？它，就是季风。

季风的形成，与太阳直射位置与热带辐合带的南北移动有关，也与海洋和陆地的季节性热力差异有关，而青藏高原的存在又加强了这两个因素的表现，最终形成了季节差异明显的东亚季风气候。

冬季，中国中低海拔地区普遍受到强大的冷高压控制，盛行干燥寒冷的偏北冬季风。雨雪只能靠绕行青藏高原南侧的西南气流提供水汽来触发，因此中国冬季的降水普遍处于一年中最少的水平。

春分之后，太阳直射点到达赤道以北，南海上空的暖湿气流逐渐强盛，东亚的夏季风逐步“北伐”，中国的雨带自南向北渐次推进，陆续形成华南前汛期（4~6 月）、江淮流域梅雨（6 月中下旬 ~7 月上旬）、华北雨季（7 月下旬 ~8 月上旬）。然后夏季风南撤，雨季自北向南陆续结束。

不过夏季风在南撤的过程中，也并非溃不成军地“败逃”。它还会组织两大“战役”：一是 7~10 月的华南后汛期；二是 9~10 月的“华西秋雨”，正所谓“巴山夜雨涨秋池”。

华南前汛期是中国汛期的开端。在其持续的 4~6 月，输送冷空气的西风带余威尚在，而南海和孟加拉湾的西南暖湿气流初露锋芒，它们将华南当作交兵之地。这一时期的降水被称为“龙舟水”。前汛期降水往往是“阵地战”——“战场”开阔、“战事”胶着、“战况”激烈。

反观 7~10 月的华南后汛期，强降雨大多是台风等热带天气系统单方发力，“棋逢对手”的冷空气并未“参战”。所以尽管有时“爆发力”很强，只是“突袭”而已，总降水量未必很大，而且每次“突袭”之间的间隔比较长。

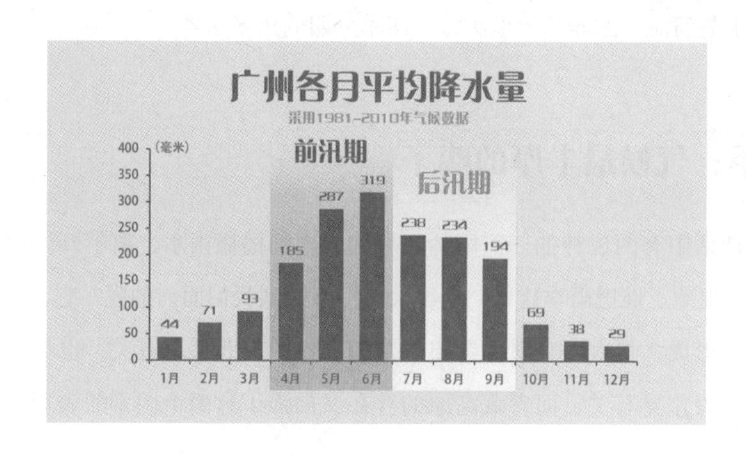

广州，每年 4~9 月的月平均降水量普遍超过 150 毫米。降水量 6 月最多（319 毫米），5 月次多（287 毫米），其前汛期（4~6 月）比起后汛期（7~9 月）更胜一筹。

如果说华南前汛期的冷暖气流交战是以冷空气败退告终的话，那么冷空气收缩主力之后，将在长江中下游地区“以逸待劳”。

6 月中下旬至 7 月，东亚地区的西风带北撤，西北太平洋副热带高压第一次季节性北跳，孟加拉湾和南海西南季风爆发，暖湿“军团”乘胜挺进。在长江中下游地区，“梅雨”大战开始。此时，冷空气虽已老迈但后援尚显充足，暖空气风头正盛但战线过长，冷暖势力进入战略相持阶段，于是在长江中下游地区形成“拉锯战”。此时正是江南梅子的成熟时节，因此这时的雨也被称为“梅雨”，“黄梅时节家家雨，青草池塘处处蛙”。梅雨，也成为东亚其他地区相似气候期的通用词汇。

典型梅雨的特征是：雨期长、雨量大、雨区稳定（南北摆动小）。

梅雨的“几宗最”：

梅雨季开始（入梅）时间：最早出现在 6 月 2 日（1991 年），最晚则为 7 月 9 日（1982 年），二者相差 37 天。

梅雨季结束（出梅）时间：最早出现在 6 月 14 日（1994 年），最晚则在 8 月 3 日（1998 年），二者相差 50 天。梅雨季最长可达到 50 天（1954 年），最短则只有 6 天（1971 年），甚至出现“空梅”（如 1958、1965、2001、2002 年）。

梅雨期的出现时间、持续长度和梅雨的雨量年际变化很大，取决于副热带高压和冷空气的强弱能否形成战略均衡。

如果副热带高压太强，连续北跳，很快跳过北纬 25°，连续“攻城略地”，冷空气望风而逃，战事便草草结束了；如果副热带高压太弱并且太偏东，兵马紧缺、粮草匮乏，便无法组织有效的进攻；如果副热带高压不稳定，忽南忽北、忽强忽弱，经常性地转移阵地，也难以形成在某个地方滞留的连续性降水。这样的情形，都有可能造成“枯梅”，甚至“空梅”。但梅雨过强或过于连绵，同样为祸。

每年 7 月下旬至 8 月上旬，西北太平洋副热带高压达到一年中最北的位置（脊线位于北纬 27° 以北），也是夏季风最为强盛的时期。这时华北、东北、西北地区东部普遍进入雨季。对于华北等地区而言，雨季是一年中雨水最为集中的时期。北京、石家庄和长春，7 月、8 月两个月的平均降水量占平均年降水量的 56%、53% 和 52%。也就是说，这 20 天的降水量超过全年的一半！

在特定形势下，北方的强降雨会呈现出“爆发力”与“耐久力”兼备的特点，而且北方的环境承载力相对较低，所以强降雨的致灾能力非常强。

而如果“气旋”是深入北方的台风或热带低压，这类“行走的暖湿气团”与冷空气结合，带给北方的降雨更为凶猛。

到了 9 月至 10 月，以“天高气爽”为标志的秋季逐渐盛行之际，华西地区则开始阴雨绵绵，这种现象被称为“华西秋雨”，雨未必急促，但久拖不决。用唐代文学家柳宗元的话说，天气到了“恒雨少日，日出则犬吠”的程度。

以气温划分季节

作为深受季风影响的国家，中国的季节按照降水多寡来划分似乎颇为简便。

但西北大片地区没有明显的雨季和旱季之分；中国国土南至北纬 20° 以南，北至北纬 50° 以北，冷空气和暖湿气流你来我往，使中国大多数地区在年中和年初（末）的冷热差别非常鲜明，从而有着春暖花开、夏日炎炎、秋高气爽和寒冬料峭的四时体验。因此，中国的季节以气温标准划分更为合理。

中国现行的季节划分标准较为严谨，但计算量巨大，需要计算一系列 5 天滑动平均值（即以当天及前 4 天的平均气温为一组数据求得平均值），并以此判断是否进入某一季节。按照标准，当连续 5 个 5 天滑动平均气温值大于或等于 10℃，则以其中首日作为当地进入春季的日期；进入夏季、秋季和冬季的标准，则是把入春条件中的气温标准分别替换为“大于或等于 22℃”“小于 22℃，大于且或等于 10℃”和“小于 10℃”。

按照这一标准，中国大多数地区都四季分明，只是由于南北差异和地形影响，各地进入下一季节的进程不尽相同，有的地区甚至并不是四季俱备。

台风：时常“访华”的不速之客

除了季风，还有一种降水来源，就是台风。“台风”“气旋风暴”“飓风”，这几个名称有时让人傻傻分不清，其实是热带气旋在不同洋面的不同称谓而已。热带气旋在西北太平洋洋面上被称为“台风”，在北印度洋则被称为“气旋风暴”，而在北大西洋和东北太平洋，则被称为“飓风”。

热带气旋通常在热带或副热带海面上生成发展，其活动海域包括北太平洋（分为西北太平洋、中太平洋和东北太平洋）、西南太平洋（主要集中在澳大利亚以东海域）、印度洋（包括孟加拉湾、阿拉伯海、非洲东南方海域以及澳大利亚以西海域）、北大西洋（主要在美国、墨西哥等以东海域），东南太平洋至今没有出现过热带气旋活动，而东南大西洋也只在 2004 年出现过一个罕见的热带气旋“卡塔琳娜”。

在出产热带气旋的洋面中，西北太平洋是热带气旋最为活跃的区域，平均每年生成的台风数量为 25.5 个，远远多于其他洋面（例如西北太平洋“隔壁”的北印度洋，把孟加拉湾和阿拉伯海加在一起，平均每年也只有 3.3 个气旋风暴生成）。

西北太平洋洋面广阔、低纬度海域温暖，空气热对流活跃，时常可以出现热带扰动，因此西北太平洋成为台风的温床。

西北太平洋台风生成的发源地主要有三个：菲律宾以东洋面、关岛附近洋面和南海中部。在副热带高压的引导下，菲律宾以东洋面和关岛附近洋面生成的台风又多向西、向北移动，有时还会登陆。除了中国，日本、菲律宾、越南也都是台风的“登陆大户”。

下面是 1981~2010 年，西北太平洋台风各月的生成数量及登陆中国的数量，平均来看，每年登陆中国的台风数量为 7.1 个，7~9 月的登陆频率最高。

虽然台风在各个月份都有可能生成，不过在不同年份，“台风季”的时间差别也可以很大。例如 2015 年每个月都有台风生成，而到了 2016 年，台风却拖到下半年才开始生成。

不仅“台风季”的持续时间变动很大，每年生成台风的数量也可以有很大差异。根据 1951 年以来的统计，1967 年是生成台风最多的年份，达到 40 个；但生成数最少的 1998 年和 2010 年，都只有 14 个台风生成。因此不同年份登陆中国的台风数量变化也非常大——最多的年份，有 11 个台风登陆；最少的年份，只有 3 个台风登陆。

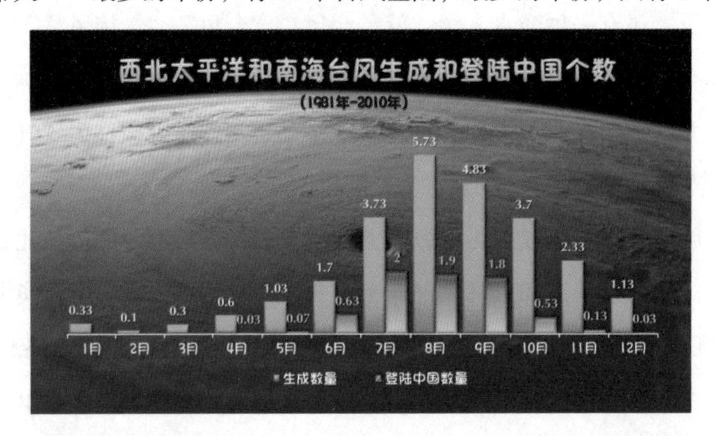

由于台风生成和活动的位置普遍在热带或亚热带洋面，因此登陆中国的地点普遍分布在南部和东部沿海，南方远远多于北方。

1949~2016 年登陆中国的最强台风前五名

排名	台风编号及名字	登陆强度	登陆时间及地点
1	1409 威马逊	70m/s，890hPa	2014 年 7 月 14 日，海南文昌
2	5904 Joan	75m/s，930hPa	1959 年 8 月 29 日，台湾台东
3	6208 Opal	65m/s，920hPa	1962 年 8 月 5 日，台湾花莲－宜兰
4	5612Wanda	65m/s，923hPa	1956 年 8 月 1 日，浙江象山
5	0608 桑美	60m/s，920hPa	2006 年 8 月 10 日，浙江苍南

根据 1949~2016 年的统计，中国遭遇台风登陆的省（区、市），按照台风登陆的频繁程度由高到低排序，前十位为：广东、台湾、福建、海南、浙江、广西、山东、香港、辽宁、上海。

02

蒙古国——半载寒冬一瞬夏

Mongolia

地理概况

蒙古国，位于中国内蒙古以北，是亚洲东北部的内陆国家，属于极端的温带大陆性气候。对于蒙古而言，阳光雨露，并不缺少阳光，但十分缺少雨水。

蒙古的气候常常被概括为“冬长夏短”，这里的夏天实在是太短了，一般只有一个多月的时间，仿佛是气候上的“临时工”。有些地方如果按照中国的季节标准（日平均气温稳定在22℃以上才能定义为夏季），则根本没有夏季，春天过着过着就变成秋天了。而冬天又实在太漫长了，每年几乎要滞留七八个月的时间。

第二大内陆国

在1991年苏联解体之前，蒙古国是世界上最大的内陆国家，而在苏联解体之后，独立出来的哈萨克斯坦取代蒙古国成为面积最大的内陆国，蒙古国国土面积达1 564 100平方千米，位居第二。

蒙古国处在中国和俄罗斯的包围之中，虽然疆域不能与中俄两国比拟，但境内地形地貌同样复杂多样，高山、平原、森林、荒漠齐聚。总体呈现出西高东低、北林南漠的特征。西部山区森林密布，东部草原辽阔，南部则多为戈壁荒漠所占据。西部、北部和中部由多条山脉构成，山间多内流水系和湖泊、盆地。

色楞格河及其支流鄂尔浑河是境内的主要河流，河湖附近水源充足、植被丰富，是天然牧场和主要的农耕区。

极端大陆性气候之降水稀少

蒙古国深居亚洲东北部的内陆地区，昼夜温差大，四季分明，冬有严寒，夏无酷暑，春秋多风。而且光照充足，通常一年中至少有 250 多个阳光灿烂的日子，每年日照时数可以达到 2600~3300 小时。

在蒙古国，相较于格外慷慨的阳光，降水则显得过于吝啬。年平均降水量只有 100~300 毫米，主要集中在短暂的夏季，而冬季平均降水量只有 10~15 毫米。降水自北向南逐渐减少，南北差异显著，北部的年平均降水量可以达到 400~600 毫米，南部多地甚至不足 100 毫米。

这样稀少的降水与蒙古国的地理位置密不可分：夹在中国和俄罗斯两国之间，为辽阔的陆地所包围，海洋都远在千里之外，高耸的喜马拉雅山脉挡住了来自热带地区的温暖湿润的季风气流，水汽只能跟随西风带波动，从遥远的北冰洋或是里海一带地区长途跋涉而来，加上途中的损耗，能顺利在蒙古国降落的便微乎其微了。

极端大陆性气候之气温悬殊

蒙古国极端的大陆性气候还体现在其任性的气温上。该国纬度较高，且是内陆国家，不仅昼夜温差较大，冬夏两季的气温也相差很大。冬季的蒙古国是世界上最强的蒙古－西伯利亚冷高压的中心，是亚洲“寒潮”的发源地之一，是北半球最冷的地方。特别是冬天最冷的 1 月，平均气温可以达到零下 15℃，甚至是零下 30℃，天寒地冻；夏天的时候则较为温暖，有时最高气温会达到 35℃以上，有短暂的炎热天气出现。

蒙古国每年一半以上的时间为冷高压所笼罩，气温也因此被压制在低位，平均气温都在 0℃左右徘徊。南部荒漠地区相对温暖，平均气温普遍在 2~6℃。北部气温则相对较低，年平均气温大都在冰点以下，特别是西部山区，年平均气温只有零下4℃～零下8℃。在这种极端的气候状态下，无霜期很短，大约从6月到9月，只有100天左右，留给作物生长的时间非常有限。

蒙古国的四季

蒙古国的春季较短，但天气复杂多变，飘雪、飞沙、大风的日子较多。这时候虽然天气开始回暖，地面温度升高，逐渐解冻，但是冷空气势力仍然比较强劲，天气骤冷骤热，变化无常，而且随着冷空气过境，带来大风降温的同时，还常会有低压气旋形成东移，地表的沙尘常会被卷带到空中，与天空飘落的雪花混为一体，遮天蔽日。在这样的情况之下，回暖进程较慢，往往要到5月中旬，草木才开始发芽转绿。

夏季（7~8月）是最美好的季节，也是旅游的最佳季节，天气温暖，但并不十分炎热，平均最高气温就是20℃多的样子，而且雨水逐渐多了起来，空气较为湿润，十分舒适。不只是天气好，这里还有一片碧绿的辽阔无边的大草原，有奔腾的骏马、成群的牛羊，这一切都使这里的夏天显得无比迷人。

除了自然美景之外，每年7~8月是精骑善射的蒙古族的狂欢节，蒙古国各地都会举行不同规模的那达慕大会。“那达慕”为蒙古语音译，是游戏、娱乐的意思，这是蒙古族流传下来的具有民族特色的竞技游戏体育活动，在蒙古族人民的生活中占有重要的地位。7月11日~7月13日国庆期间，蒙古国首都乌兰巴托会举行“国庆伊赫那达慕大会”，这是现行规模最大的那达慕大会，也是蒙古国最盛大的节日。

蒙古国的秋季同春季一样，是短暂的过渡季节，降水减少，天气逐渐转凉，但天气相对稳定，秋高气爽。但随即冷空气发动攻势，天气往往不是渐变而是突变，可谓“轰然”入冬。

冬季是蒙古国最为霸道的季节，凶残而漫长，主要有极寒和暴风雪两大“凶器”。

极寒：作为冷空气的老家，蒙古国冬季的最低气温时常可达零下40℃（极端最低曾达到零下60℃）。

在这个滴水成冰的国度，城市供暖期从 9 月 15 日维持到次年的 5 月 15 日，长达 8 个月之久。在河谷、盆地等低洼地区，冷空气堆积，气温要更低一些，而山上海拔较高的地方，由于逆温层的影响，温度相对会高一些。

暴风雪：暴风雪是强降温、大风和强降雪相伴出现的天气现象，发生时天空大雪弥漫，能见度较低，严重时会使人迷失方向，还会造成局部迅速积雪，影响交通，掩埋房屋。蒙古语中有一个专门的词汇形容暴风雪，叫作“闹海风”。漫天飞雪之时，只听得风刮得像一群疯狗嚎叫一般。

冬天对于蒙古国来说，不只是天寒地冻那么简单，当地的支柱产业之一的畜牧业也常会受到严重影响，大量牲畜常会因为无法获得足够的食物或者难以抵御极端低温冻饿而死，严重的时候，会引发该国的经济危机和粮食安全问题。人们将这样能造成大量牲畜死亡的严冬称为 Zud。而根据每年不同的气候情况，Zud 又可以分为以下几种：

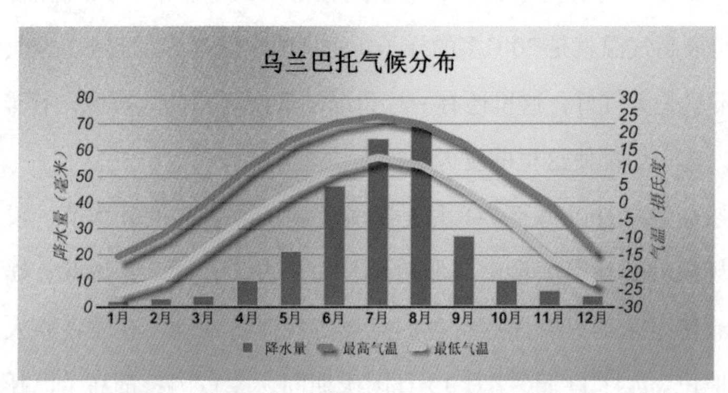

白色 Zud：大量积雪将牧草掩埋使得牲畜无法进食造成的灾害。

黑色 Zud：冬季降水极少、牧场过度放牧、水源不足而造成的灾害，主要发生在南部荒漠地区。

钢铁（或玻璃）Zud：冬季短暂回暖，积雪融化后结成厚厚的冰层，牲畜无法进食而造成的灾害。

Zud 与中国冬季常造成牲畜死亡的黑灾和白灾类似，但要更为严重一些。根据历史数据来看，Zud 的发生常会演变成一个国家级的灾难，特别是夏秋季节干旱严重、牧草产量不足时，冬季往往会面临巨大的挑战。

了解了蒙古国四季的气候，我们再来认识一下蒙古族的传统服饰。长袍、窄袖、束腰是蒙古族着装的主要特点，不仅美观，而且实用，以顺应温差大、多风、冬寒的气候条件。

在草原上，蒙古牧民都喜欢穿长袍，也称蒙古袍。蒙古袍长而宽大，还有长袖和高领，具有明显的御寒功能。长袍长及脚背，骑在马上也能盖至小腿位置，高领和长袖则可以护住脖子和双手；宽大的腰身便于骑马、活动，晚上还可以当被子；再加上腰带，能防止寒气进入，挡风保暖。

不同的季节，有不同款式的蒙古袍，春秋可以穿夹袍，夏天是单袍，冬天还有棉袍、皮袍，冬季可御寒，夏季还能防止蚊虫叮咬。穿长袍时，往往还要穿靴、戴帽，尤其是在祭祀的时候，需要穿戴整齐以示庄重，靴子和帽子也能起到防寒保暖的作用，也更适应草原上的生活环境。

乌兰巴托：世界上最冷的首都

蒙古国首都乌兰巴托位于蒙古高原中部、肯特山南段、鄂尔浑河支流图拉河畔，东西两侧为广阔的平原。海拔在 1300 米左右，属于典型的温带大陆性气候，全年雨雪稀少，年降水量只有 267 毫米。昼夜温差大，常年无夏，冬季尤为寒冷漫长，从 9 月到来年 4 月平均气温都不足 10℃，是世界上最寒冷的首都。

但七八月份，当亚洲其他地区在或烘烤或闷蒸的夏日之中挣扎时，乌兰巴托已经迎来了一年中最舒爽宜人的一段时间。白天的最高气温约在 20℃，而且时常有雨水光顾，空气湿润。

乌兰巴托是一座具有浓郁草原风貌的现代城市，周边是辽阔的草原。21 世纪以来，乌兰巴托高速的现代化进程也带来了许多问题，密集的人口便是其中之一。蒙古国总人口在 300 万左右，近半数都集中居住在首都。

大量的汽车尾气、工厂废气也给乌兰巴托的天空蒙上了灰尘，特别是冬季的时候，烧煤、烧垃圾取暖排放出大量的污染物，而且长期被冷高压控制，近地面易形成逆温，大气层结稳定，像扣上一个大锅盖一样，污染物难以扩散。乌兰巴托曾被世界卫生组织评为世界空气污染最严重的十大城市之一。乌兰巴托的夜也不像歌曲中描述的那样幽静、明亮。

针对乌兰巴托日益严重的大气污染状况，蒙古国成立了“全国减少空气污染委员会”，设立专项基金，与电力、环境等部门合作，采取了多项治理措施：改造城市供电和供暖方式，出台优惠用电政策，进行集中供暖，改良炉灶，推广使用无烟煤或是无烟锅炉，降低汽车尾气污染，引进新能源汽车，对蒙古包区进行改造等。并出台多项污染排放标准，逐步完善环境相关法律法规。

西亚篇

Western Asia

03

阿拉伯联合酋长国——一半是海水，一半是沙漠
The United Arab Emirates

地理概况

阿拉伯联合酋长国简称为阿联酋。位于阿拉伯半岛东部，北濒波斯湾，东、西、南侧分别与阿曼、卡塔尔和沙特阿拉伯相邻，总面积为83600平方千米，与中国重庆面积相当。

阿联酋境内除东北部有少量山地外，绝大部分是海拔200米以上的荒漠、洼地和盐滩，但同时又拥有长达734千米的海岸线，可谓是一半是海水、一半是沙漠的国度。

一个没有冬季的国家

说到阿联酋的气候特点，就不得不说到其所处的阿拉伯半岛。

从纬度上来看，阿拉伯半岛与中国的江南、华南地区非常接近。现在很多孩子朗读的《千字文》中有这样一句："云腾致雨，露结为霜。"人们知道，降水需要有水汽聚集成云，然后通过云的上升运动凝结成雨滴，再由天而降。

阿拉伯半岛虽然三面环海，看似水汽充足，但终年受副热带高压带控制，大气盛行下沉气流，导致难以成云致雨。再加上日照强烈、气温高，所以造就了世界第二大沙漠——阿拉伯沙漠。而阿联酋地处阿拉伯半岛东部，北回归线附近，吸收的太阳辐射极为充足，属于热带沙漠气候。

阿联酋全年无冬，夏季酷热漫长，全年降水稀少。所谓季节，只能用凉季和热季加以区别。

进入 5 月，日平均气温便能达到 30℃以上，热季拉开帷幕，并一直持续到 9 月。其间平均最高气温经常超过 40℃，极端最高气温逼近 50℃。加上阿联酋纬度较低，光照很强，所以地面温度比气温高出的幅度也更大。在阿联酋，热季人们大多只能白天在室内，早晚时分在海边。

12 月至次年 2 月是全年最凉爽的季节，日平均气温在 20℃左右，最低气温也在 10℃以上，与中国的秋季相仿。

除了气温以外，阿联酋与中国相比，最大的气候差异在于降水量的季节分布。中国属于季风性气候，雨热同季，夏季也是降水最充沛的季节。而阿联酋受副热带高压控制，夏季往往数月滴雨不降。相反，得益于冬季地中海气旋的影响，仅有的雨水大多集中在最凉爽的 12 月至次年 2 月。

即便如此，阿联酋全年平均降水量只有区区 100 毫米，是乌鲁木齐的 1/3 左右，而蒸发量却超过 3 500 毫米。在自然的水循环中，完全处于“入不敷出”的状态。

小型节水农场

由于阿联酋淡水资源收支严重失衡，加之全国土壤以荒漠或盐碱地为主，一些环境专家曾断言，这里无法发展农业。但阿联酋通过长期政策扶持以及巨大的资金投入，因地制宜地确定了以私营小型节水农场为主体、国营大规模农场为补充、农业科学实验基地为外围、抗旱抗盐作物为重点的沙漠农业模式，并取得了较好的效果。

阿联酋目前共有 23 682 座农场，其中私营小型节水农场主要集中在阿联酋东部靠近波斯湾的伊马角酋长国，这一地区拥有从邻国阿曼境内的哈杰尔山脉中延伸出来的地下水系，而且降雨量也较为丰富。若干整齐划一的小农场在沙漠中一字排开，绵延几十千米，构成了一道独特的风景线。

小农场主要用矿化度约 3 克 / 千克的地下水滴灌。每个农场一般都建有一个约

100 立方米的贮水池，以及由人力控制的二次加压滴灌输水系统，使有限的水资源得到充分利用。

双子都市：阿布扎比和迪拜

在阿联酋的 7 个酋长国中，首都阿布扎比面积最大，当地酋长拥有阿联酋 90% 以上的石油资源，因此阿布扎比也是最重要的政治和经济中心。

然而在阿联酋国人眼中，阿布扎比的光芒却远不及迪拜那样璀璨耀眼。如果说给这两颗双子星分别贴上不同的标签，那么迪拜或许是高调奢华，阿布扎比却是低调本真。

阿布扎比——沙漠中的新星

阿布扎比位于阿联酋海岸线中点位置附近波斯湾的一个 T 字形岛屿上，由海边的几个小岛组成。阿布扎比在阿拉伯语中是“有羚羊的地方”的意思，据说从前经常有阿拉伯羚羊在这一带出没，因此得名。

行走在阿布扎比的街道上，放眼望去可以看到白色的街道、圆顶的阿拉伯房子，还有街道上身着传统长袍与头巾悠然漫步的阿拉伯人，仿佛回到了古老的阿拉伯王国。骆驼是当地传统的交通工具，所以他们称自己是“骑在骆驼背上的民族”。

阿布扎比同样属于热带沙漠性气候，日照充足，降水非常稀少，几乎是水比油贵。全年平均降雨量仅 57 毫米，总降雨日数还不到 10 天，尤其是 5~11 月，长达 7 个月的时间内出现降雨的概率非常低。

少雨的主要原因是：冬季这里受副热带高压带控制，盛行干燥的东北信风，夏季虽气压较低（东有印度低压），但西南风来自干旱的北非陆地，水汽耗尽，难以形成降雨。

5~10 月是阿布扎比的热季，各月平均最高气温均在 35℃以上，最高气温历史极值为 49℃。虽然在这长达半年的时间里几乎滴雨不下，但因为紧临波斯湾，所以当地的空气并不非常干燥，早晨的平均相对湿度一般能达到 60% 以上，即使晚上也在 30% 以上，这也使得夜间的气温下降幅度不像利雅得等内陆城市那么夸张，在最热的七八月，平均最低气温依然接近 30℃，炎热的感觉从早到晚贯穿始终。

此外，热季还是阿布扎比沙尘天气最多发的时段，各月沙尘天气基本都在 12 天以上，特别是 7 月，甚至能达到 23 天，不仅空气质量差，能见度也会受到很大影响。

度过了漫长的干热季之后，11 月阿布扎比的气温开始明显回落，平均最高气温降到 30℃左右，最热的时候也不会超过 40℃。

到了 12 月，偶尔可以见到雨水光临了，虽然大多是短暂的阵雨，但聊胜于无，同时沙尘出现的频率也大为降低。12月至次年 3月，可谓全年之中最为凉爽舒适的时段。白天最高气温基本都保持在 25℃左右，最低气温只有 15℃。最低气温极值也曾降到个位数，不过只是小概率事件。

二三月每月有 3~4 天会出现降雨，其中降雨量最多的 2 月有 42 毫米，占全年降雨量的一半左右。如果说在阿联酋，有哪个月人们需要带伞，那便是 2 月了。

迪拜——沙漠中的奇迹之城

迪拜是阿拉伯联合酋长国的第二大城市，作为当今世界发展最快的城市，迪拜扩张的迅猛步伐令人眩晕。

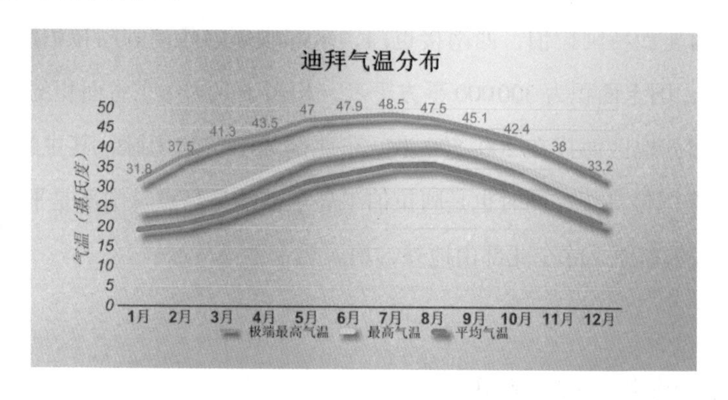

迪拜也属于热带沙漠性气候，气候干燥，降水少，气温高。12 月至次年 3 月是最佳的旅游季节，从 4 月份开始恢复炎热本色，七八月气温达到全年的“峰值”，

最高气温常常轻松突破 40℃。所以迪拜的商场、酒店、计程车等封闭环境，制冷力度往往出乎意料，无论何时何地，一件长袖外套都是必不可少的。在迪拜，不仅要防晒、防热，还要防“寒”。天造的热和人造的冷，同时存在着。

每到盛夏，当我们被三十几摄氏度的“桑拿天”折磨得苦不堪言的时候，看到电视中播放的迪拜的天气预报是“晴，32~45℃”，便淡定了许多。热，有时也是相对的。

04

阿曼——北回归线上宁静的土地

Sultanate of Oman

地理概况

阿曼全称阿曼苏丹国，意为“宁静的土地”。它位于阿拉伯半岛东南部，西北临阿联酋，西连沙特阿拉伯，西南接也门，东部毗邻阿曼湾和阿拉伯海，海岸线长达 1700 千米，国土面积为 300000 平方千米，相当于我国山东省面积的 2 倍。

境内大部分地区海拔在 200~500 米，东北部为哈贾尔山脉，其主峰沙姆山海拔 3352 米，为全国最高峰，同时也是阿拉伯半岛东部的最高点。中部是平原，多沙漠，西南部为佐法尔高原，除东北部山地外，均属热带沙漠气候。

气候像地貌一样多变

虽然阿曼像其他阿拉伯半岛国家一样，也基本属于热带沙漠气候，但由于境内地形复杂，既有平原和盆地，又有山地和高原，海拔落差较大，因此天气气候差异很大。

每年 4~10 月为阿曼的热季。虽然全国范围内平均最高气温在 30~35℃，但中部平原地区最高气温往往在 40℃以上，历史极端高温纪录为 50.8℃。

11 月、至次年 3 月为清爽宜人的凉季，最高气温在 25℃左右，最低气温在 15℃左右，但是东北部山区也会有低温和降雪出现。

降水方面：干燥少雨的平原地区年平均降水量在 100 毫米左右，且主要集中在凉季。东北部哈贾尔山脉地区年降水量在 400 毫米以上，地势较高的绿山年降水量可达 900 毫米以上。虽然山区降水充沛，但由于地质结构以多孔石灰岩为主，雨水迅速渗透，植被得不到充足的滋养，依然非常贫瘠。

然而对于平原和低洼地区来说，渗透进入地表层之后的水分得以汇聚形成天然泉水，或者在山谷汇聚成河流，为农业生产提供了得天独厚的水源。而阿曼最肥沃的地区——佐法尔高原，则完全得益于每年 6~9 月的季风降雨。

为什么阿曼滨海却少雨?

阿曼是“热带沙漠气候”，但有一个疑惑可能让很多人都难以释怀：为什么就在海边，却干热如沙漠一般?

以北半球为例，赤道附近的上升空气到达副热带会聚集下沉，形成副热带高压，从而在副热带与赤道间形成向南的风。由于地转偏向力作用，北半球形成了东北信风。

副热带大陆东岸处于迎风面，信风带来海洋的水汽，所以降水较多，气候湿润，比如中国东南地区。而大陆西岸处于背风面，风是从陆地吹来的，所以降水稀少，气候干燥，比如阿拉伯半岛和北非地区。

北印度洋气旋性风暴

由于阿曼地处阿拉伯半岛东部，东临阿拉伯海，所以偶尔也会遭遇北印度洋西移而来的气旋风暴。

例如，2007年6月6日，阿拉伯海史上最凶猛的气旋——特强气旋风暴“古努”，袭击了阿曼东部沿海，首都马斯喀特及周边地区普降暴雨，一天就降下了本该是一年甚至好几年的雨，于是马斯喀特变成了一个“湖”。

所以，阿曼常年雨水少，但是偶尔来一次，就是以灾害的方式出现，正所谓“无雨干旱，有雨泛滥”。而随着气候的变化，阿曼如今和缓的降雨正在减少，急促的降雨正在增多。

首都马斯喀特

马斯喀特位于阿曼东北部沿海，背靠崇山峻岭，面向浩瀚大海，是古代中国和阿拉伯国家贸易的重要港口，是海上“丝绸之路”途经阿拉伯半岛的唯一港口城市。

最东部的马斯喀特区是古城区，城市最早是从这里发展起来的，城内有壮丽的王宫，小街窄巷深处是传统的阿拉伯小房，并保留有两座古老的城门和一段城墙，因依山临海，山势峭拔多姿，与海水相映，蔚为壮观。临近海湾的海滨浴场宽阔而宁静，在海滨周围的许多小山头上，盖满了绿瓦红墙的小别墅，是著名的旅游区。这座古城位于山地之间的谷地，尽管山上寸草不生，城内却绿树葱茏，绿草青青。走在街道上，常常让人有种走在东南亚某个美丽的海滨城市的错觉。

马斯喀特属热带沙漠气候，终年受大陆气团控制，阳光充足，日平均日照时数均在8小时以上。一年只能划分为两大季节：非常炎热的热季，十分清爽的凉季。

一年之中最热的6月与最凉的1月平均气温仅相差14℃，这在阿拉伯半岛就算是沙漠气候中偏温和的要素特征了。

马斯喀特干燥少雨，年降雨量仅89.3毫米，比沙漠城市科威特还少，平均几个月都很难看到一场雨的痕迹。

12月至次年3月，马斯喀特因盛行西北风，城市气温不高，基本保持在20~30℃，相对湿度在70%左右，是全年中体感最舒适的凉季。

其中1月气温最低，极端最低气温可降至10.6℃。但这段时间也是全年雨水最为集中的时段，各月平均降雨量均在 10 毫米以上，占全年降雨量的 60% 以上。其中 2 月是降雨量和降雨日数最多的月份，分别达到了 24.5 毫米和 5 天。

不过，这里降水变率极大，有时一个月就可下完一整年的雨。在历史上，1 月最多降雨量曾达到 143 毫米。曾有过一场雨，24 小时内降雨量达到了 79 毫米，一天把一年的雨都快下完了，顷刻之间久旱之地变汪洋。

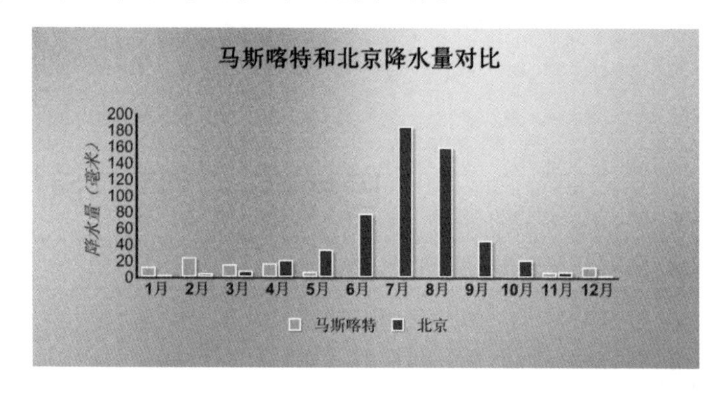

进入 4 月，马斯喀特长达 8 个月的夏季就拉开了序幕。4 月和 5 月，月平均最高气温上升最快，能达到 5℃左右，也就是说平均 6~7 天气温就要上升 1℃。到 6 月达到巅峰，6 月也是全年中唯一一个平均最高气温在 40℃以上的月份。

在最为炎热的 6 月，每天日照时数在 10 小时以上，极端最高气温均达到过 47℃。此时户外地表温度多在 60~70℃，沙地可达 80℃。

有人曾如此描述这座城市的炎热："天气热到能使骨髓沸腾，能使鞘中剑融化，使匕首的柄变成木炭，到处可以找到热沙上烤熟的羚羊。不仅白天热，连平均最低气温都在 30℃以上，即便午夜仍然暑气难消。

进入热季，降水便骤然减少。4 月平均降雨量还有 17.1 毫米，到 6~10 月降水量就几乎被"清零"了。我们用"春雨贵如油"来形容雨之贵重，但这个说法在盛产石油的阿拉伯半岛却并不适用。

炎热干旱往往使大地寸草不生。所幸的是阿曼的内地，山区地下水源丰富，可以一直延伸到马斯喀特。再加上马斯喀特地处沿海低地，所以尽管雨水稀少，空气并不十分干燥，月平均相对湿度几乎都在 50% 以上。

在清凉的季节，湿润会让人感觉舒适，但到了炎热的季节就并非如此了。最热的6月，平均最高气温均在40℃以上，同时平均相对湿度在72%，与同处阿拉伯半岛、同属热带沙漠型气候的科威特、利雅得等城市相比，最难耐的就是盛夏的闷热感。

05

巴林——“夏马风”的烦恼

The Kingdom of Bahrain

地理概况

巴林王国，简称巴林，位于亚洲西部，是地处波斯湾西南部的岛国，居于卡塔尔和沙特阿拉伯之间，距沙特阿拉伯东海岸24千米，距卡塔尔西海岸28千米，国土面积750平方千米。

巴林由几个大小不等的岛屿组成，最大的是巴林岛。巴林海岸线有161千米。诸岛地势低平，主岛地势由沿海向内地逐渐升高，最高点海拔135米。该国的自然资源包括石油和天然气，石油为国家的经济支柱。

夏季酷热少雨，冬季常见“雨幡”奇观

巴林属热带沙漠气候，一年中有两个主要季节：夏季（6~9月）和冬季（12月到次年3月），两个过渡季节：4~5月和10~11月。

巴林降雨非常稀少，年平均降水量只有70.8毫米（大致相当于北京的1/8）且分布不均匀。降雨主要集中在冬季，其中降雨最多的1月，平均降雨日数有2天左右。

年平均雷暴日数有 7.8 天，其中 3 月最多，为 1.9 天。这在沙漠气候区已是非常高的数字了，说明“干打雷，不下雨”的情形并不罕见。年平均大雾天气有 6.6 天，灰霾天气有 4.5 天。其中 1 月是雾的最高发月，平均 1.7 天；7 月是灰霾最高发月，平均 1.1 天。

巴林夏天炎热潮湿，冬天相对温和。夏天天气非常炎热，雨水极为罕见，常常出现“上无纤云，下有热浪”的持续高温天气。且由于周边海水很浅，海水升温后湿度会迅速升高，尤其是在夜晚会非常闷热。

而从 5 月开始，一直到 9 月，巴林的平均最高气温几乎都在 35℃以上（极端高温出现在 5 月，为 46.7℃）。7~8 月的气温最高，日平均最高气温都接近 40℃。6 月的时候，强烈的西北风（当地称为“夏马风”）会在一定程度上抑制气温的上升。

而所谓的冬季，其实天气也并不冷，平均最低气温也有 15℃左右，且白天仍多保持在 20℃以上。如果按照中国的季节划分标准来看，这完全是“冒牌”的冬天，大致相当于北京清明或寒露时节的气温状况。

相比夏季很恒定的燥热，冬季天气显得很多变。偶尔会下点小雨，雨水最多的月份在 11 月、12 月和 1 月，但平均下来每月也只有十几毫米。

冬季由于有低压扰动穿过波斯湾，地面风常常在东南风和西北风之间交替，而在有锋面或低压槽过境的时候，还时常出现雷暴，但近地面的干燥可能使得雨滴还没落地就被蒸发掉了，这就是所谓的“雨幡”。这种情况在一些沙漠地区也比较常见，高空好不容易酿成的雨滴居然被低空“截留”了，使人们只能空欢喜一场。

巴林每月平均温度表

月份	1月	2月	3月	4月	5月	6月	7月	8月	9月	10月	11月	12月
平均温度（℃）	17.2	18.5	21.7	26.2	32.0	34.6	35.6	35.5	33.7	30.0	24.6	19.3
平均最高温（℃）	20.3	22.4	26.1	30.7	36.9	39.0	39.9	39.8	37.9	33.7	27.7	22.4
平均最低温（℃）	14.4	15.5	18.5	22.8	28.3	31.1	32.2	32.2	30.4	26.9	21.9	16.6
降雨量（mm）	14.6	1.5	1.9	5.1	0.4	0.0	0.0	0.0	0.0	0.0	10.2	14.5

巴林属于比较干旱的国家，有 92% 的土地都是沙漠，其中沙尘暴是巴林的主要灾害天气。六七月的时候，经常会有来自伊拉克和沙特阿拉伯的西北风（当地称为“夏马风”）刮过，而由于东边的伊朗有扎格罗斯山脉阻挡，风的来处有沙子，风的去处被挡住，所以经常导致巴林出现沙尘天气。

为何巴林如此缺水干旱?

可能有些人会奇怪，巴林作为波斯湾的岛国，四周被海水包围，为何还是如此缺水干旱呢？这就只能从它所处的地理位置说起了。

首先，巴林处在北回归线附近，纬度较低，因此会比中高纬地区气温高。其次，从北非到阿拉伯半岛一带，地表相对起伏较小，这也会加剧干旱性的出现。而且巴林虽是波斯湾的一个岛国，但波斯湾属于印度洋的一个浅边缘海，平均深度在 40 米左右，比较深的地方也只有 100 米左右。因此气候中的海洋性权重极小，再加上天气炎热蒸发量超过注入量，所以水温也比较高。

当然，最重要的原因就是：巴林位于北回归线附近的亚洲大陆西部，处在北半球的信风区内，终年受到信风以及副热带高压的控制。

我们知道，在阳光的照射下，赤道地区受热最多，会在赤道附近形成低气压和上升气流，气流升到高空后向南北方向各自扩散，重力作用下在南北纬 30° 附近下沉到近地面，从而使这里气压升高，形成南北两个副热带高压带。高压控制之下，盛行下沉气流，水汽不易上升而成云致雨，因此这里盛行炎热干燥的天气。而此时赤道与南北纬 30° 附近的气压差，又致使近地面气流从 30° 附近流向赤道，并且在地转偏向力的影响下，北半球气流方向越走越靠西，形成东北风。由于东北风稳定出现在这个地区，因此也被称为东北信风（南半球为东南信风），这整个环流就是著名的“哈得来环流圈（Hadley Cell）”。

西亚地处大陆西岸，从东北部吹来的信风都是内陆的干热空气，因此导致这一带地区气候炎热干燥、降水稀少。

这就是热带沙漠气候主要分布在南北回归线至南北纬 30° 之间的大陆中西部地区的原因。而基本处在同一纬度的我国东部沿海地区，由于受到典型的季风气候影响，夏季有来自海洋的大量水汽，雨水就要多得多。

首都麦纳麦

巴林首都麦纳麦（北纬 26° 12'，东经 50° 36'），和中国福州纬度相近，但气候差异却非常显著。炎热季节漫长，4~11 月天气都很热，其中 5~10 月的平均最高气温都在 30℃以上。尤其是 7~8 月，巴林的平均最高气温在 38℃左右，最低气温的平均值也会在 30℃以上，而福州的平均气温最高只有 34℃，最低只有 25℃左右。

麦纳麦夏季降水非常稀少，通常 6~9 月几乎没有降雨。12 月到次年 3 月每月也只有 1~2 天会出现降雨，且月平均雨量只有十几毫米。而福州，平均每个月都有 10 天以上会出现降水，并且在 3~9 月，月降水量多在 100 毫米以上。如若夏秋季节有台风来袭，一轮降雨便可能相当于麦纳麦数年的降水量。

麦纳麦气候资料表

气象站位置：北纬 26.3°，东经 50.7°，海拔 2 米

	气候资料日期	1月	2月	3月	4月	5月	6月	7月	8月	9月	10月	11月	12月
平均最高气温（℃）	1961 年 ~1990 年	20.0	21.2	24.7	29.2	34.1	36.4	37.9	38.0	36.5	33.1	27.8	22.3
平均气温（℃）	1961 年 ~1990 年	17.2	18.0	21.2	25.3	30.0	32.6	34.1	34.2	32.5	20.3	24.5	19.3
平均最低气温（℃）	1961 年 ~1990 年	14.1	14.9	17.8	21.5	26.0	28.8	30.4	30.5	28.6	25.5	21.2	16.2
降雨量（mm）	1961 年 ~1990 年	14.5	15.0	13.9	10.0	1.1	0.0	0.0	0.0	0.0	0.5	3.8	10.5
降雨日数	1961 年 ~1990 年	2.0	19.9	1.9	1.4	0.2	0.0	0.0	0.0	0.0	0.1	0.7	1.7
日平均日照(h)	1968 年 ~1990 年	7.3	7.9	7.7	8.5	9.9	11.3	10.7	10.7	10.4	9.8	8.7	7.3

06

卡塔尔——波斯湾的明珠

The State of Qatar

地理概况

卡塔尔是阿拉伯半岛北侧的一个半岛国家，仅南部与阿联酋和沙特阿拉伯相接壤，其余领土被波斯湾所包围，海岸线长550千米，国土面积仅11400平方千米，与中国天津市面积相当。卡塔尔地势平坦，靠近西海岸地区地势略高，但最高海拔也只有103米，大部分地区被沙漠覆盖。

热季高温少雨，凉季风和日丽

卡塔尔属于热带沙漠气候，没有明显的四季变化，只有热季和凉季之分。5~10月为漫长的酷热季节，日平均最高气温在35~40℃。因为常年被副热带高压带“管辖”，卡塔尔盛行下沉气流，几乎滴雨不降，所以既炎热又干燥。沿海地区湿度稍好，8~10月相对湿度能达到60%左右，与中国华北平原干热的6月湿度相仿。

评述气候无须婉转，卡塔尔只有11月至次年3月可谓宜人，一是因为气温低了，凉爽了；二是因为终于可以下点雨了，湿润了（全年120毫米左右的降雨都集中在这段时间）。

2022年的卡塔尔世界杯足球赛将赛期定在11月21日至12月18日，选择这样的赛期，必然是权衡了气候因素所做出的慎重选择。

历届世界杯足球赛的赛期，必然是东道国针对本国各个时节气候，权衡利弊优劣所做出的精心选择，然后向世人呈现出本国最宜人的气候风采。以往的赛期大多选择在 6 月前后，北半球的初夏，南半球的初秋。纬度较低的，可以选择在凉季；纬度较高，可以选择在盛夏。其实，旅游者确定行程时，可以参考世界杯足球赛的赛期，因为那无疑是相关国家气候最好的时节。

历届世界杯足球赛赛期表

届次	举办国	赛期
1	乌拉圭	7 月 13 日 ~7 月 30 日
2	意大利	5 月 27 日 ~6 月 10 日
3	法国	6 月 4 日 ~6 月 19 日
4	巴西	6 月 24 日 ~7 月 16 日
5	瑞士	6 月 16 日 ~7 月 4 日
6	瑞典	6 月 8 日 ~6 月 29 日
7	智利	5 月 30 日 ~6 月 17 日
8	英国	7 月 11 日 ~7 月 30 日
9	墨西哥	5 月 31 日 ~6 月 21 日
10	德国	6 月 13 日 ~7 月 7 日
11	阿根廷	6 月 1 日 ~6 月 25 日
12	西班牙	6 月 13 日 ~7 月 11 日
13	墨西哥	5 月 31 日 ~6 月 29 日
14	意大利	6 月 8 日 ~7 月 8 日
15	美国	6 月 18 日 ~7 月 17 日
16	法国	6 月 10 日 ~7 月 12 日
17	韩国 日本	5 月 31 日 ~6 月 30 日
18	德国	6 月 9 日 ~7 月 9 日
19	南非	6 月 11 日 ~7 月 11 日
20	巴西	6 月 13 日 ~7 月 13 日
21	俄罗斯	预计 6 月 14 日 ~7 月 15 日
22	卡塔尔	预计 11 月 21 日 ~12 月 18 日

首都多哈

卡塔尔的首都多哈，也叫贝达，是卡塔尔政治、经济、交通的中心，全国最大城市和第一大港，也是全国人口最集中的地区。

多哈属于典型的热带沙漠气候，日照充足，全年各月日照均在 7 小时以上，但降水非常稀少，年平均降水量仅 75 毫米。热季炎热少雨多风，凉季凉爽湿润。

5~10 月既是多哈的热季，也是干季，在长达半年的时间里降水量还不足 5 毫米。尤其在 6~9 月，往往滴雨皆无。好在紧临波斯湾，空气还不至于过度干燥，早晨的平均相对湿度一般能达到 50% 以上。

6~8 月属于盛夏酷暑时节，日平均最高气温均在 40℃以上，最低气温也接近 30℃，炎热不论昼夜，各月最高气温的历史极值均在 49℃以上。此外，6~9 月海温基本都在 28℃以上，酷热天气之下游泳是再好不过的纳凉之举了，不过由于紫外线极端强烈，防晒之事丝毫不敢马虎。

虽然酷热少雨是多哈夏季最简洁的写照，但偶尔也会遇到暴雨倾盆的景象，5 月的历史最大单日降雨量就曾达到过 100 毫米。

进入 11 月，多哈终于告别酷暑，迎来了风和日丽的凉季，并一直持续到次年 4 月。此时紫外线属于中等强度，气温凉爽宜人。各月平均最高气温大多保持在 20~30℃，历史极值也只有 30℃刚出头的样子。但早晚温差较大，尤其是 1~2 月份最低气温不足 15℃，因此外套还是必备的。

凉季也是多哈一年中雨水最多的时段。不过毕竟是沙漠气候，即便降雨最多的 12 月至次年 3 月，月平均降水量也不足 20 毫米。可能正因如此，加上气温宜人，2006 年多哈亚运会才选择在 12 月召开。

只可惜，2006 年亚运会期间，天气却一反常态，自开幕式当天起就不断出现的降雨，使多哈亚运组委会原本近乎完美的组织工作变得手忙脚乱。真是“人算不如天算”。在雨势最大的 12 月 7 日，原定上午举行的亚运会马术、网球、软式网球等比赛均被迫推迟，而且由于多哈很少下雨，加上卡塔尔原本就是一片沙漠，当地的道路基本上没有排水设施，降雨一度使市内部分路段出现短暂积水，最深处可没过脚面，因为根本买不到雨伞，运动员和记者们也只能冒雨前行。

长袍加身的“热情”生活

在中国，气温达到35℃以上就被定义为高温天气，人们为消暑纳凉想尽办法，各出奇招。而对于常年生活在热带沙漠气候中的卡塔尔人，身处40℃的高温天气下也显得相当轻松。如果35℃就算高温，那么热季的卡塔尔几乎天天都是高温，已经见怪不怪了。

凡是第一次来到卡塔尔的人，走出多哈国际机场大门的时候，就会第一时间体验到当地的“热”情。如果你跟当地人抱怨天气的炎热，他们可能会很平静地告诉你：“如果从另一个角度考虑，我们比世界其他地方的人获得了阳光更多的眷顾呢。”

别看卡塔尔天气这么热，但是人们出门的时候还真不能穿太少。有两个原因：第一，由于日光强烈，裸露的皮肤会受到严重损害；第二，室内外温差巨大，忽冷忽热也容易生病。卡塔尔夏季白天的室外气温在40℃以上，而一般室内空调开放时的温度为22℃左右，也就是说，室内外的温差常在20℃以上。如果出门的时候穿得比较少，再突然进入空调开得比较冷的地方，就会感到不适，严重的时候甚至会出现中暑症状。

知晓了这两点，就不难理解卡塔尔当地人为什么在盛夏季节也是长袖长袍的打扮了。只有这种宽大的长袍，才既能遮挡烈日的直射，又能防止空调冷气的侵袭，是最适宜这种气候的着装。

07

科威特——黄沙与黑金的汇聚之地

The State of Kuwait

地理概况：干热的沙尘之国

科威特，位于西南亚阿拉伯半岛东北部。科威特的石油和天然气资源丰富。石油、天然气工业为国民经济的支柱，其产值占国内生产总值的45%。科威特的气候不利于农业，几乎全部农产品都须进口。

在科威特居住的外地人印象最深刻的，除了漫天的沙尘暴之外，便是黎明和夕照时美丽的沙漠景色。科威特属热带沙漠型气候。夏季漫长，常刮干燥的西风，最高气温常达45℃，极端最高气温为52℃，沥青路面温度高达80℃。

科威特究竟怎么个热法呢?

气温是50℃，地温为80℃。不夸张地说，流出的汗随即就会蒸发。但是也不用太担心，由于极度干燥，体感温度一般低于气温，与印度等地的湿热相比或许要稍微舒服一些。大多数室内场所都有空调，只要避免午后出行，平时注意防晒，还是可以忍受的。

每年11月至次年4月是科威特的凉季，凉爽了，也湿润了，热季令人望而却步之地，转眼就变成了理想的避寒之所。

科威特天气的第二个特色，就是沙尘凶猛。其中6月是全年风沙最严重的一个月，平均风速达到7.5米/秒，一个月平均有20天沙尘。一旦狂风乱作，便黄沙弥漫，“什么都不缺，就缺能见度”。

由于既盛产石油又盛产沙尘，人们在享受石油带来的富足生活的同时，也不得不忍受黄沙的侵扰。有时，沙尘暴如外敌入侵一般，会扼住这个国家的命脉——石油出口。例如 2009 年 5 月 14 日，科威特城遭遇了一场沙尘暴的袭击，导致石油公司停摆。又例如 2015 年 2 月 13 日，沙尘暴袭击了海湾地区，科威特所有石油港口被迫关闭。

科威特城：怎一个热字了得？

科威特城是科威特国的首都，也是世界上夏天最热的城市之一，经常出现在不同版本全球最热城市榜单的显赫位置。

科威特城属热带沙漠气候，终年炎热，降水稀少。平均年降雨量仅 116 毫米，年平均气温为 25.7℃。

按中国的季节划分标准，科威特可谓长夏无冬，酷热绵长的夏季是其气候的显著特征。漫长的夏季过后，11 月至次年 3 月是全年最凉爽的季节，月平均气温在 12~20℃，相对湿度在 65%~70%，处于体感的舒适区间。而且，沙尘也终于少了。

通常，科威特炎热的天气从 4 月一直持续到 10 月底，长达 7 个月之久。其中 6~9 月最为酷热，平均最高气温超过 43℃。7~8 月的极端最高气温分别为 52.1℃和 50.7℃。与中国的“火焰山”——新疆吐鲁番做个对比吧：

吐鲁番与科威特城气温对比表

城市	吐鲁番	科威特城
7 月平均最高气温	39.6℃	46.7℃
8 月平均最高气温	38.0℃	46.9℃
极端最高气温	49℃	52.1℃
几个月平均气温 >30℃	5 个月	7 个月

中国的“火炉”与中东的“火炉”完全不在一个层级上。吐鲁番保持的中国极端最高气温纪录是 49℃，在科威特，这只是盛夏的日常。

每天清晨5点多钟，太阳就从波斯湾爬起，无情地炙烤着大地。走出室外，仿佛置身于炼钢炉旁，连眼睛都睁不开，双手碰到任何物体都像从开水里捞出来的汤勺一样烫手。

当然，科威特地处沙漠，昼夜温差非常大，6~9月一日之中温差可达15~20℃，但由于白天气温一般都会攀升到40℃以上，因此夜晚气温虽然会陡然下降，却依然保持在25℃以上，6~8月平均最低气温甚至接近30℃。

造成科威特夏季酷热的内因是沙漠地表热容量小，更易吸收太阳辐射升温；外因是夏季北非暖性副热带高压牢牢掌控着此地，科威特上空盛行下沉气流。下沉气流不仅使科威特无缘降水，就连云都会被气流无情“没收”，天空毫无遮拦，一切都处在“光天化日”之下。

08

黎巴嫩——旅游业发达的中东国家

The Republic of Lebanon

地理概况

黎巴嫩共和国，位于亚洲的西南部、地中海东岸。该国东部和北部与叙利亚接壤，南部与以色列为邻，西临地中海。

黎巴嫩是中东地区最西化的国家之一，这与它和基督教有着十分密切关系的历史有关，境内更有人类最早的一批城市遗址与世界遗产（安贾尔、巴勒贝克、比布鲁斯、提尔城），这些文明古迹最古老的具有5000多年的历史。旅游业和金融业，占据黎巴嫩GDP的65%。

温和的地中海气候

黎巴嫩属于温和的地中海式气候。在沿海地区，冬季通常凉爽多雨，夏季气温虽高，但并不干热。在高海拔地区，除了夏季，一年中大部分时间均有积雪覆盖。

黎巴嫩雨水充沛，年平均降水量在1000毫米左右，山区为1200毫米以上，这在中东国家中是令众人艳羡的降水量。

冬半年（10月~次年4月）为雨季，这便是地中海式气候最显著的特征。沿海平原和贝卡谷地7月平均最高气温为32℃（北京同期为31℃），1月平均最低气温分别为7℃和2℃（北京同期为零下8℃）。通过这组数据的对比，就可以看出黎巴嫩夏热冬不寒的特点。

首都贝鲁特：中东小巴黎

贝鲁特是黎巴嫩首都，人口占黎全国人口的40%，是黎巴嫩的政治和经济中心，也是中东著名的商业、金融、交通、旅游和新闻出版中心，曾被称为“中东小巴黎”。

贝鲁特位于黎巴嫩海岸线中部突出的海岬上，面向绿浪白沙、水天一色的地中海东部海湾，背靠巍峨高大、绵延起伏的黎巴嫩山脉，是地中海东岸最大的港口城市，也是以其独特的建筑风格与气候环境并美而闻名的海滨城市。

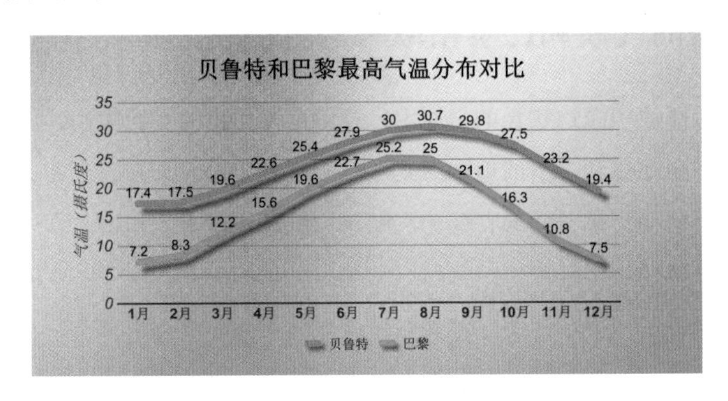

贝鲁特虽然与雅典、尼科西亚等城市一样，位于地中海东部，属地中海气候，但暖热干湿程度不尽相同。相对而言，贝鲁特的冬季更显温和，夏季不及雅典炎热干燥，年降水量为雅典的两倍有余。所以，贝鲁特比其他沿海城市更具鲜明的海洋性。

4 月和 11 月是贝鲁特一年中最舒适的月份。作为中东游览胜地，这里不仅有美丽的海滨，还有可与法国巴黎香榭丽舍大街相媲美的马哈拉大街。

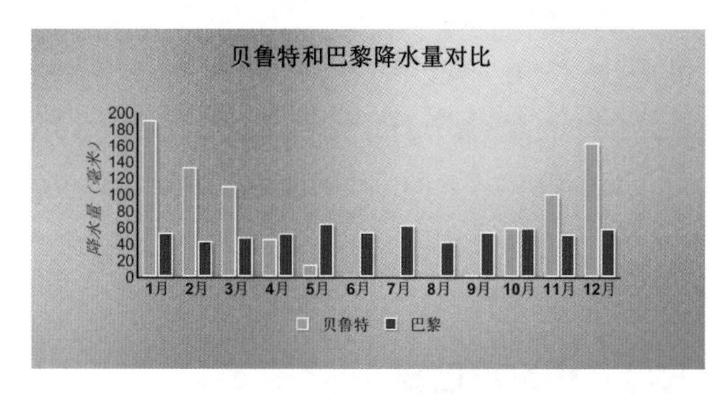

贝鲁特的季节之美，不仅在于碧波连天、光照充足，也不仅在于恰到好处的气温，还在于黎巴嫩山顶上的皑皑白雪所诠释的立体气候。山上有人在滑雪，而山下海滨浴场彩伞簇立，有人在踏浪。当欧洲诸国仍沉睡在冬日时，贝鲁特的季节之美更有着独特的吸引力。

贝鲁特的气候和巴黎相似吗？

贝鲁特位于地中海边狭长的平原上，背依连绵起伏的黎巴嫩山，属于典型的夏季炎热干燥、冬季温和多雨的地中海式气候。而巴黎城区本身踞巴黎盆地中央，属温和的海洋性气候，夏无酷暑，冬无严寒。它们在气候上的相似点在于两个字——温和。

但就气温而言，贝鲁特的“温和”比巴黎的“温和”高出一个“台阶”：巴黎 1 月份平均最高气温在 6℃左右，而贝鲁特 1 月的平均最高气温为 16℃。巴黎 7 月的平均最高气温为 24.6℃，而贝鲁特 7 月的平均最高气温却超过 30℃。

虽然贝鲁特的极端最高气温达到 41.7℃，但夏季酷热天气的发生概率并不大。而巴黎虽然以往给人留下夏季并不炎热的印象，但随着气候的变化，近些年多次遭遇逼近 40℃的酷热天气。

由于气候类型不同，贝鲁特与巴黎全年的降水分布截然不同。贝鲁特全年降水量大约为 825 毫米，冬半年约占 70%，夏半年只有 30%。这里雨水最为充沛的时间段在 1 月份，单月降水量高达 190 毫米，降水日数也能达到 15 天。巴黎全年的降水量为 649 毫米，逐月分布非常均匀，最小月降水量在 40 毫米以上，最充沛的一个月也不会超过 90 毫米。

整体来看，每年 3 月份和 11 月份的时候，两个城市天气的感觉最为相似，这个时候徜徉在贝鲁特，才最能体会到巴黎的气候之韵。

贝鲁特的季节段落

11 月到次年 3 月——降水充沛的雨季

地中海低压频繁入侵，这段时间贝鲁特雨水多，或短促，或连绵，平均几乎每隔两三天就有一场雨，月降雨量均在 100 毫米以上，占全年降雨量的 70% 以上。

虽然冬半年多雨，但天气并不像中欧、西欧国家那样阴沉。最为多雨的 12 月 ~ 次年 2 月，平均每天日照也在 4~5 小时（而冬季以阴雨天气著称的英国伦敦不足 2 小时）。令很多人意想不到的是，贝鲁特冬半年平均每月有 4~5 天会出现雷雨。

沿海地区冬季雾气往往比较重，但西临地中海的贝鲁特大雾天气并不多。贝鲁特平均气温在 13℃以上，即使是最冷的 1 月，平均最低气温也有 10℃，极端最低气温出现在 2 月，为零下 1.1℃。

4 月和 10 月——最令人愉悦的时间

尽管此时贝鲁特背靠的黎巴嫩山顶上还是一片皑皑白雪，但贝鲁特却始终保持着 20℃左右的气温和 65% 左右的相对湿度，温度和湿度相得益彰。平均每天 6~8 小时的日照，堪称完美。

5~9 月——少雨但并不干燥的干季

5 月以后，贝鲁特受副热带高压控制，天气晴朗，降水骤然减少。除了 5 月有 15 毫米左右的降雨之外，6~9 月连续 4 个月几乎滴雨不下。

不过由于当地全年盛行西南风，4~9 月平均风速均在 3 米 / 秒上下，习习海风送来地中海上湿润的空气，所以夏季无须指望雨，借助风即可。空气平均相对湿度一般都在 60% 以上，白天的炎热也因此得到调节。尽管极端最高气温曾达到过 41.7℃（出现在 5 月），但整个下半年，白天平均最高气温一般只有 28~29℃的样子，炎热程度远不及同属地中海东部地区的一众城市。

09

沙特阿拉伯——吹尽黄沙始到金

Kingdom of Saudi Arabia

地理概况

沙特阿拉伯半岛是世界上最大的半岛，其中沙特阿拉伯占据了半岛约 80% 的面积，是沙特阿拉伯半岛最大的国家。

沙特阿拉伯大部分国土在世界第二大的阿拉伯沙漠之中，同时这里还有世界第七大的鲁卜哈利沙漠。阿拉伯沙漠、鲁卜哈利沙漠和内夫得沙漠本地的沙子已然过剩，北非地区的广袤沙漠还以沙尘的方式把外来的沙子“赠送”到这里。所以沙特阿拉伯不缺石油，更不缺沙子，与其说这里“遍地黄金”，不如说是“遍地黄沙”。

如影随形的沙尘天气

新疆南部的和田，身处塔克拉玛干沙漠，每年有200多天沙尘弥漫，是中国沙尘天气最多的地区之一。同样居于沙漠之中，与和田相比，沙特阿拉伯的沙尘天气更是有过之而无不及。

沙特阿拉伯的沙尘天气不仅更多，而且更严重。强烈的沙尘肆虐时，能见度不到10米，学校停课、机场停航，正常的生活节奏完全被打乱了。

春季的沙尘，偶尔会伴随着雨点，当然是沙多雨少，感觉不是下雨而是下泥。这种泥沙俱下的情形最容易出现在3~4月份，它意味着暖气流的活跃。有经验的当地人立刻会明白：酷热的夏季即将拉开序幕。

其实沙特阿拉伯非常重视绿化，在城市建设过程中，绿化是一项重要的内容。市内的空地上都种植着大片的绿草，在新开辟的马路两侧，绿油油的树木正好能遮住炙人的阳光。

即便如此，由于城市隔壁就是沙漠，再好的绿化也挡不住沙子，沙尘天气绝对是这里的家常便饭。而且，风不需要很大就能制造很严重的沙尘。所以，经常是户外吹着微风，棕榈叶都没怎么动，外面已是沙尘漫天。

沙特阿拉伯在冬季也会有雷雨天气，但是下雨前的上升气流会翻卷起漫天黄沙。即使下雨了，也是泥雨。可谓是下雨也沙尘，不下雨也沙尘。

沙特阿拉伯和中国华北的沙尘天气有一点类似的地方，就是春季为沙尘天气的高发期，只不过中国华北的沙尘与之相比只能算是“小巫见大巫”了。

每年2~5月，地中海一带多锋面气旋活动，这一类气旋以地中海命名，称为“地中海气旋”。在地中海沿岸，地中海气旋承担的是催雨的职能，但到了地中海以南的撒哈拉沙漠和以东的阿拉伯沙漠，地中海气旋搅起的就只是漫天黄沙了，偏南风携带着沙漠腹地的酷热、极度干燥的空气和沙尘，所到之处令人窒息。

阿拉伯语中专门有一个词用来形容这种天气，英语拼写为Simoom，阿拉伯语意为“毒风”，这种“毒风”突然袭来，户外的人如果没来得及进入室内躲避，很可能出现中暑脱水的症状，严重的甚至有生命危险。

透蓝天空下的炙烤

在副热带高压的控制之下，沙特阿拉伯不刮沙子的晴天，天空很蓝，但是这种蓝天的代价是干燥和酷热。以首都利雅得为例，月平均最高气温在30℃以上的时间，从每年4月持续到10月，长达8个月之久。从历史记录来看，35℃以上的炎热天气在每年2~11月都可以出现，近乎全年无休的高温。4月的沙特阿拉伯就已经很炎热了，历史上最高曾达到42℃。

介绍一个地方的气候，会说那里哪个月最热。而说到利雅得，最热的不是哪一个月，而是6~9月，这4个月的热度其实难分伯仲。平均最高气温就在40℃以上，所以几乎天天都是40多摄氏度。40多摄氏度是气温，地面温度更是高得吓人。滚烫的地面完全可以烤鸡蛋，正常的皮鞋也极易被烤得开裂脱胶。而且6~9月也是一年当中最干燥的时段，连续4个月几乎没有降水，如果能下场雨，那绝对是意外的“法外施恩”。

利雅得的极端最高气温是48℃，这个极端高温纪录和希腊雅典相当。48℃，在沙漠气候区其实并不突出，只能算是中等偏下的“成绩”。

有两点有些让人意外：一是利雅得竟然没有突破过50℃，比利雅得纬度还要高10°的巴格达（按纬度只能把巴格达算亚热带）倒是世界上最热的地方之一，极端最高纪录是51.1℃，甩利雅得好几条街。二是雅典不是地中海滨的旅游胜地吗？怎么这么热？和印象中反差太大。

这么说吧，利雅得是常态热，有5个月的平均最高气温都在40多摄氏度，以平均气温这项指标来衡量，绝对是一般地方难以企及的。埃及的开罗、伊拉克的巴格达、中国的“火焰山”吐鲁番以及印度的新德里，平均气温都远不如利雅得高。换句话说，利雅得之热，不是昙花一现的极端温度，而是“底蕴深厚”的常态。以平均最高气温和平均最高气温超过40℃的日数来界定炎热程度，那么利雅得绝对可以傲视群雄。

和中国的“火焰山”吐鲁番相比，利雅得在平均气温和平均最高气温上遥遥领先：吐鲁番最热的7月平均最高气温为39.6℃，利雅得则是43.6℃。与利雅得相比，中国的一众“火炉”都难以望其项背。

酷热的天气也影响着这里的建筑和服装。沙特阿拉伯的建筑往往窗户很小，有的甚至没有窗户，就是为了防尘和避暑（当然，缺点是空气流通差）。

在沙特的街头，常常可以见到身着白色长袍、头戴白色方巾的男人。这番衣着打扮正是为了减少烈日炙烤，在酷暑中挣得一分清凉。

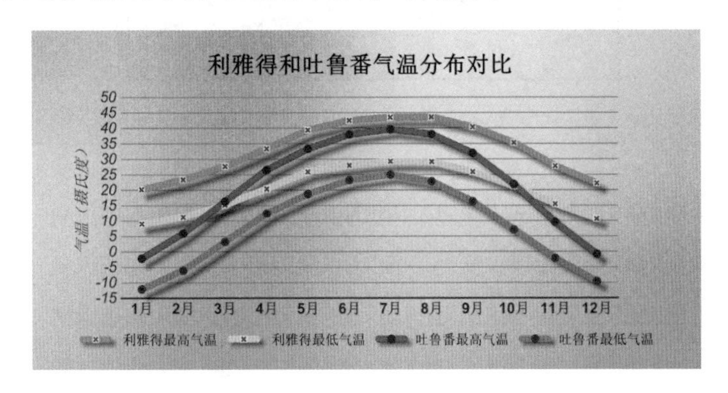

由于地处沙漠之中，沙漠热容量较低，晚上太阳落山后地面难以储存热量保温，所以利雅得一年到头昼夜温差都非常大。热季的昼夜温差基本都在 15℃以上。9~10 月虽然日平均最高气温都在 35~40℃，但是平均最低气温只有 20~25℃，所以晚上不会过于炎热。而且空气平均相对湿度低于 20%，比起热带雨林地区的湿热天气还是舒适许多的。

沙特阿拉伯昼夜温差最大的，是西南部的阿西尔省，这里也是世界上昼夜温差最大的区域之一。阿西尔省位于阿拉伯高原的南部，受到沙漠和高海拔的双重影响。夏季这里午后的气温接近 40℃，而早晚最冷的时候往往不足 10℃，低温还可能导致大雾甚至白霜。这里也是极度干旱的沙特阿拉伯海拔最高和雨水最多的地区。

沙特阿拉伯的避暑胜地艾卜哈是阿西尔省的首府，艾卜哈附近的海拔将近 3000 米，年降水量为 300~500 毫米，而沙特阿拉伯其他地区的年降水量只有几十到一百毫米。相对充裕的降水，使阿西尔省成为沙特阿拉伯仅有的可以大范围耕作的区域，因此也是沙特阿拉伯人口密度最高的地区。

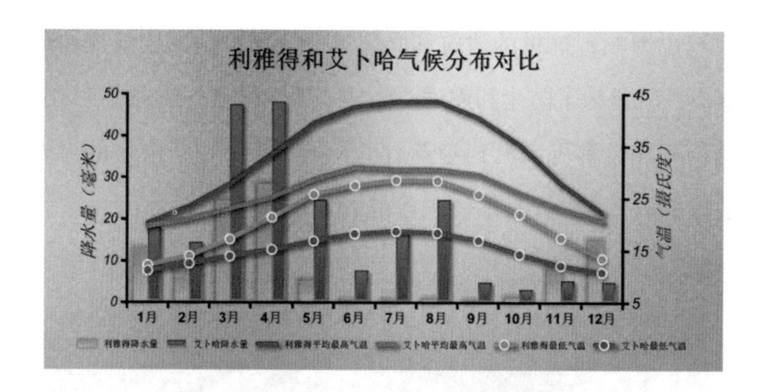

阿西尔省还有一个有趣的现象和气候有关：阴凉潮湿背阴的山区森林密布；而向阳干燥的山区却是光秃秃的，寸草不生。

在酷热而干燥的沙特阿拉伯，有一个地方十分独特，就是被誉为“红海新娘”的吉达，它是沙特的第二大城市，也是沙特的第一大港。沙特阿拉伯外交部与外国使领馆常驻于此，因此有沙特的“外交首都”之称，也是沙特重要的金融中心。

吉达虽然降雨不多，但毕竟毗邻红海，高温高湿，因此闷热感最为强烈。吉达全年皆热，即使是气温最低的 1 月份，平均最高气温也将近 30℃。

在沙特阿拉伯，利雅得是干热的代表性城市，而吉达不具有代表性，它是独具一格的闷热城市。

温和的冬季，可算是有了雨水

冬季，副热带高压势力消退，冷空气活跃起来，沙特阿拉伯也迎来了一年之中偶有雨水光顾的季节。给欧洲制造大范围雨雪的温带气旋东移到阿拉伯半岛，也会顺便给这里带来一些珍贵的雨水。北半球冬末春初的 3~4 月，是这里全年中降雨量最多的两个月。

首都利雅得 3~4 月的降水量占到全年总降水量的 60%，历史上雨水最多的 3 月，降水量为 130 毫米，对于利雅得而言，这简直是“天文数字”。由于这里常年降水稀少，因此城市排水能力差，偶尔遭遇极端的强降水，极易导致城市内涝。

冬季吉达还会出现比较强的雷暴天气。一天降水接近 100 毫米，这种降雨在中国南方或许司空见惯。但在吉达，就相当于一天吃了一年的饭，“撑”到内涝。

随着冷空气和雨水的时常造访，11 月至次年 3 月，沙特阿拉伯的月平均最高气温会降到 30℃以下，告别炎热。

夏季是极度炎热，而冬季只有轻度寒冷。最冷的 1 月，平均最低气温也有 10℃左右。根据过去 20 年的统计，1 月最低气温低于 7℃的天数平均也只有 10 天左右。

10

叙利亚——海边的“火炉”

The Syrian Arab Republic

地理概况

叙利亚，全名阿拉伯叙利亚共和国，面积约 185000 平方千米（与中国湖北省的面积相近）。其位于亚洲大陆西部，北与土耳其接壤，东同伊拉克交界，南与约旦毗连，西南与黎巴嫩和巴勒斯坦、以色列为邻，西与塞浦路斯隔地中海相望。

四种地形地貌

叙利亚领土大部分是西北向东南倾斜的高原。

全国可分为四个地带：一是西部山地和位于两座山脉之间的山间纵谷，包括位于西南部海拔 2841 米的全国最高峰谢赫山；二是西北部拥有 183 千米的海岸线的地中海沿岸平原，这也是全国仅有的绿色区域；三是东部内陆的高原；四是东南部的叙利亚沙漠。

叙利亚东部的幼发拉底河是全国最重要的河流，它贯穿东部，然后经伊拉克注入波斯湾，其流域的 15 个国家被誉为“文明的摇篮”。西部纵谷则有阿西河经土耳其倾注入地中海。

世界上降水最稀少的国家之一

叙利亚是一个干旱、半干旱的国家，气候非常干燥，虽然并非内陆国家，却是世界上降水最稀少的国家之一。由于有高山的阻挡，来自地中海的温润气流多被“拒之门外”，全国有 3/5 的地区全年降雨量少于 250 毫米。

叙利亚四季分明，南部是热带沙漠气候，沙漠地区向北延伸的荒漠和半干旱草原占全国面积一半以上，夏季干燥炎热，冬季也只有杯水车薪的微弱降水。

沿海和北部地区属亚热带地中海式气候，夏季（6~8 月）干燥炎热，冬天（12~2 月）温和湿润。

沿海地区的年降水量约为 300~500 毫米，由于沿海地区属于地中海式气候，所以这一带的降雨主要集中在 11 月到次年 5 月。地中海水汽中的“登山能手”有时可以成功抵达偏南一点的内陆地区，降水量也会有 200 毫米左右。

东南部的沙漠地区，就连地中海水汽的“残羹剩饭”都吃不到，平均年降水量不足 25 毫米，甚至低于 10 毫米。

在沿海的地中海式气候区，夏天干燥炎热，平均气温会在 22℃以上。而在沙漠地区，7 月最高气温经常会超过 43℃，沙漠偏北地区的气温会更高。但在 11 月到次年 3 月，会出现严重的霜冻。

沙尘最盛行的时段是 2~5 月。由于植被退化以及土地沙漠化、盐碱化，叙利亚的沙尘暴发生频次呈现急剧增长的趋势。

通常干旱的叙利亚，也有可能发生洪水灾害，并且近些年越来越频发。洪水大多发生在冬春，冬季洪水是突如其来的强降水所致，春季洪水是快速回暖引发的融雪型洪水。

首都大马士革：夏季炎热、冬季温和

拥有4000多年历史的大马士革，不仅是叙利亚的首都，也是世界上历史最悠久的古城之一。这座城市自古就有“天国里的城市”的美誉，先后经历了希腊古典时代、希腊化时代、罗马帝国时代、伊斯兰教时代，最终变成了现代都市。

大马士革虽然距离海洋仅有80千米，但因为有两座山脉的阻隔，所以降水量远不及沿海地区，平均年降雨量仅有131毫米。

不过，大马士革依然具有显著的地中海气候特征：春秋短暂，冬季湿润温和，夏季炎热，而炎热的夏季几乎都是无雨之夏。

大马士革的年平均气温约为17℃，极端最高气温纪录是46℃。6~9月的平均最高气温都在33℃以上。7~8月最热，平均最高气温在37℃左右，并且时常突破40℃（实际上，5~9月每月的最高气温纪录都在40℃以上）。

而到冬季，一般也不太冷，最冷的1月，平均最低气温也在0℃以上（极端最低气温纪录为零下12.2℃）。所以在12月至次年2月，也偶尔会有雪或者雨夹雪。

因为是地中海气候，冬季降水量占到了全年的3/4左右。11月到次年2月，平均每月都有5~8天可能出现降雨（月雨量20~25毫米）。

11

也门——阿拉伯半岛上的雨水“首富”

The Republic of Yemen

地理概况

也门，在阿拉伯语中有“幸福之国”或“阿拉伯乐园”之意。也门共和国，位于阿拉伯半岛西南端，其北部与沙特接壤，南濒阿拉伯海、亚丁湾，东临阿曼，西隔曼德海峡与非洲大陆的厄立特里亚、索马里、吉布提等国相望。

也门有约 2000 千米的海岸线，海路交通十分便利。位于西南的曼德海峡是国际上重要的通航海峡之一，沟通印度洋和地中海，是欧亚非三大洲的海上交通要道。也门国土面积约 555000 平方千米，相当于中国云南和贵州两省面积之和。

也门境内既有山地、高原、沙漠，又有海滨平原和岛屿。从也门 - 阿曼边境开始，沿阿拉伯海岸，在曼德海峡往北至也门 - 沙特阿拉伯边境，有长约 2000 千米、宽 30~60 千米的海滨平原地区。山区位于西部和南部海滨平原内侧，哈杜尔舒艾卜峰海拔 3666 米，是阿拉伯半岛的最高点。苏拉特山脉沿红海及亚丁湾走向呈“L”状，该地区分布着许多盆地，是也门重要的农产区。山区以东为高原地区，由西南向东北延伸，海拔由 1000 米左右逐渐下降，边缘与沙漠重叠。

阿拉伯半岛上的雨水“首富”

也门的地理位置靠近赤道，全年只有热季和凉季。虽属于干旱、半干旱性气候，但在阿拉伯半岛上已经算是首屈一指的雨水丰沛的国家了。雨水多寡总是相对的，在阿拉伯半岛这个雨水“贫困地区”，也门可是“首富”。

由于也门独特的地理位置和地形特征，才形成了其独特的气候分布。与阿拉伯半岛其他国家相比，也门气候最大的不同在于：降水多集中在热季，以对流性降水为主。凉季受大陆高压影响，降水稀少。沿海平原和岛屿气候炎热潮湿，年降水量在 400 毫米以下。山区和高原气候则较为温和，雨量也比较充沛，年降水量可达 1000 毫米以上。7~8 月的山区雨季，还时有暴雨形成山洪。但沙漠和半沙漠地区炎热少雨，有的地方甚至整年无降水。

由于也门炎热多风沙的气候特点，当地居民房屋通常都是“厚墙小窗”的设计。墙壁一般都在 40 厘米以上，有的甚至做成“夹心墙”以减少室外热量向室内的传导，小窗则是为了防止太阳光直射室内，避免强光带来的高温，同时减少室内水分蒸发，并防止风沙入室。

被洪水冲垮的也门文明

自古以来，凡是水源富足之地，必有文明的延续和城市的崛起。早在 3400 年前，阿拉伯人的远祖闪族就在这片土地上繁衍生息，正因为也门是阿拉伯半岛上降水最充沛的国家。

这里还有被誉为古代最伟大水利工程之一的马里布大堤坝。约公元前 500 年，为了大力发展农业，提高蓄水和灌溉能力，人们对堤坝进行了多次加高和修复。公元初年，赛伯伊 – 希木叶尔文化逐渐衰落，马里布大堤坝也每况愈下。

公元 5~6 世纪，马里布大堤坝在四度被洪水冲决之后，最终被废毁。但在也门人民的心目中，马里布大堤坝是至高无上的文明成就，曾助力创造了盛极一时的阿拉伯文明。因此，马里布大堤坝的废毁给人们留下的是刻骨铭心的悲伤记忆。马里布大堤坝的数次溃堤还导致人口的不断外迁，有的迁往叙利亚、伊拉克，有的迁往阿拉伯半岛北部地区。随着马里布大堤坝成为废墟，赛伯伊平原也渐渐变成了沙漠。

12

伊拉克——50℃的体验

The Republic Of Iraq

地理概况

伊拉克共和国位于亚洲西南部，阿拉伯半岛东北部。与它接壤的国家众多，南方是沙特阿拉伯、科威特，北方是土耳其，西北是叙利亚，伊朗和约旦分别位于其东西两侧。

伊拉克的出海口在东南端，是位于波斯湾的一小段海岸，海岸线只有 60 千米。

首都巴格达是全国最大的城市和经济、文化、交通中心，也是重要的国际航空站；南部城市巴士拉有伊拉克最大的海港，而巴比伦则是世界著名的占城遗址和人类文明的发祥地之一。

伊拉克东北部有库尔德山地，西部是沙漠地带，高原与山地间有占国土面积大部分的美索不达米亚平原，绝大部分海拔不足百米。幼发拉底河和底格里斯河自西北向东南贯穿全境，两河在库尔纳汇合为夏台阿拉伯河，注入波斯湾。平原南部地势低洼，多湖泊与沼泽。平原以东为扎格罗斯山系的西部边缘。西南部为阿拉伯高原的一部分，分布有叙利亚沙漠。

气候特点

伊拉克以热带沙漠气候为主，但在其北部，则由热带半干旱气候向寒冷半干旱气候、温带大陆性气候进行了过渡。伊拉克以刮西北风为主，终年天晴少雨，四季不分明，大体上只有寒暑两季，冬冷夏热，降水稀少，且多在冬季。降水短缺和极端炎热使伊拉克沙漠化问题日益严重。

气温：在最冷的冬季，北部平均最低气温会接近 0℃，西部沙漠地区一般为 2~3℃（但在西部沙漠鲁特巴，极端最低气温为零下 14℃）。在伊拉克南部的冲积平原，气候温和一些，平均最低气温在 4~5℃。

在夏季（6~8 月），天气极端炎热，平均最低气温为 27~31℃，而平均最高气温可达 41~45℃。伊拉克的高温纪录是 52℃（纳西里耶，2011 年 8 月 2 日）。如果说伊拉克的气象要素有什么是可以在世界上名列前茅的，那就是夏季的温度。

降水：伊拉克 90% 的降雨集中在 12 月到次年 4 月，而其他月份，特别是最热的 6~8 月，是很难指望有哪怕一场降雨的。伊拉克的平均年降雨量大多在 100 ~ 180 毫米。只有伊拉克北部山区的降水丰富，一些地方可达 1 000 毫米，气候迥异。不过由于地形的原因，雨水丰沛之处却难以进行广泛的耕作。西南丘陵和草原地带的平均年降水量约为 320~570 毫米，这里虽有旱地栽培，但也比较有限。

风：伊拉克主要盛行两种风。在 4 月至 6 月初，以南风或东南风为主，干燥带沙的风，偶尔时速会达到每小时 80 千米（50 英里）。从 9 月下旬到 11 月又会起风，往往会持续刮一天，甚至一个季节。刮风的同时常常伴随着猛烈的沙尘暴，有时会卷起几千米高的沙尘。从 6 月中旬到 9 月中旬这段时间，会转为北风或西北风，叫“夏马风”（shamal，中亚及波斯湾一带一种寒冷的西北风），捎来一丝凉意。但干燥的夏马风会让太阳对地表的加热效果增倍。

首都巴格达：世界上最热的城市之一

巴格达坐落在广阔的平原之上，底格里斯河将其一分为二。巴格达距幼发拉底河只有 30 多千米，处于东西方的交通要道上，地势较低，是河流的周期性洪水冲积所致。

巴格达属于典型的沙漠气候，是世界上最热的城市之一。5~10 月，巴格达都是热浪袭人，日平均气温都在 30℃以上。6~9 月，平均最高气温都在 40℃以上，最热时甚至会在 50℃上下徘徊。2015 年 7 月，巴格达的最高气温纪录甚至会达到 51.1℃！沙漠气候，昼夜温差大，但巴格达盛夏夜晚的气温也很少低于 25℃。

巴格达的夏季降水极端稀少，整个夏季几乎不会出现 1 毫米以上的降水，夏天常见的是沙尘。降尘属于常规天气，降水属于罕见天气。

冬季，巴格达天气温和。12~2 月，巴格达的平均最高气温为 15~19℃。冬天的清晨和夜晚略带寒意，1 月的平均最低气温为 3.8℃，0℃以下的气温属于小概率事件。

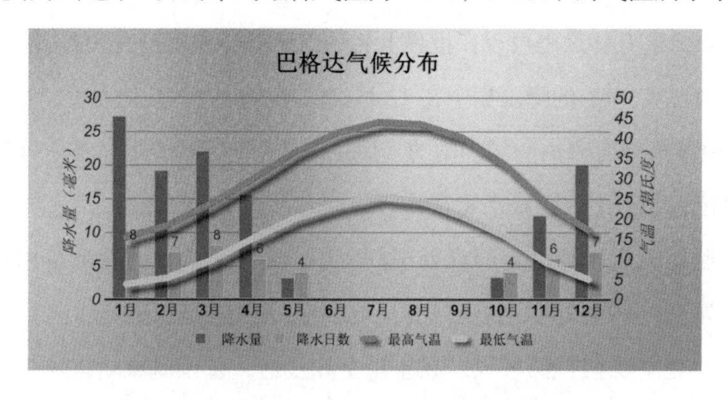

巴格达的年降水量为 150 毫米左右，几乎所有的降雨都集中在 11 月到次年 3 月。即使是“多雨”时节，每个月的降雨日数也只有五六天。

由于 0℃以下的气温很少出现，所以巴格达的冬天如果出现降雪，便可“载入史册”。2008 年 1 月 11 日早晨，巴格达迎来了当地近百年来首场降雪，中外媒体纷纷隆重报道了这一“盛况”。

13

伊朗——三类气候的汇聚之地

The Islamic Republic of Iran

地理概况：两山两水两荒漠

伊朗位于亚洲的西南部，境内山脉密布。在西部和北部地区有两条主要山脉：宽阔的扎格罗斯山脉呈西北－东南走向，霸道地盘踞在伊朗的西部，占了国土面积的近一半。北部的厄尔布尔士山脉，西起阿塞拜疆，东至阿富汗，沿里海绵延横亘，成为伊朗的北部屏障。

所谓两水，指的是伊朗东西两端与陆地相接，南北则与两片水域相邻。北侧是世界上最大的内陆水体（里海），南侧则是北印度洋海域的波斯湾和阿曼湾。在两片水域的沿岸地区有小面积的冲积平原，是伊朗境内为数不多的低海拔地区。

伊朗的中东部则是广阔的伊朗高原，地势平坦，多沙漠戈壁地貌，上面分布有两个荒漠：卡维尔盐漠和卢特荒漠。

气候特点：多样化的大陆性气候

伊朗地域广阔，地形复杂，气候也较为多样化。

伊朗位于北温带，北纬 30° 左右，约 90% 的内陆地区属于干旱和半干旱的大陆性气候，四季分明，雨水稀少，日照充足，夏季炎热干燥且漫长，冬季寒冷而短暂。

降水：从气候数据来看，伊朗总体降水不多，特别是中、东部地区，降水量普遍在 300 毫米以下。北部和西部降水相对较多，地形降水优势显著，沿里海偏西地区年降水量可以达到 1300 毫米，个别地区甚至在 2000 毫米以上。伊朗的降水大都出现在 11 月至次年 3 月，6~8 月经常干燥少雨，降水属于小概率事件。但在伊朗的东南部地区，独自拥有另一个水汽来源，就是印度西南季风边缘的影响。七八月份的雨水会多一些。

冬半年的强雨雪天气，往往是引发山体滑坡和洪水的主要元凶。

气温：伊朗四季分明，冬寒夏热，具体气温的高低与地形海拔关系密切，西部和北部的山区气温较低，年平均气温多在 10℃左右，高海拔地区则不足 10℃，南部沙漠及沿海地区气温较高，年平均温度普遍在 20℃以上，属于亚热带气候。

虽然伊朗九成都是干旱和半干旱的大陆性气候，但从北端的里海沿岸，到高耸的山区，到荒芜的沙漠，向南一直到波斯湾、阿曼湾沿岸，降水和气温也都各不相同，气候千差万别。尤其在南北两端，水体的升温和降温速度要比陆地缓慢许多，受到波斯湾、阿曼湾以及里海的影响，沿岸地区气候像是被磨去了棱角，要更为温和一些。

一般伊朗多样化的气候可以分为三种类型：里海沿岸温和湿润的地中海式气候，西部和北部为高原山区的干冷气候，东部和南部主打的是干旱和半干旱气候。

里海沿岸：地中海式气候

里海沿岸冬季温和多雨雪，夏季炎热潮湿，与地中海式气候相近。年平均降水量大多在 1000 毫米以上，是伊朗最湿润的地方所在。

里海位于亚洲和欧洲的交界处，虽称为海，实际上却是一个内陆盐湖，是世界上最大的封闭内陆水体。里海的存在让周边气候变得温和湿润，对于伊朗北部狭长的平原地带而言亦是如此。

冬季，里海对途经此地的冷空气进行加温增湿，然后在厄尔布尔士山脉的北侧里海沿岸造成雨雪天气。夏季，里海地区也主要受到副热带高压影响，雨水相对较少，天气炎热潮湿。因热量充足，大气层结不稳定，有时也会引发雷暴天气。

以伊朗里海沿岸地区最大的城市吉兰省的首府拉什特为例，气候温和湿润，相对湿度一般都在 70% 以上，平均年降水量超过了 1200 毫米。其中夏季降水相对较少，9 月到来年的 3 月则是降水最多的一段时间，各月降水量均在 100 毫米以上，而且每个月的降水日数都超过 10 天。

气温方面，即使在最冷的 1 月，平均最低气温也在 0℃以上，最高气温普遍在 10℃以上。最热的 7 月，最高气温也只有 30.5℃。以温度绝对值衡量的高温天气虽然少见，但湿度过大，闷热感显著。

高原山区：干冷气候

伊朗多数地区为高原和山地。高原之上多沙漠戈壁地貌，地表植被覆盖率很低，大陆性气候尤为显著，降水稀少，气温的年较差和日较差都比较大，冬季寒冷，夏季炎热。

北部地区最容易受到冷空气的冲击，有时还伴随着降雪，夜间的最低气温可能降到零下 20℃左右。夏季副热带高压盘踞于此，阳光“长期在线”，即使是高海拔地区，由于太阳辐射强烈，也会十分炎热。好在空气干燥，虽然热辣，但并无闷蒸感。到了夜间，气温下降迅速，热意消散，一日之中终于有了凉爽的时段。

降水方面，西部和北部迎风坡降水量较大，而高原地区受到北部厄尔布尔士山脉和西部扎格罗斯山脉的阻挡，冷空气和水汽都难以抵达，普遍降水稀少。

对于高海拔的山区来说，冬季气候最为残酷。风雪时常造访，深厚的积雪，往往会持续数月之久。在春季回暖之后，才逐渐消融。而海拔在 3500 米以上的山区，常年有冰雪覆盖。

位于西北部地区的大不里士，海拔 1350 米，气候可谓冬冰夏火两重天。夏季炎热干燥，还曾经出现过 40℃以上的酷热天气。降水不多，年降水量为 283.8 毫米。

东部和南部荒漠——干旱和半干旱气候

伊朗东部和南部的荒漠地区，大都属于干旱和半干旱气候，是伊朗最具普遍性的热带沙漠气候。日照充足，降水稀少。

尤其在南部地区沿海，与其他地方相比，像是另一个世界：全年温热，几乎没有冬季，最冷1月平均温度大都在10℃以上。在波斯湾和阿曼湾沿岸地区更是暖意融融。阿曼湾即使在最冷的1~3月，海水表面温度也在24℃左右，不论是游泳还是冲浪都毫无障碍，是同期伊朗最舒适最适宜度假的地方。很多伊朗人都会选择冬天到南部地区去旅行，短暂地逃离或严寒或湿冷的冬日。

但南部地区令人抓狂的夏季便不再具有吸引力了。副热带高压罩顶，气温太高，湿度过大，是典型的桑拿天，而且难以指望有雨水来举办一场畅快的降温“仪式”。

偏东地区稍微好一些，受到印度西南季风的影响，气温反而有所降低。6月气温达到峰值之后，7~8月受到季风影响，虽然雨量不多，但云量多了，有效地压制着气温蹿升的势头。

位于霍尔木兹海峡沿岸的阿巴斯港，便是全年暖热的干旱气候的代表性城市了。年降水量只有171.4毫米，年平均气温为27℃，最冷的1月平均最低气温也有12.1℃，6~7月平均最高气温都超过38℃，极端最高气温曾达到50℃以上，加上相对湿度一年到头都维持在60%以上的这种“稳定发挥”，酷热至极。中国没有任何一个地方的“桑拿”程度，可以与之相比。

首都德黑兰

伊朗首都德黑兰，地处伊朗高原的北缘——厄尔布尔士山脉南麓，属于温带大陆性气候。由于受到山脉的庇护，这里的气候还算比较温和。冬季气温很少下降到零下10℃以下，白天的最高气温也都在0℃以上，天寒地冻的天气比较少见。但低温、短日照和降水也令人备感潮湿阴冷。

夏季则比较炎热，7~8 月份经常是 35℃以上的高温。但相对湿度较低，一般在 30% 左右，算是尚可忍受的干热天气。如果单纯衡量气温，德黑兰的极端最高气温是 42.8℃。每年夏季有 45 天以上的高温天气（最高气温大于 35℃），高温日数超过中国大多数的所谓“火炉城市”。

德黑兰全年干燥少雨，年降水量仅 230 毫米，属于半干旱气候，与中国西北地区相仿。其中 6~9 月降水最少，月降水量都在 5 毫米以下，即使整个月没有降水也并不令人意外。

14

阿富汗——亚洲的心脏之国

The Islamic Republic of Afghanistan

地理概况：兴都库什山脉三分天下

“放起你的风筝，割断对手的线，祝你好运。”这是美籍阿富汗裔作家卡勒德·胡塞尼在其畅销小说《追风筝的人》中的一句话，这句话似乎不只适用于阿富汗的全民运动“斗风筝”，对于身处恶劣环境的阿富汗人民来说，也十分恰当。

阿富汗位于中亚、东亚、南亚和西亚的交界地区，可谓亚洲的心脏之国。北与土库曼斯坦、乌兹别克斯坦、塔吉克斯坦相接，东、南、西三面分别与中国、巴基斯坦、伊朗毗邻。国土面积为 647 500 平方千米，位于伊朗高原和帕米尔高原之间，境内高山纵横，山地和高原占据了领土总面积的 4/5，平均海拔在 1 000 米左右。

巨大的兴都库什山脉从东北向西南方向延伸，横贯东西，构成了阿富汗地理的脊梁，也将国家地理环境一分为三：北部高原、中部山地和南部高原。

北部平原，是阿富汗地势最低的地区，也是阿富汗的鱼米之乡，平均海拔约600米。阿姆河发源于这里的山麓地带，河川冲积形成了肥沃的土壤，使其成为阿富汗的主要农业生产基地。

中部是占地面积最大的高山地区，幽深的峡谷和高耸的山脉交错纵横。冬寒夏热，气候恶劣，也因此成为阿富汗重要的战略防御地带。位于最东端狭长地带的瓦罕走廊，是古丝绸之路的一部分，其上的诺沙克峰海拔7 458米，是阿富汗境内的最高峰。

南部高原地形，除了西南部有少数几条高山积雪融水形成的内陆河可以进行小范围的耕种之外，水资源匮乏，土地贫瘠，偏东地区的雷吉斯坦被广阔的沙漠覆盖。

气候特点：冬寒夏热，雨水稀少

阿富汗处于北纬29°～39° 之间的亚热带地区，但与同纬度我国的中原地区气候完全不同。远离海洋，群山耸立，被众多国家包围的阿富汗有着典型的干旱、半干旱大陆性气候。冬寒夏热，气温的日较差和年较差都比较大。境内高山和平原的巨大海拔落差，使各地气候的“共同语言”较少，差异显著。

阿富汗雨水稀少，夏秋尤为干燥，冬春雨雪则相对频繁。

不怕无黄金，唯恐无白雪

阿富汗当地有句民谚：“不怕无黄金，唯恐无白雪。”

为什么需要白雪？对于阿富汗来说，地处内陆，距离最近的里海和阿拉伯海都尚有一段距离，水汽不足，降水稀缺。而冬天高原之上覆盖累积的白雪，是阿富汗最宝贵的水库——固体水库，供给着境内河流淡水，是阿富汗人赖以生存的主要水源。

阿富汗的平均年降水量只有300毫米左右，空间分布呈现出中间多南北少、东多西少的特点。降水主要围绕中部的大面积山区展开，东北部高海拔山区算是雨雪最“富足”的区域，年降水量可以达到800毫米，甚至1 000毫米以上。海拔在3

000 米以上的高山更是终年积雪、冰川广布，是难以取用的高原水库。

阿富汗雨热不同季，与地中海式气候类似。有人将阿富汗的气候十分形象地描述为：冬阴春雨夏秋干。

夏半年，北非伊朗高压同掌控中国夏季气候的西太平洋副热带高压一样，季节性加强北抬。所以阿富汗的夏秋两季盛行干燥的偏北气流，阳光明媚，雨云难觅，即使十天半个月不下一场雨，大家也不会觉得奇怪。而在东部地区，偶尔会被最后一缕湿润的西南季风气流眷顾，七八月份倒是会有一些“计划外的”雨水。

冬半年，西风带南压，高空槽东移“邀请”冷空气南下，阿富汗时常会收到来自遥远海洋的湿润问候。阿富汗中部的山区截留的雨水最多，但多以降雪为主。降雨，是在南北两侧的低海拔地区。

有时还会有低压气旋来凑热闹，气流辐合抬升，促进水汽的汇聚和凝结，带来阿富汗大雪纷飞的日子。尤其在初春的 2~4 月，气旋活动加剧。气旋如同开场子、摆擂台的角色，时不时地“撮合”冷、暖空气来此打擂。于是，阿富汗迎来一轮又一轮的降水过程。初春时节，冷、暖空气之间实力并不悬殊，尚可交手过招，而在隆冬时节，西伯利亚冷空气太强势了，暖空气望风披靡。所以阿富汗的隆冬虽常有冷锋过境，但毫无战事可言，云虽多，雨雪却少。

气温：早穿皮袄午穿纱

阿富汗气温的分布同样跟地形和海拔密不可分，总体呈现出中间低、南北高的特点。中部高山地区年平均气温大多不足 0℃（东北部甚至在零下 8℃以下），终年严寒。而在南北两侧的低海拔地区，年平均气温普遍在 10℃以上，气候相对温暖。

夏季阳光充足，日照强烈，阿富汗夏日的干热，在南北平原地区尤为突出，有时最高气温还会突破 40℃。在高海拔山区，辐射增温作用强烈，最高气温也能达到 30℃。但入夜之后，就似乎变成了另外一个季节，最低气温可能只有个位数。昼夜温差常常超过 20℃，也属于“早穿皮袄午穿纱”的大跨度天气。

冬季的阿富汗得益于阴雨（雪）天气的庇护，气候相对温和湿润。除了高山以外，即使是在隆冬 1 月，最高气温也能达到 5~10℃。当有强冷空气入侵造成剧烈降温时，极端最低气温也不过零下 20℃左右。

分明的四季

寒冬：通常情况下，11 月份阿富汗寒意渐生，雨水增多。中国秋冬交替是“以风鸣冬”，而阿富汗的气候是“以雨迎冬”。

中部山区冬季雪量极大，降雪频繁使积雪最厚可达 3 米左右。一些山区被大雪封锁道路，处于与世隔绝的状态，一直到来年三、四月份开春之后，积雪消融，交通和通信才会完全恢复。

冬季虽然十分寒冷，但对孩童而言，却是个美好季节。冬日假期寒风呼啸，正是放风筝的好时候。阿富汗人玩风筝，乐趣在于斗。斗风筝比赛，是阿富汗古老的冬日风俗。一大早开始，人们爬上房顶和周边的山坡去斗风筝，直到仅剩一只胜出的风筝在空中才结束。

其实，阿富汗人对于风筝的热爱不只是在冬天，一年四季都能在阿富汗的天空中看到各种各样的风筝在飘飞。玩风筝已经成为阿富汗的一种全民运动，甚至是阿富汗文化的一部分。每逢盛大的活动，人们也会放风筝以表达祈愿。

雨春：2~4 月，春天阿富汗的天气逐渐回暖，冷暖空气频繁博弈的同时，降水也达到一年中的鼎盛时期，有时还会伴有大风天气。阿富汗的雨春，草原返青，鲜花绽放，空气湿润，是一段舒适而美好的时光。

但阿富汗的春季也潜藏着许多风险，气温升高之后，积雪消融，河流涨水，如遇暴雨突袭，可能会遭遇雪崩或者山洪、泥石流等灾害。尤其是雪崩，对于多山的阿富汗来说，是几乎每年都会发生的气象灾害之一。大多数雪崩发生在冬春季节，尤其是在暴风雪发生前后。

冬季的情况：阿富汗的雪非常松软，黏合力很小，一旦一小块被破坏了，剩下的部分就会像多米诺骨牌一样，产生连锁反应而飞速下滑。

春季的情况：天气回暖，积雪表面融化，雪水会渗入雪层深处，使原本结实的覆雪变软，积雪之间的内聚力和抗断强度大大降低，雪层达到一个危险的平衡状态。稍有一点外力，甚至可能只是自然或是人为的一点点声音，这种平衡就会被打破，积雪受到重力的拉引迅速下滑，出现雪崩。

雪崩具有突发性强、运动速度快、破坏力大等特点，雪崩发生时，山上大量的积雪迅速奔涌而下，能够摧毁森林，掩埋房屋、车辆，切断交通和通信，危害极大。

炎夏：阿富汗夏季的天气往往可以用两个字概括：晒、热。

在西风带系统退守到中高纬地区之后，北非－伊朗高压开始加强影响阿富汗。在偏北干暖气流的控制之下，天空少有云层遮蔽，日照时数多在 10 个小时以上，而且紫外线强烈。在北部平原和南部沙漠地区最高气温时常会突破 40℃，酷热难耐。“热极生风”，有时导致沙尘，黄沙滚滚，遮天蔽日。

凉秋：9~10 月是阿富汗短暂而舒适的秋季，最高气温还能达到 20℃以上，总体而言干燥清爽，但夜晚秋凉如水。

首都喀布尔：高原之城

喀布尔是阿富汗的首都，也是最大的城市，位于兴都库什山东侧，海拔接近 1800 米，市郊有喀布尔河流过，是一座风景优美的高原城市。

喀布尔属于温带大陆性草原气候，气候之变较为剧烈，年较差可以达到 30℃以上。冬季因雪多而备感湿冷。平均气温常在冰点以下，寒潮过境时，气温还可能会跌至零下 25℃。

与冬季的寒冷有余相对应的，是夏季的炎热不足。虽然日照充足，平均日照时数可以达到 11~12 个小时，最高气温常能超过 30℃，但偶尔才有高温。干燥比炎热更突出，月均降水日数只有 1~2 天，滴雨未下的情形也十分常见。

春秋两季都很短暂，但春雨远多于秋雨，所以相比之下，喀布尔的秋季是最宜人而不扰人的季节。

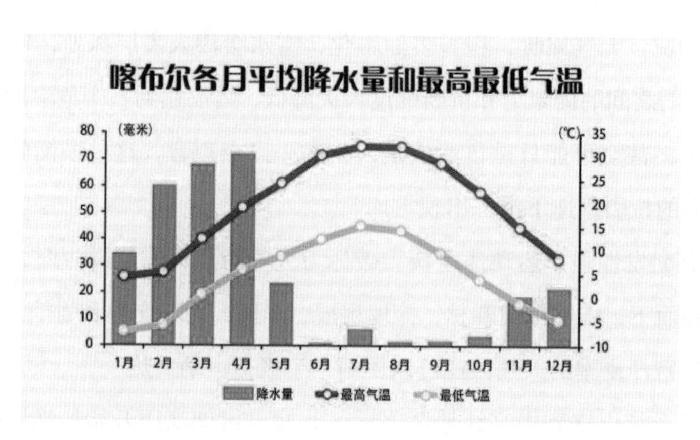

巴米扬：古代丝绸之路上的重镇

巴米扬，位于首都喀布尔西北方向200多千米处，是阿富汗古城，也是古代丝绸之路上的重镇，是来往于古罗马帝国、波斯、中国和印度的必经之地，曾是一个繁荣的佛教艺术中心。

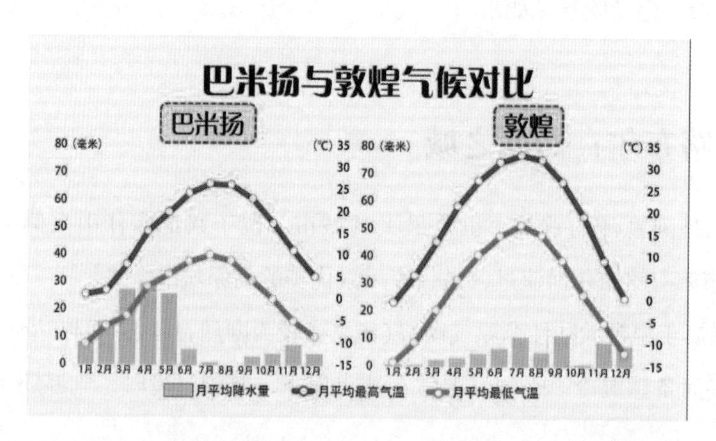

这里和中国敦煌一样，曾建有大量的佛窟。其中有两座大佛最为有名，东大佛高37米，西大佛高55米，是世上最大的雕刻立佛像。遗憾的是，佛像已面目全非，目前正在修复之中。

由于境内混乱的局势，这里的旅游业几乎中断，只有少部分当地人前来，不复往日的繁华。

巴米扬山谷，藏在兴都库什山和巴巴山脉之间，山谷中还有河流穿行而过，宁静而舒适。若是没有人为的破坏，同中国敦煌一样干燥的大陆性气候都是极为有利于佛像古迹保存的。巴米扬海拔在 2 550 米左右，比敦煌还要高 1 000 多米，但气候却更为温和，寒暑差异相对较小。这主要是因为巴米扬的降水更多一些，年平均降水量有 133 毫米，是敦煌的 3 倍左右。冬春季节频繁的雨雪使气温不大可能蹿升或者暴跌。夏季虽然阳光足降水少，但毕竟海拔高。即使是最热的 7 月，平均最高气温也只有 26.3℃，从未遭遇高温，这是完全可以忍受的夏季热度。

15 以色列——水神话的缔造者

The State of Israel

地理概况

以色列地处地中海的东南方向，北靠黎巴嫩，东临叙利亚和约旦，西南边则是埃及。以色列西侧，有着与地中海相连的海岸线，南侧则是艾特拉海湾（又称亚喀巴湾）。

以色列可以分为四个不同的区域：海岸平原、中部丘陵、约旦大裂谷（东非大裂谷北部起点）以及内盖夫沙漠。

地中海沿岸的海岸平原，从北部的黎巴嫩边界一直延伸至南部的加沙地带。该地区土壤肥沃而湿润，是农业种植的主要地带。

海岸平原的东部是中央的高原地带，高原地带的北边是加利利山脉的山丘，更南边的地区，是由许多小型而肥沃的溪谷地区所组成的撒马里亚山脉。再往南则是荒芜的朱代山丘地区。

中央高原地带的东部是约旦大裂谷，属于长达6500千米的东非大裂谷的一部分。在以色列境内的裂谷是由约旦河、加利利海以及死海所构成的。

内盖夫沙漠由大约12000平方千米的沙漠组成，占据了以色列的一半土地面积，在地理上，内盖夫沙漠属于西奈半岛的延伸。

气候特点

以色列有着海拔2810米的黑门山，也有低于海平面392米的地球最低处——死海，并且有邻近的亚热带撒哈拉和阿拉伯沙漠地带以及地中海，可谓是起伏显著、不同气候相互角力的地带。所以以色列国内各地气候差异很大，既可以找到沙漠气候和地中海式气候的影子，又可以感受到高度和纬度对气候的影响。

在海岸平原地区，如特拉维夫和海法，由于地处地中海东岸，属于典型的地中海式气候。夏季漫长而炎热少雨，冬季短暂而凉爽湿润。

在以色列南部，贝尔谢巴地区和内盖夫北部地区，属于半干旱地区，夏季更炎热，冬季更寒冷，雨水比海岸平原地区要少得多。

而再往南的内盖夫南部地区和阿拉瓦地区，则属于沙漠气候，夏季燥热，冬天干冷。约旦河北部的提拉兹维基布兹，1942年曾出现过54℃的酷热天气，也成为当时亚洲的极端最高气温纪录。

以色列季节变化明显，一年中基本只有冬夏两季。4~10月为干热的夏季，而11月至次年3月为温和的冬季。

以色列有充足的阳光，但年气温变化幅度较大。在冬季，1月是以色列最冷的月份，平均气温在6~15℃。7~8月，是以色列最热的时候，平均气温在22~33℃。地中海沿岸地区夏季相对会潮湿一些，但在中部的高原地区，夏季就会变得燥热，而在埃拉特市等沙漠城市，夏季气温通常都是全以色列最高的，最高气温常在40℃之上。

降水的季节差异显著，超过 70% 的降水都集中在冬季。而 4~10 月的夏季降水很少，特别是 6~9 月，几乎可以被称为无雨季节。降水不仅时间上分布不均，空间上也分布不均。降水较多的是北部和中部地区，越往南部降水越少，尤其是内盖夫沙漠地区，基本无降水。

内盖夫沙漠可以视为降水量的“分水岭”：内盖夫沙漠以北降水量在400毫米以上，北部山区超过 900 毫米，北内盖夫地区降水 300 毫米、西内盖夫 250 毫米、中内盖夫 200 毫米、南内盖夫 100 毫米，极端干旱地区只有 30 毫米。降水最“富裕”的地区与降水最“贫困”的地区的降水量可以相差数十倍。

较强的降雨通常是由强风暴所致，雷雨和冰雹在雨季也比较常见，因此很容易致灾。在包括耶路撒冷的中部地区以及海拔 750 米以上的山区，冬季偶尔会有降雪出现。像赫尔蒙山的三个最高顶峰，每年冬春季都会有季节性的降雪和积雪。

把每滴水的作用发挥到极限。

以色列前总统魏茨曼曾经说过，给以色列民族一碗水、一颗种子，这个民族就能生存。一方面，这是说以色列民族具有顽强的生命力，而另一方面，也是在说水给以色列民族带来的能量。

由于以色列自然条件恶劣，干旱和沙漠化严重，其全部淡水资源只有约 20 亿立方米，人均水资源占有量不足 370 立方米，远低于国际平均水平。加之以色列工业发展对水的巨大需求等因素，以色列水资源匮乏的问题日趋严重。

依据以色列人口统计处资料，直至 2013 年 4 月以色列独立 65 周年前夕，以色列共有 803 万人口，其中大部分都居住在海岸平原。而面积占多半的内盖夫沙漠，人口只占全部人口的 5% 以下。

同时，由于降水的稀缺与不均衡，以色列的耕地基本分布在年均降水量 300 毫米以上的地区。

极度缺乏水资源的以色列是世界上唯一以犹太人为主体民族的国家，犹太民族被誉为世界上最聪明的民族，犹太人占世界人口总数不到0.3%，但获诺贝尔奖的比例却占22.35%，爱因斯坦、马克思、弗洛伊德等人都是犹太人。拥有了智慧，就拥有了财富，也拥有了水，以色列人以自己的聪明才智不断创新，在应用现代技术的过程中，使得每一滴水的作用几乎发挥到了极限。

以色列不断开发多样化的水资源以及与水相关的管理和处理技术，使其在水资源管理方面走在了世界前列。它拥有世界最大规模的海水淡化设施，拥有水设备发展的前沿技术并提供多种多样的先进设备，是世界上滴灌领域的主导者，回收水用于农业的比例也是全世界最高。

以色列的灌溉农田都采用了喷、滴灌等现代灌溉技术和自动控制技术，灌溉水的平均利用率达90%。发明滴灌以后，农业用水量下降，农业产出却增长了5倍，将大片沙漠变成了绿洲。

以色列作为当今世界上少数实现科学灌溉的国家，农业人口不足总人口5%，但是不仅解决了自身粮食问题，还向其他国家大量出口优质水果、蔬菜、花卉和棉花等。

同时，以色列人也针对充足的日照充分发挥聪明才智，以色列在以太阳能作为能源方面，人均使用量也成为领先的国家。

神奇的死海

死海位于约旦裂谷上，西岸为以色列和巴勒斯坦，东岸与约旦接壤，南北长86千米，东西宽5~16千米不等。死海并不是海，而是世界上最低的湖泊，湖面要比海平面低300多米，死海的湖岸也是地球上已露出陆地的最低点。死海是世界上最深的咸水湖，最深处380.29米，最深处湖床海拔-800.112米。

死海位于沙漠之中，几乎终年晴朗、空气干燥，降雨极少，年降水量一般小于50毫米。冬季气候温暖，平均气温在20~23℃；夏季炎热，平均气温会达到32~39℃。从而造成湖水每年蒸发量非常大，约1400毫米，湖面上时常雾气弥漫。由于夏季蒸发量远大于冬季，湖面也会出现约30~60厘米的季节变化。

湖面和岸边还常有一些微风，有点类似于海陆风——由于湖面与陆地的温差，致使白天湖上的风向四面八方吹去，到了夜间又反过来吹向湖中心。

由于死海的含盐量极高，水的浮力也极大（死海中的水的比重是1.17~1.227，而人体的比重只有1.02~1.097，水的比重超过了人体的比重），因此不会游泳的人在死海里也不会沉下去，很多人也因此慕名而来。并且由于水中钠、钾、钙、溴、碘等40多种矿物质和微量元素含量较高，在水中浸泡对风湿性关节炎、皮肤病、肥胖症、心脑血管疾病、呼吸道疾病或有很好的疗效，因此每年都有众多游客来此疗养。

16

巴勒斯坦——亚非欧之要冲

The State of Palestine

地理概况

巴勒斯坦，是一个由居住在巴勒斯坦地区的约旦河西岸以色列占领区以及加沙地带的阿拉伯人所建立的国家，1988年11月15日正式宣布建国，并宣布耶路撒冷为巴勒斯坦国首都。

巴勒斯坦位于亚洲西部，地处亚、非、欧三洲交通要冲，国土分为约旦河西岸和加沙地区。约旦河西岸东临约旦，面积5884平方千米。加沙地带西濒地中海，面积365平方千米。这一地带处于地中海和阿拉伯半岛交接处，既是希伯来文化的发祥地，也是各种天气系统角力的战场。

北非高压和地中海气旋、沙漠热低压轮番上场，所以这里既能体会到午后来自地中海的清风、冬季地中海的阴沉、夏季雅典般的阳光，也会遭遇阿拉伯大沙漠的风尘和酷热，可谓是天使与魔鬼的对话。

气候特点

约旦河西岸——夏热冬湿的地中海气候

巴勒斯坦约旦河西岸地区有着亚热带地中海型气候的特点。夏季受一个天气系统——北非高压掌控，炎热、干燥，最热月份为7~8月，高温虽常见，但没有中东其他地区那么酷热。

冬季是地中海低压气旋和冷空气这两类天气系统的“战场”，湿润、微寒，平均气温为4~11℃，最冷月份为1月。

其雨季只是“大约在冬季”，为12月至次年3月，高海拔地区冬季有可能会下雪。

杰里科——文明悠久的最低之城

杰里科是巴勒斯坦的历史古城。考古发现，早在11000年前就已经有人在这里居住，是世界上最早有人类连续居住历史的城市之一。从前，由于城中有充足的泉水供给，而且位于死海北岸至地中海与加利利至耶路撒冷两条路线之间，所以经济与贸易十分发达。

杰里科位于死海附近，地势极低，海平面以下258米，可以说是世界上海拔最低的城市。

由于海拔低，这里比巴勒斯坦其他地方更为炎热。6~8月，这里的平均最高气温都在37~39℃之间，高温酷热天气经常播出“连续剧”。其中7月最为酷热，平均最高气温为38.6℃，平均气温为30.9℃。不过这里的昼夜温差特别大，平均最低气温21.9℃，教科书般的凉爽夜晚。这里的干热要逊于我国“热极”吐鲁番，但相对湿度更高，所以体感未必会比吐鲁番凉快。

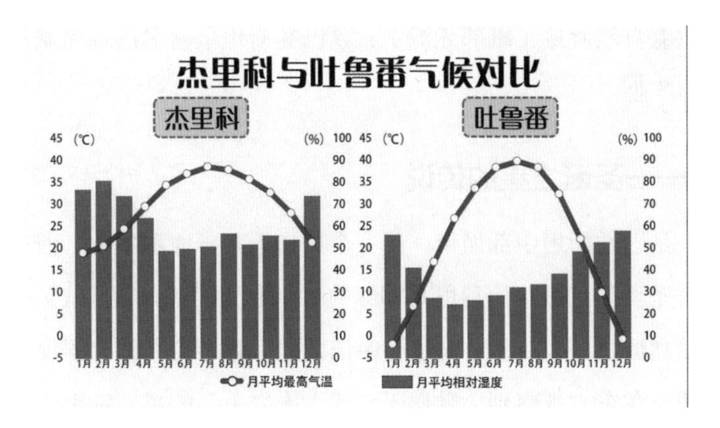

对比杰里科和吐鲁番的逐月气温，可见吐鲁番季节转换的节奏快，春与秋的“生存空间”很小。相比之下，杰里科的四季时长没有那么悬殊的“贫富差距”。

杰里科虽有酷暑，却并无严冬。最冷的1月平均气温为10.7℃，算不得冷，但下雨的时候却会备感阴冷，因为冬季往往是风雨，凄风苦雨。

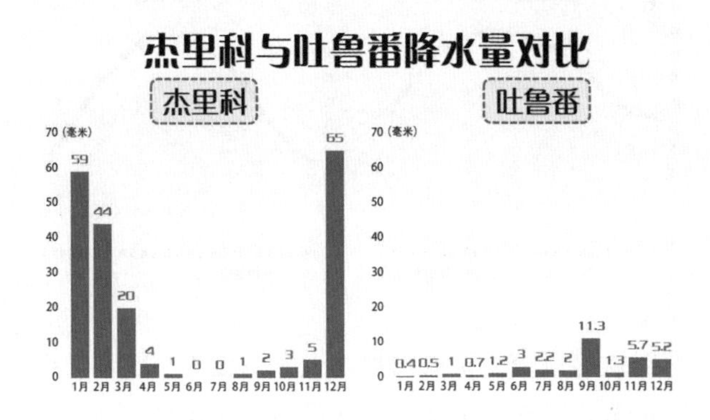

与吐鲁番一年四季雨水稀缺的沙漠气候不同，杰里科冬季更为温润。雨季（12月至次年的2月）降水量占全年的82.3%。虽然冬天降水很给力，奈何其他季节不给力，所以全年降水量一般也不过200毫米左右，属于半干旱地区。

古时，杰里科被描述为“棕榈之城”。天上给的雨水虽不多，但地下流的泉水却很充足，数千年来吸引着大量人口定居于此。

现今城区附近有香蕉农业种植，是当地重要的经济收入之一。当然，这里既有人文遗迹，也有自然胜迹（毗邻死海），是巴勒斯坦最著名的观光城市，旅游业才是当地最大的产业。

伯利恒——圣诞之星的传说

伯利恒，是巴勒斯坦中部城市，是一个人口不多、面积不大，但却闻名世界的城市。根据《圣经》记载，伯利恒是耶稣的出生地，素有“《圣城》中的圣城”之称。所谓“伯利恒之星”，是《圣经》中记载的一颗奇特天体。据说，在耶稣诞生时，有几个博士在东方观察到一颗属于“犹太人之王”的星，特别前来耶路撒冷拜见，就在博士们前往附近的伯利恒寻找时，先前看见的那颗星，又忽然出现在前方，引领他们来到耶稣降生之处，这颗星就是所谓的“伯利恒之星”。

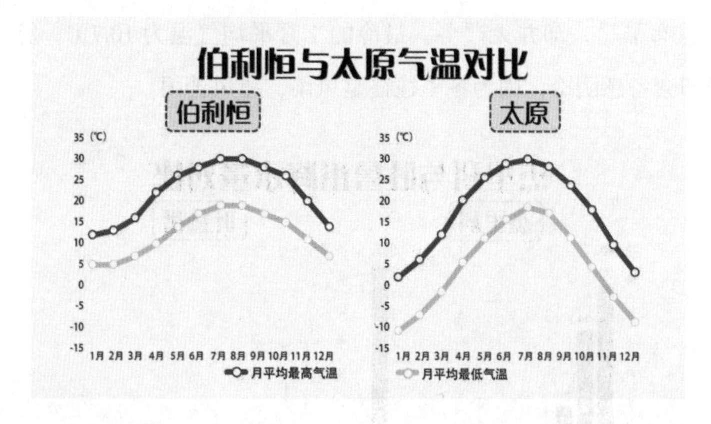

伯利恒位于耶路撒冷以南，犹太山地之上，海拔为 775 米。由于海拔较高，虽然地处中东地区，这里夏天却比中东其他地区颇具“优越感”。最热的 7~8 月平均最高气温为 30℃，平均最低气温为 19℃。从这两个指标看，与中国太原同期的气温相当，并且两地的海拔也相当。当然太原夏季为雨季，雨热同期，而属地中海气候的伯利恒，夏季少有雨水降临，天气更为干爽。

春末夏初之际（4 月到 6 月中旬），要是没有沙尘，本该是伯利恒温度最宜人的时节。但是气候不能这样假设，您无从选择周边的大环境，您既可领受来自地中海的雨水，也得承受来自阿拉伯大沙漠的风沙。

伯利恒冬季经常性的雨水便是来自地中海的礼物，全年 70% 的降水集中在 12 月到次年 2 月，月平均降水日数达 11~12 天。由于海拔高，下雪并不稀奇。

海拔高，截留云水的能力强，所以这里的平均年降水量达到 700 毫米左右。这样充沛的降水，不仅在巴勒斯坦名列前茅，也超过北京、长春、兰州、银川、郑州等一众中国北方城市。

加沙地区——沿海的半干旱地区

加沙地区靠近埃及边境和地中海，虽然沿海，但依然属于半干旱气候，平均年降水量只有 390 毫米。加沙地区的降水量是沙漠气候与地中海气候的“混血”，但降水的季节分布却充分凸显地中海气候的“血统”。

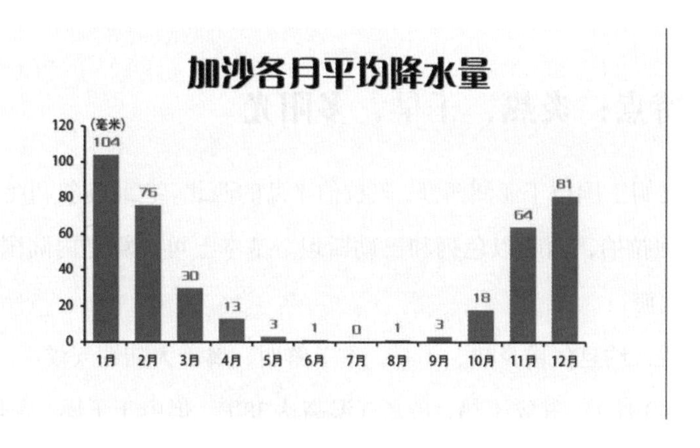

冬季（11 月到次年 2 月）降水量为全年的 83%。其中 1 月降水最多，为 104 毫米。这与中国截然相反，中国是 1 月降水最少，像北京这样的北方城市 1 月的降水一般只有零敲碎打的两三毫米，还不足加沙的一个零头。但到了夏天，北京 7 月降水最多，可达近 200 毫米；而加沙 7 月降水最少，几乎滴雨不降，能有三五毫米已是谢天谢地了，还不到北京的一个零头。降水的季节分布比气温的季节分布更能够看出一个地方气候的差异性。

加沙冬季气候非常温和，优于约旦河西岸。平均最低气温在 10℃左右，所以它的冬天是需要打引号的冬天。

夏季，加沙的气温介于酷热的杰里科和伯利恒之间。最热的 8 月，平均最高气温是 31.7℃，平均最低气温为 22.2℃。虽然雨水稀少，但是由于沿海，湿度过高（最热的 8 月平均相对湿度也最高，高达 87%），天气闷热。

17

约旦——季节分明，严重缺水

The Hashemite Kingdom of Jordan

气候特点：炎热、干旱、多阳光

约旦哈希姆王国位于亚洲西部，阿拉伯半岛的西北。它北临叙利亚，东临伊拉克，东南临沙特阿拉伯，西临以色列和巴勒斯坦。基本上可以算是内陆国家，亚喀巴湾是其唯一的出海口。

总体来说，约旦气候炎热、干旱，季节鲜明，属于大陆性气候。

夏季（6~9 月），气候干热，最高气温高达 38℃，但由于干燥，炎热还可以忍受。

冬季（12~2 月），寒冷多雨，山区可能会有降雪出现。

春季（3~5 月）和秋季（10~11 月），温度适中，气候温和。

不过约旦西部高地属亚热带地中海型气候，气候温和，平均气温 1 月为 7~14℃，7 月为 26~33℃，东部为沙漠（与叙利亚等国的沙漠浑然一体，统称叙利亚沙漠）。东部沙漠地区气候恶劣，风干物燥，时有沙尘。平均年降水量少于 50 毫米，通常 5~9 月为无雨时段（下场雨即属异常现象）。

据有关机构的统计，约旦为世界上十大严重缺水的国家之一。在约旦，只有西部山区和河谷地区雨水比较丰足，年降水量在 380~630 毫米。

撒哈拉沙漠是世界上最大的沙漠，几乎占满非洲北部，这个大沙漠使得中东地区时常遭遇沙尘天气。其中约旦深受其害，2015 年 8 月，百米高的沙尘暴曾席卷约旦首都安曼的阿利亚皇后机场。

首都安曼：地中海式气候

约旦王国首都安曼，处于约旦的西北部，世界海拔最低的湖泊——死海的东北方。它是一座山城，最高海拔 918 米。城市建构在周围七座山岗之上，地形随着山势起伏。安曼也是西亚的著名古城之一，至今依然保留着古罗马时期的诸多遗迹。

安曼属于亚热带地中海式气候，其特点是冬季温和湿润，夏季晴热干燥，四季分明。年平均气温为 17.1℃，最热月（8 月）的平均最高气温为 32.4℃，最冷月（1 月）的平均最高气温为 12.3℃，比中国很多城市的气温年较差要小。这主要得益于冬季之温和。

安曼的平均年降水量为 269 毫米，和中国新疆天山沿线城市的降水量大致相当（乌鲁木齐为 286 毫米、伊宁为 269 毫米）。安曼的降水冬多夏少，降水的季节分布和中国恰好相反。11 月至次年 3 月的降水量占全年降水量的 90% 以上，这样的比例在地中海式气候区也算是比较突出的。和冬季多雨形成强烈反差的是，6~8 月几乎滴雨不下，夏季无须防雨，但必须防晒，夏季每天的日照时数长达 13~14 小时。

不过由于空气干燥且安曼地势较高，尽管白天燥热，但夜晚比较清凉，充分体现了山城的优势。即便是在最热的 8 月，平均最低气温也仅有 18.6℃，比起纬度更北的罗马、雅典还要更凉爽一些。

18

埃及——最严酷的气候，最悠久的文明

The Arab Republic of Egypt

地球上最干热的国家

中国人往往对埃及有莫名的好感，或许是因为从小就从课本中读到，埃及和中国同属历史悠久的文明古国，尼罗河、金字塔和狮身人面像更是埃及的象征。

提到埃及的气候，我马上联想到的就是夏热和少雨，埃及算得上是地球上最干热的国家了。这里最热的时候气温能超过 50℃，相对湿度不足 5%。其中埃及南部的阿斯旺和卢克索堪称世界上最干热的城市。

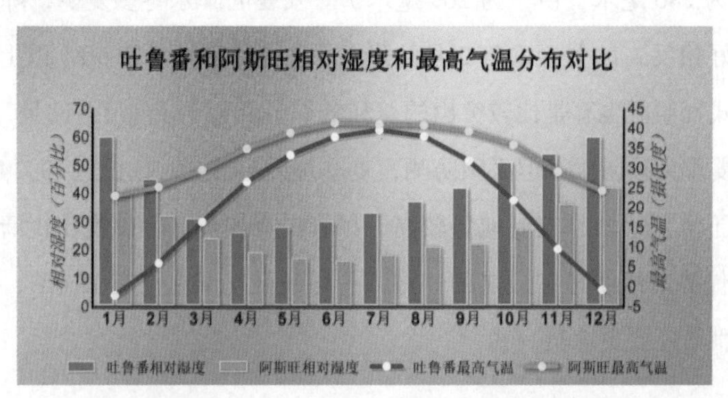

阿斯旺 6~8 月平均最高气温超过 40℃，同时平均相对湿度不足 20%，极端最高气温纪录 51℃，经常是好几年才有一场雨。这样的干热连中国最著名的火炉新疆吐鲁番也只能甘拜下风。

首都开罗也是干热气候的代表性城市，这里全年平均总降水量仅 24 毫米，还不足同纬度的中国杭州降水量（1379毫米）的1/50。由开罗向南，便随即进入沙漠地区，年平均降水量迅速递减到只有2~5毫米。所以在埃及，如果遇到了下雨天，纯属“意外”。而这种“意外”，往往只可能发生在冬季。

如果有人问：埃及什么时候能够下一场雨啊？回答可以是一首歌的歌名：《大约在冬季》。只能说是大约，因为冬季也未必能够盼来一场雨。

如果笼统地说埃及气候干热，略微有些脸谱化，只说对了95%。因为还有占国土面积5%的地中海沿岸和尼罗河三角洲属于亚热带地中海气候，气候相对温和湿润一些。

撒哈拉形成之谜

能够成为地球上最为干热的国家之一，埃及的地理位置起到了关键作用。

埃及位于北纬22°~32°和东经25°~35°，恰好处于全球副热带高压最强盛的北非高压的牢牢掌控之下，盛行下沉气流，所以雨水稀少，夏季尤甚。这也是撒哈拉沙漠形成的原因。

撒哈拉沙漠约形成于250万年前，是世界上仅次于南极洲的第二大荒漠，也是世界上最大的沙质荒漠，气候条件非常恶劣，是地球上最不适合生物生存的地方之一。

“撒哈拉”是音译，它源自当地游牧民族图阿雷格人的语言，原意即为“大荒漠”。它横贯非洲大陆北部，东西长达5600千米，南北宽约1600千米，总面积约9065000平方千米，约占非洲总面积的32%。

在上一个冰河时期，撒哈拉还不是一个沙漠。但从公元前3000年起，除了尼罗河谷和分散在沙漠中的绿洲附近，几乎没有大面积的植被存在了。

2014年9月22日，中国科学院大气物理研究所最新的研究显示：大约700万年至1100万年前，特提斯海的收缩导致非洲撒哈拉沙漠的形成。这一观点推翻了撒哈拉沙漠形成于第四纪（大约300万年前）的传统观点。

大量的地质记录显示，第四纪冰期开始的时候撒哈拉出现了显著的干旱。撒哈拉的干旱程度主要受非洲夏季风的影响。在第四纪之前，非洲夏季风的变化表现出明显的岁差周期（大约 2 万年周期）；在第四纪冰期开始之后，冰期间冰期旋回（大约 4 万年或 10 万年周期）开始影响非洲夏季风的强度。

中国科学院大气物理研究所人员与国外科学家合作发现，晚中新世托尔顿阶（大约 700 万年 ~1 100 万年前）是北非干旱加剧撒哈拉沙漠形成的关键时段。科学家利用挪威地球系统模式和公用大气模式揭示，特提斯海收缩导致非洲夏季风显著减弱，导致了北非平均气候态的变化，干旱的沙漠环境在北非大面积形成。

（1）北非位于北回归线两侧，常年受副热带高气压带控制，盛行干热的下沉气流，且非洲大陆南窄北宽，受副热带高压带控制的范围大，干热面积广。

（2）北非与亚洲大陆紧临，东北信风从东部陆地吹来，不易形成降水，使北非更加干燥。

（3）北非海岸线平直，东侧有埃塞俄比亚高原，对湿润气流起阻挡作用，使广大内陆地区不受海洋的影响。

（4）北非西岸有加那利寒流经过，对西部沿海地区起到降温减湿作用，使沙漠逼近西海岸。

（5）北非地势平坦，气候单一，易形成大面积的沙漠地区。

撒哈拉沙漠气候由信风带的南北转换所控制，常出现许多极端。

惊人的昼夜温差

由于干燥，埃及的昼夜温差相当惊人，昼夜温差超过 20℃并非异常。即使白天酷热难耐，在晴朗的夜晚里，地面热量散失也很快，早晚温度一般只有 20℃左右。

开罗的夏季白天异常酷热，上有烈日晒着，中有灼热的空气裹着，下有滚烫的地面烤着，但早晚却有一种凉爽如秋的感觉。

最骇人听闻的气温差出现在撒哈拉沙漠。在利比亚首都的黎波里以南的一个气象监测站，于 1978 年冬季的 12 月 25 日测得：白天最高气温达 37.2℃，而夜晚的最低气温是零下 0.6℃，昼夜温差达 37.8℃！可谓一日之内，冰火两重天。

防晒、补水绝对不能敷衍了事

在埃及，5~10 月都是干热的夏季。在这漫长的季节里，别说有雨了，天空中云都难得有。阿斯旺一年的日照时数高达 4000 小时，秒杀一众所谓的“阳光海岸”。这个日照时数几乎接近理论最大值了。夏季去埃及，防晒是重中之重。

大家都知道，去海滩要注意防晒。而埃及的夏日阳光比热带海岛更强悍。干燥的空气里缺少水汽对太阳辐射的削弱，皮肤更容易被晒伤。皮肤裸露在阳光下，便有一种被刀片割了一样的痛感。于是，也就不难理解阿拉伯人为什么喜欢裹上防晒又隔热的白色头巾了。

如何补水？人们的经验源自其他气候区，而在埃及极度干燥的气候中，无论冬夏，空气相对湿度之低，人体水分散失之快，都超出人们的想象。“防晒、补水”，在埃及可真不是天气预报节目中的“水词儿”，这四个字就是埃及的旅游秘籍。

寒凉的冬季清晨

埃及的夏季自然是以干热严酷著称，这样热的地方，冬天却比想象中要冷很多。

11 月到次年 4 月算是埃及的冬天，其实称为“凉季”更合适。这个时段相对舒适，但可能比很多人预想的要冷。

以首都开罗为例，12 月到次年 2 月是当地全年气温最低的一段时期，月平均气温在 15℃以下，平均最高气温也在 22℃左右，平均最低气温更在 10℃以下。历史上曾出现过低于 1℃的极端低温。即使白天感觉比较暖和，在石头建成的空旷的神庙里也会有阴冷的感觉。

沙漠的热容量低，升温快，降温也快。特别是在冬季，日落之后和日出之前时有风沙，会加重寒意。

冬季，埃及盛行从湿润温和的地中海而来的北风，开罗的平均相对湿度会提高到50%左右，降水概率增高了，但大多是那种来也匆匆去也匆匆的小阵雨。2013年12月13日开罗甚至还飘过零星的雪花，当然，这是比较异常的。

撒哈拉沙漠是世界上最干热的地区。干，意味着很难有降水；热，意味着即使有降水也很难是雪。但撒哈拉沙漠中，偶尔也能够下雪。2016年12月20日阿尔及利亚的Ain Sefra竟然飘起了雪花，是37年来首次。遗憾的是，雪只停留了一天，第二天就消失无踪了。

湿润的尼罗河三角洲

埃及北部的地中海沿岸和尼罗河三角洲是全国最为湿润的地区了。雨季主要集中在10月到次年3月，这得益于毗邻地中海的有利地形，特别是冬春季的地中海气旋，裹挟着冷暖空气，促使它们联手制造出了降水。

这一带的平均年降水量能达到200~400毫米，这在埃及算是令人艳羡的充沛雨量了。但是在中国，这样的降水量顶多算是半干旱地区的气候。

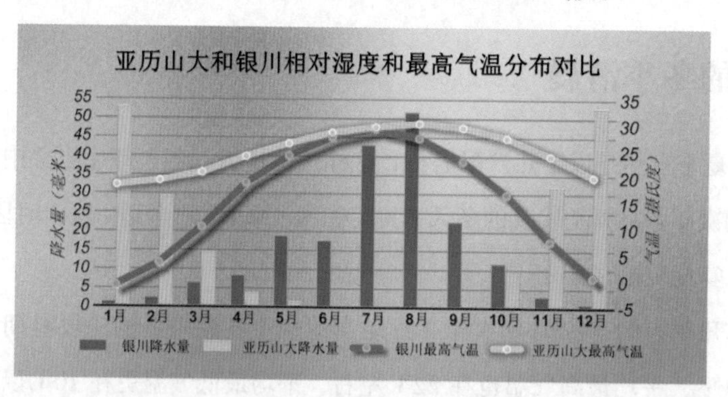

其中著名的亚历山大是埃及最湿润的城市之一。这里的气候更接近于地中海气候，属于"冬季到这里来看雨"系列城市之一。不过这里的年降水量依然不足200毫米，属于干旱和半干旱地区，年降水量与中国的银川相当，但气温却比银川高很多，因此蒸发量大，仅靠降水是难以为继的。

尼罗河三角洲由尼罗河携带的泥沙在入海口冲积而成，面积24000平方千米，是世界上最大的三角洲之一。虽然面积仅占埃及国土面积的约3%，但集中了埃及2/3的耕地，聚集了埃及近一半的人口，是古埃及文明的发源地。

尼罗河三角洲看上去就像一枝莲花——“尼罗河之花”，从尼罗河谷地伸展出来。莲花是上埃及的象征，每到秋季，河面都会被莲花映红；纸莎草则是下埃及的象征，它是古埃及人制作莎草纸的原料。古埃及人想象中的两位河神，上埃及的Hap~Reset和下埃及的Hap–Meht就分别戴着莲花和纸莎草。而上下埃及的尼罗河神Hapi，则同时手持莲花和纸莎草。

千百年来，尼罗河水自南向北悠悠流淌，穿越整个埃及，然后汇入地中海。但近年来，随着全球气候变暖，海平面上升，地中海溢出的海水反向冲击水量丰沛的尼罗河，两股水流的碰撞势必酿成严重的危害。

据世界银行公布的一份材料显示，地中海海面如果上升1米，尼罗河三角洲的1/3就将被吞没，1/10的埃及人将被迫背井离乡，另觅生存之地。

尼罗河三角洲气候炎热干燥，光照强，水源充足，灌溉农业发达。埃及的农作物，包括小麦、大米、长绒棉、香蕉、橘子、甘蔗等，一半以上都产自这里。如果没有尼罗河三角洲，埃及就少了一个最大的粮仓，食物供应链必将发生断裂。

实际上，从20世纪开始，气候变暖对地中海的影响已初露端倪：海面每年上升约2.03厘米，埃及濒临地中海的部分海岸线被海水吞噬。

被誉为“白金”的埃及棉

在埃及，夏季穿着埃及棉纺织而成的透气吸汗的纯棉衣物是再好不过的了。埃及长绒棉的棉纤维细长，制成纱线后，强度高，柔度大，是世界上公认最好的棉花。品质优越，价格也最高，被誉为“白金”。

所谓气候造物，埃及夏季充足的光照、干燥的气候、尼罗河提供的肥沃的土壤和便利的灌溉条件，都是埃及长绒棉最适合的生长条件。棉花原产地在印度，却在埃及发扬光大。

“五旬风”：恐怖的沙尘暴

由于周边都是沙漠，埃及经常遭遇沙尘天气。干燥灼热的偏南风裹挟着大量沙尘奔驰而来，甚至形成沙尘云墙，使能见度迅速降低到10米以下。到处被沙尘暴吹得“灰头土脸”，甚至能够直接影响航班的起降。

这种风在阿拉伯语里称为Khamaseen，意思是50天，常被译为“五旬风”。当然，这种风并不会持续50天，只是一种略带夸张的修辞而已。埃及的“五旬风”，是被地中海气旋触发所致，主要盛行于3月至5月。别的地方，气旋低压来了会下雨，可是沙漠里实在没有多少可凝结的水汽，只能把沙子翻腾起来。

长期生活在这种气候下，埃及人也有应对的办法，大多数家庭的窗户分四层，最外面是厚厚的木质百叶窗，起防晒防沙的作用，第二层到第四层依次才是常见的玻璃窗、纱窗和窗帘。

“五旬风”的风速有时候会高达140千米/小时，攻击力非常强。历史上拿破仑大军和二战入侵北非的德军都吃过“五旬风”的苦头。这种天气并不是埃及独有，“五旬风”还会刮到中东很多国家。

靠河吃饭的国度

如此干燥少雨的国家，能孕育出地球上最悠久的文明，主要靠的是世界第一长河——尼罗河。世界上再难找出第二个像埃及一般如此依赖河流而生的国家，埃及没有天上之水的眷顾，却有滚滚的尼罗河。尼罗河定期泛滥，但回馈人们的，是肥沃、养育万物的土壤。

自古我们都将一年划分为春、夏、秋、冬四个季节，春生夏长秋收冬藏。而古埃及人将一年分为三个季节：

干旱季：2~5 月。

阿赫特季（泛滥季）：6~9 月是尼罗河水滋润土地的季节，也是人们的农闲时节。

佩雷特季（退水季）：10~1 月，尼罗河水退去，裸露出肥沃的土地，此时也是人们繁忙耕作的时节，正是中国古代“霜始降，百工休” 的农闲时节。

同为文明古国，埃及和中国的文化差异巨大，不同的农耕文明滋养了不同的文化。中国靠天吃饭，埃及靠河吃饭，一方水土养一方人。中国的古人们通过观察周而复始的天文气象物候，逐步确立了二十四节气，并通过节气来指导农事。埃及的古人们更热衷于凝视天象，因为能否掌握尼罗河泛滥的规律，是关乎温饱的头等大事。

古埃及人发现，天狼星在夏季黎明前升起预示着尼罗河会泛滥，所以人们把这颗夜空中最亮的恒星视若神明，并把黎明前天狼星自东方升起的那一天确定为岁首。

夜间从太空俯视埃及，灯光汇集成一朵玫瑰花，埃及中南部灯火沿细长的尼罗河蜿蜒成玫瑰花枝，尼罗河入地中海的三角洲如同绽放的玫瑰，首都开罗灯火最为通明，位于“玫瑰花”的底部。

埃及西部沙漠中的法尤姆洼地则是这朵玫瑰的枝叶。法尤姆洼地是埃及中南部距离尼罗河最远的绿洲，它位于开罗西南，东西长 80 千米，南北宽 50 千米，底部低于海面 45 米。法尤姆（Fayoum）这个名字来源于象形文字中的“Bayoum”一词，意为“海”，它是在西部沙漠中的一个凹陷。

这里无法逃脱热带沙漠气候的控制，年降水量不到 10 毫米，绿洲也是完全依赖尼罗河的哺育，由优素福运河引尼罗河水进行灌溉。大约 7 万年前，泛滥的尼罗河水第一次冲过法尤姆，形成了湖泊和沼泽。这里被认为是世界上最早的农业区之一。

南亚篇

South Asia

19

巴基斯坦——身在海岸等“风”来

The Islamic Republic of Pakistan

地理概况：兼容并蓄的地形

巴基斯坦，全称巴基斯坦伊斯兰共和国，位于南亚地区西北部，南临印度洋，东与印度、西与伊朗接壤，西北和阿富汗相连，东北与中国为邻。“巴基斯坦”这个名字源自波斯语，意为“圣洁的土地”或“清真之国”。

巴基斯坦国土面积为796095平方千米（不包括巴控克什米尔），海岸线长980千米。地势西北高，东南低，全境3/5为山区和丘陵地。地形可谓兼容并蓄，沙漠、高山、河谷平原，融合了多样化的地形元素。

巴基斯坦西部高地是伊朗高原的一部分，同时也包含了伊朗高原的部分沙漠地带，而巴基斯坦东南部至南部沿海延伸着另一片沙漠——塔尔沙漠。

巴基斯坦北部多山，有着连绵的高原牧场和肥田沃土，密布的山地是喜马拉雅山脉、喀喇昆仑山脉和兴都库什山脉汇聚的地带，也是东亚、中亚和南亚地区的交界地带。

全国最高峰乔戈里峰（海拔8611米），是仅次于珠穆朗玛峰的世界第二高峰。乔戈里在藏语里为“白色女神”之意，其攀登难度远高于珠穆朗玛峰，所以被称为“野蛮巨峰”。

至于巴基斯坦中部的平原地区，则流淌着古老文明的母亲河——印度河。印度河文明为世界上最早进入农业文明和定居社会的主要文明之一。

印度河干流发源于中国境内喜马拉雅山脉西部的狮泉河，流经克什米尔地区后进入巴基斯坦，并在巴基斯坦境内自东北向西南奔流2300千米，最终注入阿拉伯海。

高山之下，“风”赐福地

巴基斯坦北部的山脚下，是整个国家气候最宜人的地方。

兴都库什山脉“挺身而出”，阻挡着来自中亚腹地的冷空气，使得山南侧的低海拔地区少有严寒。在冬季，这里冷空气的来源通常是来自西亚地区或中亚南部的弱冷空气。雨雪适中，天气温和。而在夏季，远道而来的南亚西南季风又会给这里带来喜雨，滋养万物。

从降雨量分布来看，巴基斯坦总体也是北湿南干的格局。代表城市就是：伊斯兰堡和卡拉奇，分别是巴基斯坦的首都和最大的海港城市。伊斯兰堡位于巴基斯坦东北部，而卡拉奇位于巴基斯坦南部。伊斯兰堡的降水量为卡拉奇的近7倍。

伊斯兰堡属于湿润的亚热带气候，并具有显著的季风气候特点。按降水和气温的变化，伊斯兰堡一年中大致可以分为三个季节——凉季、热季和雨季。这种季节分布在南亚和东南亚地区比较常见，但伊斯兰堡的这三个季节却还有些独特之处。

湿润宜人的凉季

由于纬度较高（北纬33°），伊斯兰堡的凉季比南亚大部分地区都要长，从每年11月一直持续到第二年的3月。其中12月至次年2月更凉，各月平均最高气温不到20℃，平均最低气温低于5℃。虽然按中国的季节划分，这样的凉季并未达到“冬季”的标准，但伊斯兰堡的凉季在常年如夏的南亚低海拔地区已属难得了。

值得一提的是，伊斯兰堡的凉季并不干燥。在北半球的冬季，来自西亚地区或中亚南部的弱冷空气携带着水汽，给伊斯兰堡带来雨雪，使当地空气湿润，舒适宜人。2月和3月是伊斯兰堡凉季中降水最多的时段，月平均降水量在70毫米以上，这在南亚的凉季，算是令人艳羡的丰沛降水。北京2~3月的降水量只有伊斯兰堡同期的

1/10 左右。

高温难耐的热季

虽然伊斯兰堡的凉季十分宜人，但其热季却又摇身变成“火炉”。

进入 4 月，伊斯兰堡的雨水尚未退去，平均最高气温便开始突破 30℃。5 月和 6 月，随着阿拉伯半岛至伊朗上空的副热带高压东伸，伊斯兰堡进入一年之中最为炎热的时期，月平均最高气温超过 35℃，高温天气（最高气温 35℃以上）开始成为每日热播的连续剧。伊斯兰堡的极端最高气温为惊人的 46.6℃（出现在 6 月）！

姗姗来迟又草草收场的雨季

同样高的纬度，与印度相比，伊斯兰堡的雨季既姗姗来迟，又草草收场。直到 7 月才正式开始，9 月便进入尾声。

7 月，南亚西南季风终于掌控整个印度并进入巴基斯坦，伊斯兰堡的雨水也开始酣畅淋漓。7 月和 8 月是伊斯兰堡一年中雨水最多的时候，平均降水量分别达到 267 毫米和 309.9 毫米，占到全年降水量（1115.1 毫米）的 52%。这种高强度的降水，即使在中国，也只有华南沿海地区可以与之比肩。

9 月随着西南季风向南撤退，伊斯兰堡的平均降水量骤减到 100 毫米以下。

“东方水果篮”

巴基斯坦西部是伊朗高原东部的一部分，被称为俾路支高原，地势上比东部地区高了一个“台阶”，环境也与葱绿的印度河平原不同，植被稀疏，多荒漠和盐碱地。不过正是因为这里盛产多种多样的水果，巴基斯坦才被誉为“东方水果篮”。

奎达是巴基斯坦西部俾路支省的首府，也是俾路支高原地区的重镇。奎达具有中国气象意义上的一年四季，只是并非雨热同季。它一年中最冷的时候降水最多，最热的时候降水最少，跟我国恰恰相反。

1月是奎达最冷的月份，平均最高气温为10.8℃，平均最低气温为零下3.4℃；1月也是奎达的雨雪高峰期，平均降水量达到56.7毫米。而6~8月是奎达的盛夏，干燥酷热，平均最高气温在35℃左右。同时雨水极少，各月降水量只有几毫米或十几毫米。

尽管奎达一年中降水和气温“振幅”巨大，但有两个要素却很恒定：较大的昼夜温差和充足的日照。奎达一年中各月的平均最高、最低气温普遍相差13℃以上。其中5~11月的平均最高、最低气温相差20℃以上！奎达各月平均日照时数普遍超过200小时，平均年日照时数3341小时，相当于平均每天有9小时左右的有效日照！

足够长时间的光照使得果实内部可以产生大量的糖，而夜间温度较低，又可以使糖不至于被植株的呼吸作用大量消耗。所以奎达周边地区盛产葡萄、桃、柿子、西瓜等水果，种类多，产量高，品质好。

风来了，雨却不多

巴基斯坦东南部至南部沿海是塔尔沙漠的组成部分，多数是植物难以生长的不毛之地，一年中大部分时间都非常干燥炎热，属于典型的沙漠气候。

巴基斯坦最大的城市卡拉奇，位于南部沿海地区，处在全国最热的地带。除了每年12月至次年2月，这里各月的平均最高气温都超过30℃，其中5月是卡拉奇最酷热的月份，平均最高气温为35.2℃，极端最高气温为47.8℃！

巴基斯坦最炎热的时节是6~7月，最炎热的区域是信德省和俾路支省，部分地区最高气温时常超过50℃。

卡拉奇虽然靠海却非常干燥，一年中有10个月的平均降水量不足20毫米。只能“等风来”，期盼南亚西南季风。7月，当南亚西南季风到达之际，卡拉奇的平均降水量是86毫米，8月的平均降水量是67毫米。虽然比起伊斯兰堡，这点雨水实在太“小儿科”了。但对于卡拉奇来说，西南季风已经算是最慷慨的“雨神”了！

20

不丹——多样的气候，同样的幸福

Kingdom of Bhutan

如果说世间还有一块真正的“人间乐园”，一个超然于物欲之上的“香格里拉”，那或许就是不丹。

不丹王国位于喜马拉雅山脉东段南坡、尼泊尔以东，北部与中国为邻；南部与印度接壤。不丹是世界上最后一个开放电视与网络的国家，经济也不发达，但这里几乎所有的人都会说“我很快乐”。

小小山国，多样气候

不丹地处青藏高原的边缘地带，地势北高南低，一半领土在海拔3000米以上。这里的地形十分复杂，北部有海拔超过6000米的雪山，最南边则是海拔不到500米的低地，而从东西方向看，不丹山地与河谷交杂，地势起伏很大。不丹的国土面积只有38394平方千米，跨度如此巨大的海拔，必然使多样性的立体气候浓缩地呈现在这个并不辽阔的国度里。

由于不丹地处南亚西南季风的“迎风坡”，所以多数地区都具有鲜明的季风气候特点，一年中有显著的干季和雨季。且南北海拔落差很大，所以境内气候类型非常多样。南部低海拔地区以亚热带季风气候为主，温和湿润；随着海拔升高，气温下降的同时降水也有所减少，转为温带季风气候；而不丹北部高山地区干燥严寒，终年被厚重的积雪覆盖。

廷布：温和的山城

廷布是不丹王国的首都，也是不丹的政治、经济、宗教中心。虽然是首都，但廷布是一座非常安详的小山城，城里并没有高楼大厦和灯红酒绿，有的却是庄严的寺庙、圣洁的佛塔、整洁的街道、成荫的绿树和虔诚的人民。

廷布位于旺曲河谷，其中最具特色的名胜是环绕着垂柳和稻田的扎什曲宗——一座再现了古代不丹的建筑风格的堡垒式庭院。目前，不丹所有的政府部门、国民议会及国家最大的寺院都设在扎什曲宗的100多间房屋里。

廷布海拔为2320米，由于海拔并不是很低，所以按照我国的季节划分标准来看，这里并没有明显的“夏季”，一年中大部分时间天气都非常温和。即使北半球进入盛夏时节，廷布也少有炎热的天气。每年的5~9月，廷布的平均最高气温在22~25℃；即使在最热的7~8月，平均最高气温也只有25℃上下，历史上廷布的极端最高气温只有30℃（出现在7月）。可以说，这是一个从无高温的清凉之所。

5~9月，是廷布一年中雨水最多的时期，几乎每个月降雨量都超过100毫米。7~8月的月平均降雨量甚至达到300毫米以上。雨量之丰盛，超出中国江南的梅雨。“盛夏”时节，廷布如此多雨，源于两个因素：一是南亚季风所供给的水汽资源足够丰富；二是山地将水汽资源“变现”的能力足够强大。

7~8月是南亚西南季风最强盛的时段，汹涌的西南风裹挟着印度洋上充沛的暖湿水汽，使得廷布时常会大雨倾盆。频繁的降雨会增大山洪等地质灾害的风险，所以7月和8月并不适宜在山区游览。

到了10月，随着西南季风的逐步撤退，廷布的雨水会快速消减，同时也进入当地旅游的黄金季节。10~11月是廷布的秋季，天高云淡，阳光灿烂，稀少的雨水使出行便利且安全。

12月到次年2月是廷布的冬季，雨雪不算多，大部分时间都是晴天，而且白天的最高气温多在10℃以上，天气比较温和。但廷布毕竟地处山区，入夜后寒意袭人。特别是12月和1月，平均最低气温在冰点以下，历史上廷布在1月还出现过零下21℃的极端低温。

来到廷布还会发现，当地饮食与中国比较相似，只是素菜居多。值得一提的是，辣椒也属于当地人的“蔬菜”，而不是调料。廷布人嗜辣的程度，比四川、湖南等地之人或许有过之而无不及。奶酪炒辣椒是当地人最钟爱的一道菜，不光可以御寒，营养也十分丰富。

21

尼泊尔——地形与气候的多样化之国

Nepal

尼泊尔联邦民主共和国，简称尼泊尔，是南亚地区一个形状近似长方形的内陆国家，北部与中国西藏接壤，东、西、南三面与印度相邻。

尼泊尔地处青藏高原南侧、喜马拉雅山脉中段南麓，要征服世界最高峰珠穆朗玛峰，在尼泊尔攀登南坡是上佳之选，因此每年尼泊尔都会迎接大批来自世界各地的珠峰朝圣者。尼泊尔南北海拔落差极大，与之相对应的则是“一山有四季、十里不同天”的立体气候。

尼泊尔，是世界上海拔最“立体”的国度，这里既有最湿热的雨林气候，也有最寒冷的冰原气候。如果想在一个国家体验到各种气候，那么尼泊尔可谓不二之选。

地形地貌博览会

尼泊尔国土面积大约 147000 平方千米，与我国安徽省相当，但是地形却复杂许多。在尼泊尔北部靠近我国西藏的地区，密布着 8 座海拔 8000 米以上的高峰；中部丘陵地带（约占尼泊尔国土面积 68%）海拔多在 1000~5000 米，其中首都加德满都所在的加德满都河谷海拔只有 1350 米左右；南部的特莱地区（约占尼泊尔国土面积 17%）为平原，最低处海拔只有 70 米。

正因为地形过于陡峭，所以尼泊尔虽然称不上幅员辽阔，但境内的自然景观却多种多样。尼泊尔的第一个国家公园——奇旺国家公园位于尼泊尔南部，这里不仅拥有茂密的热带雨林，还有种类繁多的珍稀野生动物。位于尼泊尔中部的首都加德满都虽然海拔超过 1000 米，但草木常绿。而到了海拔近 3000 米的卢克拉，踏上珠峰徒步路线时，熟悉的一年四季就逐渐分明起来；再往上时，季节会再次逐渐“归一”，植被逐渐减少，冰川末端的砾石和冰雪便占据了视野，彩色照片渐渐地变成了黑白照片。到了海拔 5364 米的珠峰南坡大本营，就只剩下银装素裹的群山了。

地球气候博物馆

尼泊尔是世界上气候类型最丰富的国家。在尼泊尔海拔 3000 米以下的中低海拔地区，由于受到南亚西南季风的影响明显，普遍以季风气候为主。不过随着海拔的升高和气温的下降，气候类型会从热带季风气候逐渐转为亚热带季风气候，再转为温带季风气候。

到了海拔 3000 米以上，由于水汽减少和太阳辐射增强，高山气候的特点逐渐突出。在高山地区，随着海拔的上升，平均气温逐渐降低，然而由于太阳辐射增强，高山地区的昼夜温差比同纬度的中低海拔地区更大。另外由于水汽减少，高山地区空气干燥，降水也比中低海拔地区有所减少，仅有的降水往往是以风雪交加这种“暴力”方式显现的。

随着海拔继续上升，气温继续下滑，寒带气候的特点也渐露锋芒。特别是到达雪线（约海拔 5000 米）以上时，气候类型会以常年寒冷干燥的寒带冰原气候为主，常年保持的冰雪成了地表的主体构成。

这些随海拔高度上升而逐渐转变的气候特点，使尼泊尔在同一时间可以拥有多种多样的“季节”。当尼泊尔北部的高山地区还白雪皑皑的时候，中部谷地的城市里可能春意盎然，而南部平原则夏意浓郁。在尼泊尔，穿着短袖仰望直上天际的茫茫雪山，是一种极具穿越感的体验。

冰与火之国

“热带”“亚热带”“温带”和“寒带”，这几种气候最直观的区别当然是气温。尼泊尔海拔 5000 米以上的高山地区气压过低、寒冷多风，完全不适宜定居，所以尼泊尔人主要生活在位于平原的“热带”地区以及海拔不算很高的“亚热带”和“温带”地区。

在海拔高度 109 米的派勒瓦（Bhairahawa），除了雨季以外，一年中还有两个非常明显的季节，分别是 12 月至次年 2 月的凉季，以及 4~6 月的热季。凉季的派勒瓦天气清爽宜人，而在热季，35℃以上的高温天气则是派勒瓦的家常便饭。

想要造访佛祖释迦牟尼的出生地蓝毗尼，派勒瓦是必经之路，这两个地方都属于典型的热带季风气候。而尼泊尔首都加德满都由于海拔高度为 1337 米，所以气温水平比派勒瓦低一些，属于亚热带季风气候。加德满都在 3~10 月的平均最高气温普遍超过 25℃，然而即使是最热的 7 月，平均最高气温也没有超过 30℃，而且当地历史上从来没有出现过 38℃以上的酷热天气。

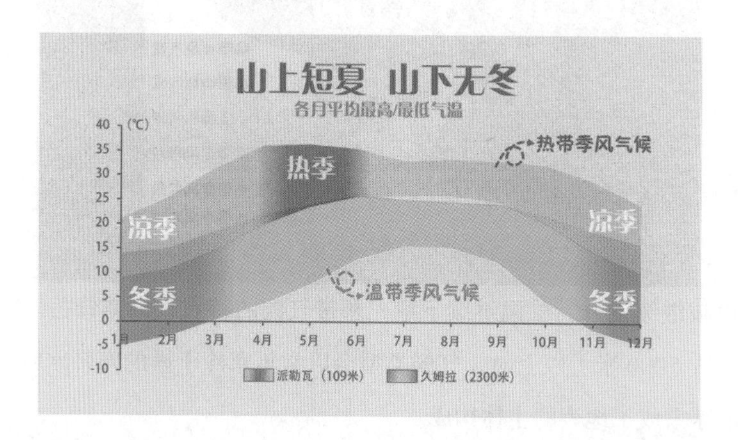

到了海拔高度 2 300 米的久姆拉(Jumla),气候类型就转为典型的温带季风气候了。这里并没有“热季”一说，因为即使在最热的 6~7 月，当地的平均最高气温也只有 25~26℃。而在 12 月至次年 2 月，当地的平均最低气温通通都在 0℃以下，“凉季”基本可以算作“冬季”了。

山下滂沱的雨季

尼泊尔背靠喜马拉雅山脉，面朝孟加拉湾和印度半岛，因此中部、南部的中低海拔地区普遍具有季风气候特点，具有明显的雨季和干季，只是热带、亚热带和温带三种季风气候在雨季的雨水丰沛程度上差异很大。可以说：干季皆干燥，雨季大不同。

派勒瓦、加德满都和久姆拉分别属于热带、亚热带和温带季风气候，一年中雨水的增减规律也比较相似。在每年 11 月到次年 4 月的干季，三者的天气都“干”得比较彻底，每月平均降水量大多只有十几毫米到几十毫米。

进入 5 月，西南季风爆发，雨水增多。派勒瓦和加德满都的“雨季”名副其实，6~9 月，这两个地方的各月平均降水量普遍会达到 200 毫米或以上，其中 7 月降水达到顶峰。加德满都 7 月平均降水量达到 363.4 毫米，派勒瓦更甚，达到 545.6 毫米，比北京一年的平均降水量（532.1 毫米）还要多。

相比之下，久姆拉的所谓“雨季”有些牵强。久姆拉一年中只有 7~9 月的平均降水量超过 100 毫米，其中 7 月降水量最大，为 180.2 毫米，虽然比北京 7 月的平均降水量（160.1 毫米，一年中降水最多的月份）大一些，但无法与派勒瓦和加德满都相提并论。

在尼泊尔，随着海拔上升，雨季的降水会越来越少，不过这也只是大体的规律。尼泊尔山区地形复杂，处于迎风坡的地方雨水滂沱，但位于背风坡“雨影区”的地方雨水可能并不多。另外到了海拔 4000 米以上的地区，降水大多是恶劣的暴风雪。

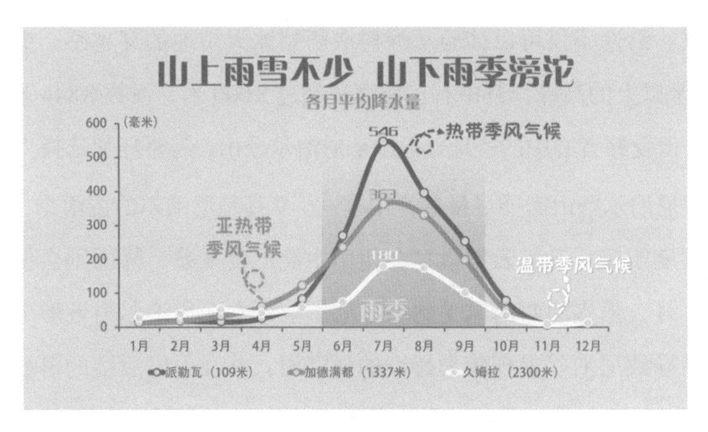

集多种气候于 200 千米的水平跨度之中

高度陡峭的地形使热带、亚热带、温带季风气候得以“浓缩”在尼泊尔小小一国之内，而在中国，这几种气候则要自南向北延展得很远很远。

在尼泊尔，气候的分布与地理纬度的关系要远远小于和海拔高度的关系——拥有热带季风气候的派勒瓦位于北纬 27.5°，亚热带季风气候的加德满都位于北纬 27.7°，温带季风气候的久姆拉位于北纬 29.2°，三者之间的纬度相差无几。

而在中国东部地区，热带季风气候多分布在华南地区（例如北纬 20° 的海口），长江中下游地区多为亚热带季风气候（例如北纬 30° 的杭州），而温带季风气候则分布在华北、东北一带（例如北纬 40° 的北京）。20 个纬度的距离约为 2200 千米，可见在平原地区，这三种季风气候的南北跨度非常大。

如果把寒带也考虑上，那么我国除了青藏高原等高寒地区以外，其他地区普遍没有达到寒带气候的级别，即使位于北纬 53.5° 的黑龙江漠河北极村，也只是“寒温带”大陆性气候。而尼泊尔北部雪山林立，在短短 200 千米的水平跨度中，便囊括了寒带气候。

朝拜珠峰，需择“吉时”

尼泊尔境内高山众多，登山旅游业也相当发达。来到尼泊尔，踏上著名的安娜普尔纳大环线，沿途不仅可以体验从绿树成荫到冰天雪地的穿越感，更可以看到众多海拔 6000 米以上的高峰，其中有三座海拔超过 8000 米，海拔 8844 米的珠穆朗玛峰更是很多登山爱好者心中的圣地。不过来尼泊尔登山，需要仔细选择“良辰吉日”。

首先，在尼泊尔登山需要尽量避开雨季。6~9 月是尼泊尔的主雨季，潮湿的夏季风会使空气湿度明显上升，云雾增多会使山中能见度变差，降雨则会使山路泥泞。特别是在 7~8 月，强盛的西南风受到地形的影响，常在尼泊尔附近形成环流，这种天气形势容易导致尼泊尔出现较为持续的强降雨，并会引发后续的滑坡、泥石流等次生灾害。所以尼泊尔的雨季绝非登山的好时机，相比之下，从 10 月至次年 5 月相对少雨雪的季节更有利于登山。

进一步来看，每年 12 月到次年 2 月是尼泊尔最凉的时间，这时中低海拔地区温暖舒适，但是高海拔地区积雪较厚、天气酷寒，就连面向登山者的旅店也大多会停业。在这一时段，尼泊尔偶尔也会受到潮湿的西南风影响，地形抬升作用会使尼泊尔高海拔地区出现较强的降雪，能见度骤降。特别当一次性降雪超过 10 毫米（暴雪量级）时，发生雪块下移甚至雪崩的风险也会加大。所以，冬季是非常不适宜登山的季节。

在雨季之前和之后，尼泊尔各有一段短暂的天气温和时期，这两个时期尼泊尔山区也各有特色。3~5 月雨季开始前，中海拔地区山花烂漫；10~11 月雨季刚刚结束时，则天高气爽。对于高海拔地区的登山活动而言，需要重点考虑的是风力因素，通常风力达到 5 级（8 米 / 秒）以上时，会增大滑坠、崩塌等险情发生概率。季风转换期的 5 月和 10 月是珠峰地区基本风力较弱的时期，而且这两个时期降水明显少于雨季，气温也相对较高，是尼泊尔一年中最适合登山徒步的时期。

干季虽然没有夏季风影响，但是当尼泊尔附近有低压系统活动时，低压会引导孟加拉湾暖湿气流北上，并提供上升动力，这种天气形势会导致尼泊尔雨雪加强，甚至会出现暴雨或暴雪，引发灾害。例如 2014 年 10 月，北印度洋气旋风暴“赫德赫德”（HUDHUD）在登陆印度后继续北上，虽然进入尼泊尔境内时已经减弱为热带低压，但是受到它的影响，尼泊尔低海拔地区出现大范围强降雨，高山地区则出现暴风雪，导致多名登山游客伤亡。

南亚地区每年雨季前的 4~5 月以及雨季后的 10~11 月，是北印度洋气旋风暴的生成高峰期，虽然气旋风暴登陆印度之后袭击尼泊尔的概率并不大，但一旦遭遇便非常危险。

另外，即使在同一天当中，珠峰地区的天气也会比较多变。通常上午风力较小、气压相对较高、天气较为平静；下午气压会逐渐下降，较高的气温会导致空气对流加强、风力加大，且山谷和山腰间云雾会逐渐增多、能见度转差，而雨雪天气也通常在下午出现。所以在高山地区，需要尽量把活动时间集中在上午和中午。

在尼泊尔常年积雪的高山地带，无论何时都需要重点防范雪崩。日出后气温逐渐上升，可能导致积雪表面融化，雪水慢慢渗透到雪层深处，让原本结实的雪变得松散起来，雪层之间很容易产生滑动。如果这时再有较强的降雪出现，发生雪崩的概率会加大。

此外，雪崩的风险通常取决于雪的体积、温度、山坡走向。最可怕的雪崩往往发生在倾斜度为 25°～50° 的山坡。

22

孟加拉国——“水之国”难熬的夏季和雨季

The People's Republic of Bangladesh

孟国几宗“最”

孟加拉国，全称孟加拉人民共和国，孟加拉湾之北。与孟加拉接壤的国家只有两个：一个是从东、西、北三面包围孟加拉的印度，另外一个就是东南侧的缅甸。

全世界人口大国中密度最高的国家：孟加拉国面积不大，却拥有过亿的人口，是全世界人口密度最高的人口大国。目前人口约有1.6亿，面积147570平方千米（相当于中国辽宁省），平均到每平方千米约有1100多人。

世界最不发达国家之一：孟加拉经济发展水平较低，国民经济主要依靠农业。大部分人也是生活在人口稠密的农村和农业区。

世界上河流最稠密的国家之一：孟加拉国被称为“水泽之乡”和“河塘之国”，水道纵横，河运发达，河流和湖泊约占全国面积的10%。沿海多小岛和沙洲。南亚地区最神圣的河流——恒河就在孟加拉国进入大海。孟加拉有大小河流230多条，主要分为恒河、布拉马普特拉河、梅格纳河三大水系。其中布拉马普特拉河的上游是雅鲁藏布江。

众多的河流串起全国50多万个池塘，折算起来，孟加拉国平均每平方千米约有4个池塘，在水网沼泽地带还随处可见美丽的孟加拉国国花——睡莲。

受海平面升高影响最大的国家之一：孟加拉国位于南亚次大陆东北部的三角洲平原上，平原占全国土地面积的85%，东部有少量丘陵地带。比起南亚众多山国，孟加拉国地势低矮而平缓，首都达卡平均海拔还不到 10 米，东南段的丘陵地带海拔也只有 300~600 米，孟加拉国最高峰凯奥克拉东峰的海拔也不过 1 229 米。

洼地多、河网密，再加之森林砍伐、土壤退化和海水侵蚀的影响，生态脆弱，雨季降水极易泛滥。洪水、热带气旋、龙卷风和涌潮等几乎每年都有发生。随着气候的变化，强降雨增加、海平面上升和气旋风暴的袭击，都严重影响着农业、水和食品安全，危及人们的健康和居所。

孟国三季

孟加拉国长夏无冬，但也具有显著的季风气候特征。综合而言，孟加拉国的季节可以分为凉季、热季和雨季。

凉季：通常从 11 月持续到次年 2 月。这段时间雨水稀少（月平均降水量大多不足 40 毫米）、天气温和，是一年中最宜人的季节。这几个月，孟加拉国各地的平均最高气温在 25~30℃，平均最低气温总体在 10~20℃。还没有过气温跌破 0℃的记录。首都达卡历史上的极端最低气温是 6.1℃。

热季：一般为 3~4 月。3 月，气温开始快速攀升。4 月则进入一年中最热的时期。在 4 月，各地的平均最高气温普遍达到 32℃左右。4 月的雨水虽然有所增多（各地月平均降水量 150 毫米左右），但无法浇灭如火之热，40℃以上的酷热天气也算不上重量级的新闻。首都达卡 4 月的极端最高气温纪录是 42.2℃。而在中国，4 月只是盛春时节。

雨季：从 5 月到 9 月，有时还会磨磨蹭蹭一直到 10 月。5 月，随着西南季风逐渐加强，孟加拉国也逐渐进入漫长的雨季。5~9 月，月平均降水量普遍超过 300 毫米，而且月平均降雨日数在 15 天以上。

孟加拉国首都达卡与中国广州的纬度比较相近，可以做一个简单的对比：

达卡雨水更多，降水量比广州多 30% 左右；达卡天气更热，除了七、八月份两地都极具桑拿感，难分伯仲之外，其他月份达卡均比广州炎热。广州每年毕竟有 5

个月（11~ 次年 3 月）平均最高气温低于 25℃，而达卡连一个月都没有。广州春秋时节与达卡的气温差异最大。

广州春秋时节与达卡的平均最高气温对比表

城市	3 月	11 月
广州	21.6℃	24.5℃
达卡	32.5℃	29.6℃

孟加拉国最大的港口城市吉大港，6~8 月的月平均降水量普遍达到 500 毫米以上，而且月平均降水日数为 16~19 天。

由于孟加拉国的雨季雨水滂沱，纵横密布的河道在这段时间反而成了最容易出现灾害的地区，强降雨持续出现的时候，很容易引发洪水泛滥。

天气预报中的“孟加拉湾暖湿气流”

在中国，除新疆、西藏、青海、甘肃、内蒙古等部分地区属大陆性无季风气候区之外，其他地区均为季风气候。季风区的特点是，季节更迭伴随着盛行风的切换。中国每年都会受到冬季风和夏季风的影响。

其中，影响中国的夏季风起源于三支气流：一是印度的西南季风，当印度季风北移时，水汽会经孟加拉湾和中印半岛流向中国西南；二是流过东南亚和南海的跨赤道气流，这是一种低空的西南气流；三是沿西太平洋副热带高压西南侧的东南季风从热带西北太平洋所带来的水汽。除了这三大主力之外，中纬度西风带气流也能将少量水汽输送到中国西部。

第一支气流——“印度季风经孟加拉湾向中国西南输送水汽”，就是我们在天气预报中常常提及的“来自孟加拉湾的西南暖湿气流”。这是源于西南季风的气流。西南季风是风向为西南的夏季盛行季风，主要盛行于南亚和东南亚地区。

西南季风主要来自于南印度洋的东南信风，在穿越赤道后，受地球偏转力的影响，转为西南方向的风。由于西南季风携带大量水汽，对印度和东南亚一带的降水有重要贡献，所以通常说到西南季风，也就意味着季风降雨的到来。

西南季风从印度半岛经孟加拉湾再向东，可以影响到中国南方。

印度夏季季风就是西南季风的典型代表。西南季风于每年5月底或6月初在印度南部爆发，并迅速向北推进，7月中旬遍布整个印度半岛，9月初开始撤退。6~9月是印度夏季风盛行的季节，也是印度的雨季，年降雨量的75%集中在西南风的季节里。11月到来年4月印度盛行东北风，降水明显减少，气温下降。

孟加拉湾气旋风暴

在雨季开始之前和结束之后，孟加拉国以及孟加拉湾沿岸各国有时会受到孟加拉湾气旋风暴的侵袭。

孟加拉湾气旋风暴在一年中有两个生成高峰期：

第一个高峰期一般出现在4~5月，此时印度洋西南季风开始爆发并逐渐北上，加上原本盘踞在印度北部和孟加拉湾北部地区的副热带高压北上西撤，使得孟加拉湾海域出现有利于热带气旋发生的形势。

第二个高峰期一般出现在9月底至12月，此时印度洋西南季风逐渐减弱南撤，孟加拉湾海域又出现有利于热带气旋发生的环境；而在盛夏的6~9月，由于西南季风活跃，孟加拉湾海域上空风切变强劲，不适合热带扰动中心暖心系统的维持，雨季孟加拉湾气旋反而很少出现。由于适宜气旋风暴生成的时段较短，因此每年孟加拉湾气旋风暴不像西太平洋或者南海的台风那样“高产”。孟加拉湾气旋风暴一般每年只有1~3个。

孟加拉湾气旋风暴产生后的移动路径相对简单，大约分为三种路径，按照气候概率的大小排列：一是影响印度和斯里兰卡；二是影响缅甸；三是袭击孟加拉国。

尽管孟加拉湾气旋风暴的个数少，而且就登陆概率而言，孟加拉国并非首当其冲，但由于气旋风暴水汽丰沛，恒河三角洲地势极为低平（气旋可轻松推进）外加河网密布（气旋可就地获取水汽“给养”），使登陆恒河三角洲的气旋风暴在登陆后往往不会减弱，甚至还会有所加强。更重要的是，当地抗御风暴的能力较低，所以一个气旋风暴便可能意味着一场严重的灾难。

23 马尔代夫——为假日定制的气候

The Republic of Maldives

小小国家多宗“最”

马尔代夫全称马尔代夫共和国，虽然也属于南亚国家，但在地理上“遗世而独立”，北面距离印度半岛约 600 千米，东北距离斯里兰卡相 750 千米，四周被印度洋包围。

如今马尔代夫已经成为很多人心目中“海岛度假”或“蜜月之旅”的代名词，这个简单到可以由蓝、白、绿三种颜色勾勒出的国度，无论何时都能满足人们对于海滨假日的想象。

众所周知，马尔代夫是个非常小的国家，这个小小的国家却拥有众多“最”字头衔。

亚洲最小的国家：马尔代夫算上领海的总面积为 90000 平方千米，而陆地面积只有 298 平方千米。陆地面积只有上海的 1/20。而这个亚洲最迷你国家的首都马累（Malé），也是世界上最小的首都之一，小到连机场也不能建在本岛马累岛，只能建在邻近的瑚湖尔岛，这也是马尔代夫唯一的国际机场。

世界上最大的珊瑚岛国：马尔代夫面积虽小，众多的珊瑚岛屿却使这里冠上了一个“最大”的称号。马尔代夫共有 26 个环礁，近 1 200 个珊瑚岛，岛屿的面积大多只有 1~2 平方千米。从空中鸟瞰马尔代夫，就像蔚蓝印度洋上星星点点的洁白珍珠，美得有些“不真实”。

最特别的沙滩：珊瑚岛构成的马尔代夫，沙滩里也混杂着大量由海水冲刷出的珊瑚粉末，所以看起来洁白晶莹，这也是马尔代夫沙滩的独特之处。或许世界上有比马尔代夫更美的海滩景色，但是由珊瑚组成的沙滩，他处却很难见到。

最“平”的国家之一：马尔代夫群岛地形平坦、地势极低，平均海拔只有 1.2 米，而这里的“国家屋脊”即全国最高点，海拔高度只有 5.1 米，位于马尔代夫最南部的 Addu 环礁。

对气候变化最敏感的国家之一：马尔代夫四面环海，岛屿面积小且地势低，使得这里成为对气候变化最敏感的国家之一，只要海平面持续上升，这里就有很大被淹没的风险。2009 年 10 月 17 日，当时的马尔代夫总统召开了世界上首次“水下内阁会议”，通过在水下签署文件这一富有行为艺术色彩的形式呼吁世界各国减少二氧化碳排放，以提醒国际社会如果任由全球变暖，马尔代夫将遭遇怎样的处境。

面朝大海，生如夏花

马尔代夫群岛地跨赤道，最南端（约南纬 1°）到最北端（约北纬 7°）大约只有 8 个纬度。所以马尔代夫各岛不仅直面广阔的印度洋，也直面赤道炙热的阳光，海洋的潮湿与太阳的直射，使马尔代夫终年闷热。

以首都马累为例，这里全年的平均最高气温为 30.6℃，平均最低气温为 25.8℃，而且由于四面环海，马累全年气温稳定得让人吃惊，各月平均最高气温普遍在 30~32℃，平均最低气温普遍在 25~27℃。不过这样稳定的气温也直接表明马累全年如夏，少有凉爽（这里极端最低气温也达到 19.2℃）。同时海洋的包围也使马累各月的平均相对湿度普遍达到 80% 左右，所以这里全年都如同蒸笼一般潮湿闷热。

然而马累地处赤道低压带，且周围的海洋也调和了暑热，使这里从未出现过高于35℃的高温，只是接近赤道的位置也使闷热时间从年初持续到年底，有点“成也萧何，败也萧何”的意味。

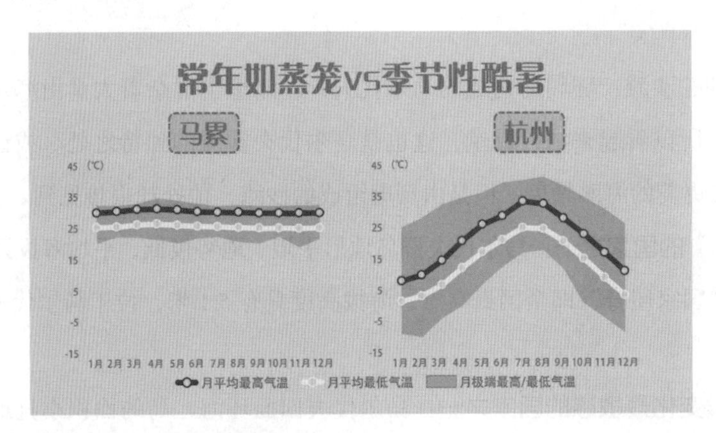

盛夏的两种打开方式

由于持续受到印度洋赤道辐合带的影响，马尔代夫具有热带季风气候的特点，雨季和干季会随着赤道辐合带的北上南下而切换。

以马累为例，当地在5~12月雨水普遍比较充沛，各月平均降水量大多在150毫米以上，降雨日数也普遍达到12~15天。而1~4月是马累的干季，各月的平均降雨日数普遍不足10天，特别是2月和3月，月平均降雨日数分别只有3天和5天，而且这两个月的月平均降水量也只有几十毫米。显然1~4月的干季，特别是2月和3月，在马尔代夫更适合进行户外活动。

不过在马累，不论是雨季还是干季，炙热的阳光总是不会缺席的。马累全年各月的平均日照时数普遍高于200小时，这也意味着当地平均每天至少拥有接近7小时的有效日照。

当然相比雨季，1~4月雨水较少的时候阳光更为充足，各月平均日照时数普遍接近或超过250小时，相当于每天能拥有8小时以上的有效日照。

所以在马尔代夫，盛夏的打开方式大概有两种：雨季时，一面是不期而遇的雨水，一面是热情不减的阳光；干季时，雨水少见，炙热的阳光则会“超长待机”。

无论你想按哪一种方式打开，防晒都是必不可少的，而如果不想和雨水经常碰面的话，最好避开 5~12 月。而且在雨季，马尔代夫偶尔也会出现狂风暴雨。

在马尔代夫，海水是透明的，天空是澄澈的，阳光是灿烂的，时间是悠长的。或许在很多人心目中，马尔代夫是关于假日的梦中国度。

24

斯里兰卡——茶香氤氲的多彩之岛

The Democratic Socialist Republic of Sri Lanka

为什么是斯里兰卡?

斯里兰卡，全称斯里兰卡民主社会主义共和国，位于印度半岛东南方，国土的主体锡兰岛呈水滴形，北尖南圆，因此被称为“印度洋上的眼泪”。

这里有葱郁的森林和洁白的沙滩，有千年的历史和多样的文化，也有璀璨的宝石和醇香的红茶。在斯里兰卡，既可以享受水清沙白的海滨假日，也可以在宁静的山中古城里放空自己，还可以来一杯锡兰红茶，细细品味斯里兰卡献给世界的礼物。

红茶是斯里兰卡闻名于世的一大特产，这里的锡兰红茶与中国的祁门红茶、印度的阿萨姆红茶和大吉岭红茶一道，并称为“世界四大红茶”。斯里兰卡红茶不仅产量大，而且有众多优质品种，可谓保“量”又保“质”。那么，一个面积不及我国重庆市的岛国，为何会成为红茶的“天眷之地”呢？

首先要从茶树对生长环境的要求说起。茶树原产地主要分布在中国云南及东南丘陵、中南半岛中北部、印度东北部等地区，如今茶树广布世界，远播黑海沿岸甚至非洲和南美洲。但是，它最理想的生长条件仍然没有变：

水分：茶树新梢生育期间需水量很大，在季风气候的低纬度茶区，茶叶嫩梢的生长速度取决于雨露的滋润。

降水量：茶树原产地的年降水量多在 1200~2000 毫米。

湿度：通常认为茶树生育期间需要 80% 以上的相对湿度，一天中的最低相对湿度也要达到 70% 以上。高度湿润的环境会使茶叶产量高、品质好。

温度：在水分充足的前提下，茶树喜好温暖（既不能寒冷也不能炎热），茶树在气温达到 10~35℃时可以正常生长。如果气温在 15~25℃，茶树生长速度会比较快；但如果气温高于 35℃，茶树将逐渐停止生长。

海拔：既然茶树生长的理想温度区间为 15~25℃，那么在热带地区，茶树最佳生长地就有一个重要的附加条件——海拔。因为海拔的提升可以使气温适当降低，却几乎不影响气温的变化趋势。海拔每升高 100 米，温度下降 0.6℃，所以海拔高度在 1000~2000 米最为适宜。

日照：茶树原产自热带、亚热带的常绿阔叶林中，且通常作为树林中的下层植物生长，在这种环境中长时间的演化使茶树偏好柔和的日光。所以无论是热带地区直射阳光的暴晒，还是中纬度地区夏季漫长的日照时间，都不是茶树喜好的。

综合以上条件，茶树生长的理想环境是低纬度地区的山地或高原，特别是具有季风气候或雨林气候的地区，不仅天气温和、雨水充沛，雾气缭绕的山地也更能满足茶树对湿度和光照的要求。而斯里兰卡，恰好拥有这样的气候和环境。

斯里兰卡位于北纬 5°~10°，接近赤道的位置使斯里兰卡既可以远离冷空气的侵袭，又可以规避副热带高压带来的高温。同时四面环海也使这里的空气常年湿润，即使在干季，斯里兰卡各地的平均相对湿度也不低于 70%。

降水方面，湿润的西南季风对斯里兰卡的影响长达 7~8 个月（每年的 4~11 月），保证了斯里兰卡丰沛的雨水。除了相对干燥的北部之外，斯里兰卡的平均年降水量为 1200~1900 毫米，最湿润的中部和西南部地区可达到 2500 毫米。

更恰到好处的是，斯里兰卡的内陆是中央高地，海拔多在 500~2000 米，最高峰皮杜鲁塔拉格勒山 2524 米。山区的湿润多雾更是锦上添花。斯里兰卡的 9 个省中有 6 个省产茶，而最优质的茶叶产自海拔 1000 米以上的高山地区。

循着茶香去消暑

斯里兰卡的中央高地与沿海截然不同，远离了海浪的喧嚣，多了一番山林的宁静。

而随着海拔的上升，凉爽也逐渐取代了海边的闷热。中央高地拥有葱绿的群山和清秀的瀑布，精致的小城星罗棋布。可以在佛教圣地康提古城近距离触摸古僧伽罗王朝最后的辉煌，也可以在“旷野之城”努瓦勒埃利耶感受气候之清爽。这两座城市被大片茶园环绕，或者说，茶树就是一种很会挑地方生活的植物。

康提位于斯里兰卡中部，坐落在海拔 500 米的山间盆地中。只有最热的 3 月和 4 月，平均最高气温才达到 30℃。

如果再往上走，到达海拔 1868 米的努瓦勒埃利耶，会凉得让人不敢相信这是一个靠近赤道的地方。努瓦勒埃利耶位于北纬 7°，但却是绝佳的避暑胜地，1~5 月，努瓦勒埃利耶的平均最高气温只有 20~23℃，6~12 月更是只有 18~19℃，各月的平均最低气温只有 10℃左右。

另外，地处高山也使努瓦勒埃利耶云雾弥漫、少有阳光。每年 11 月至次年 4 月是努瓦勒埃利耶日照最多的时候，平均每天有 4~6.5 小时。5~10 月，努瓦勒埃利耶雨水增多、雾气更重，平均每天日照会降到 4 小时以下，在阳光最少的 7 月，这里平均每天只有 2.2 小时的有效日照。

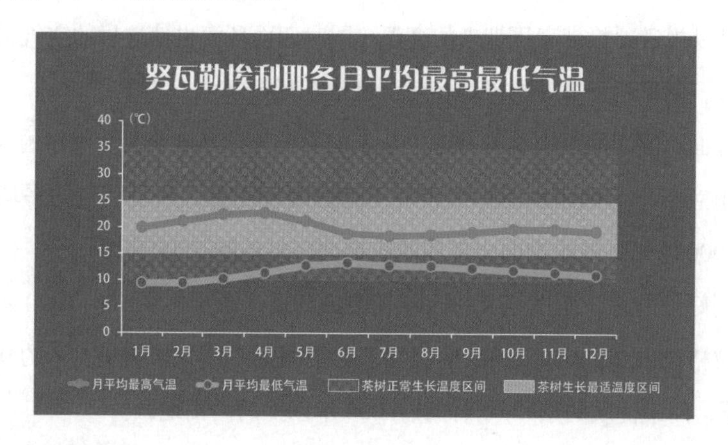

虽然从气温和日照来看，努瓦勒埃利耶的气候并不太像热带海岛，但丰沛的雨水却绝对是热带“血统”，与斯里兰卡其他地区别无二致。除了 1~3 月，努瓦勒埃利耶每个月的降水日数都超过 10 天，而且月平均降水量都在 150 毫米以上（雨水最多的 10 月和 11 月，每月都超过 200 毫米）。

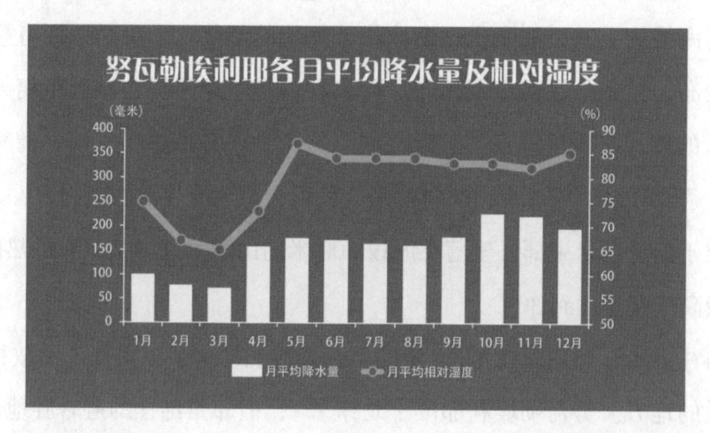

由于天气常年凉爽、日照温和且雨水丰沛，努瓦勒埃利耶的气候与茶树对气候的要求高度吻合。

每年的 1~3 月，努瓦勒埃利耶会受到东北季风影响，雨水减少、气温略微降低、日照稍有增多，此时是当地一年中最天高气爽的时节。短暂改变的天气反而有利于茶树中一些芳香物质的合成，使茶叶的香气和品质得到进一步提升。努瓦勒埃利耶产出的茶口味细腻，并带有一种高山茶特有的芳香，被认为是斯里兰卡品质最好的茶之一。

可以说努瓦勒埃利耶之所以能进入斯里兰卡最负盛名的茶区行列，“不走寻常路”的气候功不可没。不过，茶和人的气候偏好大不相同。一位茶农朋友这样说：“好茶住的地方，好人不能常住，容易得风湿。”

首都科伦坡：“循环播放”的夏季

康提和努瓦勒埃利耶，只是斯里兰卡气候的特例。其实斯里兰卡平原地区的气候与我们通常对热带海岛的印象没多大差别，普遍具有常年闷热潮湿、雨水丰沛的特点。

斯里兰卡首都科伦坡就是个典型的热带海岛城市。这里常年不缺雨水，而且受到西南季风北上南下的影响，一年中还有两个降雨高峰期。

第一个高峰期是 4~5 月，第二个高峰期是 9~11 月，科伦坡雨水淋漓，各月平均降水量都超过 200 毫米。其中雨水最多的 11 月降水量高达 414 毫米（北京一年的降水量也才只有 500 毫米多一点）。如果套用我们的四季称谓，科伦坡最多雨的是秋季。与秋季的降雨高峰相比，春季的降雨高峰只能算是一个小高峰。

除了 1 月和 2 月，科伦坡各月的平均降水量都超过 100 毫米，每月的降水天数也都超过 10 天。

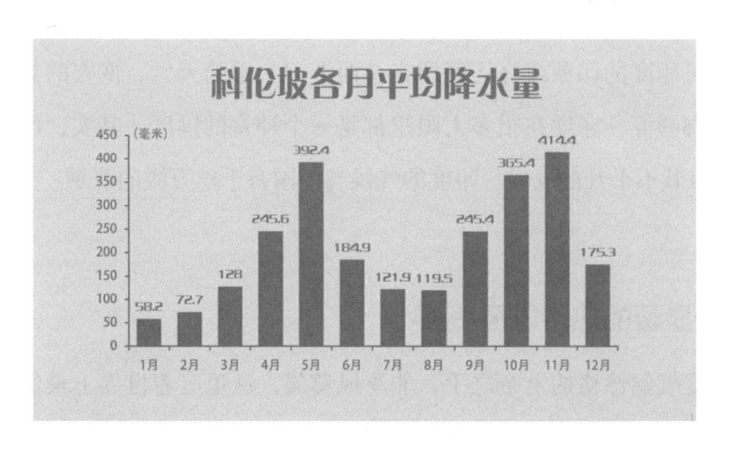

由于地处海边，不论是否处于降雨高峰期，科伦坡的空气一直很湿润，各月的平均相对湿度为70%~80%。与湿度一样稳定的是科伦坡的气温，由于地处赤道附近，这里全年各月的平均最高气温都在30~32℃，平均最低气温也在22~26℃。

无论什么时候来到斯里兰卡的海边，都是夏天。不变的温暖特别吸引来自高纬度或高海拔地区的游客，就连斯里兰卡周边海域也是鲸类向往的过冬之地。

斯里兰卡米瑞莎以南海域的海洋生物蕴藏丰富，每当北半球进入寒冬季节，多种鲸类迁徙时会从此经过，并在此停留觅食，使得这片海域成为世界著名的观鲸场所。

常年的温暖与稳定的清凉，热闹的海滩与宁静的古城，令人期待的鲸群与值得品味的红茶，这就是斯里兰卡，一个包容了众多元素与反差的岛国。

25

印度——独孤求败的热带季风

The Republic of India

气候“七宗最”

很多人对印度的印象或许还停留在《西游记》里的天竺、恢宏的泰姬陵或者是风味独特的咖喱等，印度在很多人眼里都是一个神奇的国度。其实，印度的神奇之处，部分源自其不平凡的气候。印度的气候与中国有千丝万缕的联系，又迥然不同，各自精彩。

一、最显著的热带季风气候

塑造印度气候性格的上帝之手，非季风莫属，这里有着世界上最经典的热带季风气候。何为季风？四季更替，风云变幻，不同的季节有着不同的盛行风，或许可以这样简单地理解季风。

如果按照专业词汇解析的句式，季风（monsoon）为盛行风向一年内呈季节性近乎反向递转的现象。

中国同样是一个季风盛行的国度，东亚季风与南亚季风比肩而行，可谓亚洲地区最具地域特点和最负盛名的气候。可以说，东亚季风造就了中华文明，南亚季风造就了印度文明。

中国的季风之盛相比印度有过之而无不及。在亚热带季风气候领域，中国最强；在热带季风气候领域，印度最强。一字之差，造就了文明、物产、格局、人文、习俗、宗教、历史等的千差万别，或许这就是季风版的蝴蝶效应。

中国季风和印度季风连形成的主要原因也不尽相同。有学者认为，东亚季风受海陆分布影响更明显，印度南亚季风则与行星风带的季节变化关系更大。再加上冬季青藏高原对冷空气的阻挡，因此印度的冬季风明显弱于东亚地区。印度的冬季风弱到没有太多的存在感，所以若无特别说明，季风在印度就是特指西南季风和季风雨。在这个世界上，印度的热带（夏）季风，笑傲江湖，独孤求败。

弱的冬季风，让冬天的印度不至于太冷，风餐露宿之人也有容身之地。偶尔也有特别极端的冷空气突袭印度，但那完全属于非常态。

印度首都新德里比中国的广州偏北 5 个纬度，但 1 月份的平均气温却比广州还要高。在平淡的冬季风的日子里，期盼新一年夏季风的轮回。

二、最强的夏季风

印度西南夏季风爆发迅猛、旷日持久、强度最盛，可谓是西南季风界的“奥运冠军”。印度夏季风向北推进非常迅速，呈爆发之势，通常短短半个月就会推进到印度全境。夏季风来如山倒，去如抽丝。通常夏季风的撤退要花上近两个月的时间。从印度全国范围来看，夏季风带来的季风雨季从 6 月一直绵延到 10 月，印度南部的季风雨季更是超过 5 个月。

由于靠近热带海洋，印度西南季风携带的热量和水汽尤为充沛，再加上索马里急流的强力推送，导致印度夏季风爆发后，西南季风快速向北推进，印度出现非常强劲的降雨。

西南季风的另一支则越过极为湿热的孟加拉湾洋面，携带着充沛的水汽万里迢迢地赶往东亚地区，这也是我国夏季最为重要的水汽输送通道。

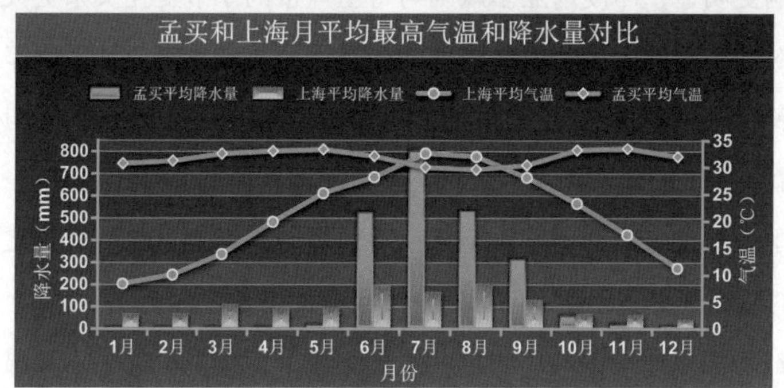

在强盛夏季风的掌控之下，孟买雨季的降雨量数倍于上海。

最强夏季风＋地利→造就地球“雨极”

印度的乞拉朋齐位于喜马拉雅山脉迎风坡，西南季风爆发的季节里，最潮湿的水汽遭遇到最突如其来的地形抬升，造就了保持年降水量和月降雨量世界纪录的“雨极”，并且这里的雨经常出现在雨季的上午。

乞拉朋齐有两项世界纪录：1860 年 8 月至 1861 年 7 月的一年里，乞拉朋齐的降雨量达到 26461 毫米，创造了世界年降水量的最多纪录。这几乎相当于北京 50 年的降水量。

这虽是“超常发挥”，但其实乞拉朋齐在“正常发挥”的情况下，年降雨量也超过 1 万毫米，是雨水充沛的海口平均年降雨量的 7 倍！

同时，乞拉朋齐还保持着单月降雨量最多的纪录，1861 年 7 月降雨量高达 9 300 毫米。中国成都素以阴雨连绵著称，但乞拉朋齐这一个月的降水量，相当于成都 11 年的降雨量！

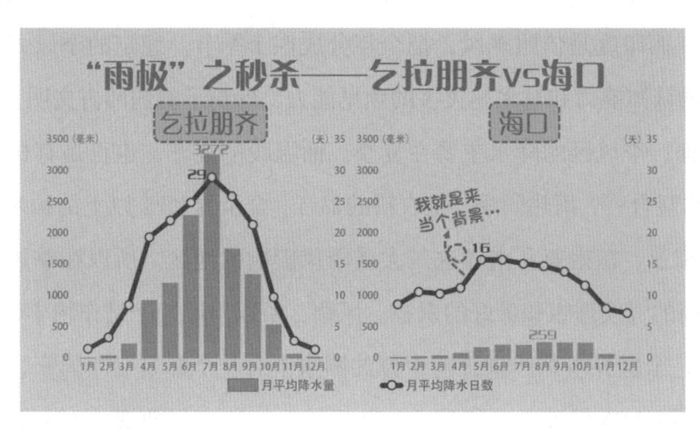

夏季风遗忘的"角落"

在最强夏季风的影响下，印度西北部和巴基斯坦接壤处却有一片沙洲，也就是塔尔沙漠（又名印度大沙漠）。

该沙漠的成因存在争议，但可以肯定的是每年不稳定的季风降雨和不利降雨的地形是原因之一，另外，对印度河的过分开发导致植被破坏和水土流失也很可能是沙漠的成因。塔尔沙漠基本上位于印度西北部的拉贾斯坦邦，距印度旅游黄金三角——首都新德里、拉贾斯坦邦首府斋普尔和泰姬陵所在地阿格拉非常近。雨季到来前，包括新德里、斋普尔和阿格拉在内的印度北部地区很容易受到沙尘天气的影响。

三、最依赖风的四季

印度气象上的四季并无春夏秋冬之分，而是依赖季风的变化和气温的变化划分为以下四季：

第一季（1~2 月）是冬季，第二季（3~5 月）是季风前季（最热的季节不是 7~8 月，而是雨季到来前的 4~6 月，又称热季），第三季（6~9 月）是雨季，第四季是（10~12

月）季风后季，季风后季和冬季由于气温相对较低，又常被合称为冷季。

对于农业来说，季风的最大好处是规律。

夏季季风在固定的月份开始，又以相对稳定的强度持续数月，大大降低了农业的不确定度。规律的季风变化反映在历法上。中国以二十四节气来反映不同季节的寒暑和干湿。而印度是依照季风，把全年分成四个季节。稳定的季风大大提高了人们对于气候的认知能力和对水旱灾害的预见能力，保护了脆弱的古文明。

另一方面，季风区的降水主要在夏季。而温暖的夏季，也正是有机物生长最旺盛的季节。水暖合一，雨热同季，是农耕的福音。全世界 90% 以上的稻米产于亚洲，而且集中于东亚、东南亚和南亚这三大受季风影响的地区。所以在季风气候区，风调雨顺是最高的气候理想和最好的祝福。风调，所以雨顺，于是作物丰稔。

2013 年，全世界水稻产量排前十位的国家中有 9 个都是亚洲国家，其中前五位分别是：中国（2.05 亿吨）、印度（1.59 亿吨）、印度尼西亚（0.71 亿吨）、孟加拉国（0.51 亿吨）和越南（0.44 亿吨）。唯一的非亚洲国家巴西（0.12 亿吨）仅排第九位。难怪《水稻知识大全》里说，在亚洲，“稻米”和“食物”可视为同义词，这一切与亚洲的季风气候密不可分。

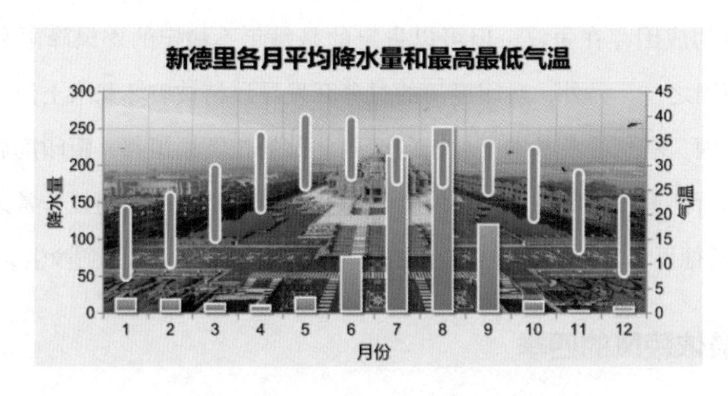

同样是雨热同季的季风气候，这样温热的气候孕育了稻米，也引发了水稻起源于中国还是印度的学术之争。目前根据 DNA 研究，公认水稻起源于中国的长江中下游地区。

其实若论雨热同季，还是中国的亚热带气候更典型些，印度首都新德里最热的时候其实并不是雨季，而是雨季前酷热难耐的热季。

四、最旱涝两重天的雨季和干季

同样是雨热同季，印度热带季风影响下的区域，干季和雨季可谓是旱涝两重天。雨季前的热季，酷热少雨，往往伴随着严重的干旱，大家都急切地祈祷着季风的顺利到达。

由于西南季风的凶猛强劲，印度雨季的降水远多于中国。

印度的季风雨往往是“不患寡而患不均”，怕的是时空分布上的不均衡。2005年7月，孟买一天之内降下896毫米的特大暴雨，郊区日雨量更是高达942毫米，突破了历史上日降雨量的纪录。交通和通信系统完全瘫痪。

五、最令同纬度地区咋舌的热季

由于北部高大的喜马拉雅山脉阻挡了来自亚欧大陆内部的冷空气，导致印度比同纬度地区要热得多。

印度最极端的高温大多出现在西北部毗邻沙漠的拉贾斯坦邦。2016年5月19日，Phalodi 突破 51℃，新的极端高温纪录诞生，拉贾斯坦邦的 Alwar、Churu 以及奥里萨邦的 Titlagarh 气温也都曾突破过 50℃大关。

中国的“热极”位于新疆吐鲁番，最高气温的极值纪录是 47.8℃，这个纪录甚至无法挑战印度首都新德里。

印度不仅热得令人咋舌，热的持久力也更为惊人。中国“火炉”城市重庆连续 35℃以上高温天气最长的纪录是 28 天，而新德里 4~7 月每个月平均最高气温都超过 35℃，随便挑一年来统计，连续高温日数可以轻松达到 50 天，长到当地人见怪不怪，都懒得统计了。

六、夏季风撤退后，最受雾霾困扰的冷季

雾霾同样是印度的老大难问题。冬季里确实是不怎么热了，也没什么雨，旅游变得轻松，但呼吸变得不那么轻松。

对于南亚地区而言，11 月到次年 2 月气温较低，为冷季。这个时节昼夜温差大，清晨容易出现大雾天气，其中 12 月和 1 月大雾天气最多。同时由于印度北部有“世界屋脊”的阻挡，冷空气无法赶来担任“清洁工”。特别是位于恒河河谷的新德里地区，终年没有大风，很难扫除雾或霾，空气流动性条件存在先天缺陷。

以 2015 年新德里的 PM2.5 的指数为例：空气质量最好的时候是夏季风到来的 7 月份，借助雨水的冲刷，PM2.5 基本在 100 以下。而最差的季节是在 11 月到来年的 2 月。这时夏季风缺席，没有雨水的沉降清洁；冬季风“做主”之时，冷空气“援兵”却被山脉拦下，PM2.5 超过 300 的日子非常普遍。

冬季往往都是脏空气的温床，因为低气温的背景下，大气的混合层高度低，又容易出现逆温，导致大气的扩散条件差。

由于这个原因，冬季也是北京 PM2.5 高居不下的季节。但北京盛行冬季风，一旦冷空气驾到，大风很快能吹散污染物，有时候还会先下雪再吹风，之后的北京会呈现“顶级”蓝天。而在新德里，焕然一新的变化则是行星尺度的，一盼就是两季：先要忍受没有冷空气吹散雾和霾的凉季，再忍受雨季前酷热的热季。7 月雨季如约到来，才能看见透彻的风景。

之七、最特别的台风季，给最特别的北印度洋

台风在北印度洋地区被称为气旋风暴，就跟土豆也叫洋芋、马铃薯和山药蛋一样，其实是一个东西。

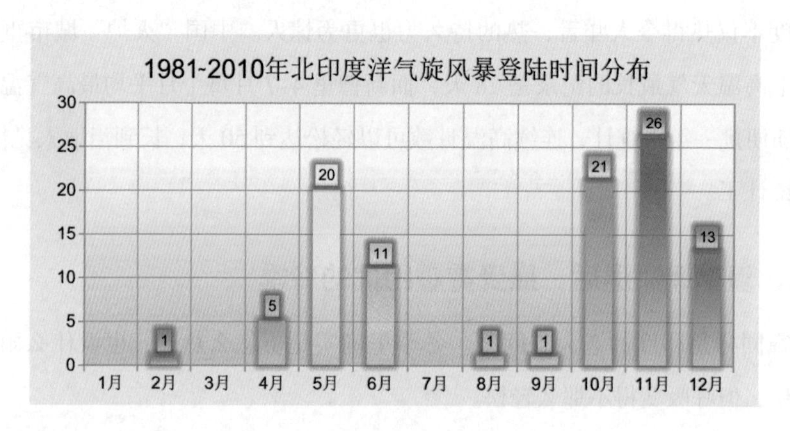

一般而言，盛夏和初秋海温高，为台风提供了良好的生成环境。西北太平洋 7~9 月、北大西洋 8~10 月为台风或飓风最活跃的时期。

北印度洋的气旋风暴不走寻常路，风暴的活跃期独具特点，呈现双峰型。7~9 月热带气旋反倒很少见，两个高峰期分别是 5 月和 10~11 月。

北印度洋平均每年有 3.8 个热带气旋生成，主要源于孟加拉湾海域（约 2.9 个）。而阿拉伯海则相对较少（约 0.9 个），登陆气旋风暴更少，平均为每年 0.7 个。

北印度的台风少而精，虽然每年直接登陆印度的气旋风暴也就是台风的数量没有中国多，但是每隔几年就会有非常强劲的风暴登陆印度，造成巨大伤亡。

印度气候 & 西洋航路

印度西南季风开始的地方，也是西洋航路的中转站。可以说，季风创造了最古老的海上商路。位于印度西南部的喀拉拉邦，不仅是印度西南季风开始的地方，也是郑和下西洋的中转站。

柯钦（柯枝国）、卡利卡特（古里国）和奎隆（小葛兰）等地都是古代中国与阿拉伯地区之间交通的重要中转站。其中“香料之城”卡利卡特是郑和与达·伽马两位航海家共同的登陆地点。郑和的船队还把这里作为补充淡水和食物以及向西进入阿拉伯海和非洲海岸的基地。

季风周期性地变换风向，使帆船在一年内沿着同一条航路东西往返。这条航线从南海起始，穿过马六甲海峡，途经印度，最终到达遥远的红海和索马里海岸。非洲的象牙和犀角、西亚的乳香和没药、印度的香料和宝石、中国的丝绸和陶瓷，都是季风航线上的常规货物。在运输艰难的古代，陆上丝绸之路不但漫长，而且往往会因战乱停顿，因此经年累月规律的季风航线或许是连接东西方更稳妥的方式。

气候造物之一：热带香料的诱惑

热带季风的吹拂下，湿热而物产丰富的印度南部，香料唾手可得。

印度南部是重要的香料产地，郑和与达·伽马登陆的卡利卡特被称为“香料之城”，是世界著名的香料出口港。千余年来，卡利卡特的繁华都取决于一种今日看起来很平常的东西——胡椒。这个曾让西方人趋之若鹜的植物，使卡利卡特以及它所在的马拉巴尔地区，被赋予了一个极具传奇性的名字——香料海岸。

香料一度价比黄金，为了到达香料海岸获取香料，许多人甘冒生命风险，或渡海或穿越沙漠。

身处香料王国，印度人很早以前，就把湿热气候下特产的香料碾成色彩斑斓的粉末，融汇成一捧层次丰富的神奇之味。印度饮食中最著名的咖喱，并不是某种果实，咖喱来自印度南部的泰米尔语 KARI，本意是指酱，而且没有绝对固定的配方。一般会有姜黄、辣椒、小茴香子、胡椒、肉豆蔻、丁香、肉桂、咖喱叶等。

印度菜的食材很简单，但厨师对香料的使用却有着无数的排列组合，如何为一道菜选出最合适的十几种乃至几十种香料并且比例恰到好处，其中有太多的学问。

气候造物之二：红茶和咖啡

北部山麓高原，红茶奶茶最负盛名。南部潮湿闷热，季风咖啡最有特色。

世界四大红茶的阿萨姆红茶和大吉岭红茶皆产自印度东北部。印度不仅是红茶生产大国（年生产约 75 万吨），也是世界第一的红茶消费大国（年消费约 60 万吨）。

大吉岭、阿萨姆所在的东北部茶叶产量约占印度茶叶总产量的 70%，尼尔吉里所在的南印度约占 30%。阿萨姆是印度主要茶叶产地，约占印度茶叶总产量的近 50%，而大吉岭是世界上最好的红茶产地。

位于印度西南部的卡纳塔克邦是印度主要的咖啡产区，而高品质咖啡则产于喀拉拉邦的代利杰里地区和马拉巴尔海岸。

气候造物之三：最悠久的棉花种植

棉花喜欢光照充足、热量丰富的气候。作为野生植物的棉花遍布全世界几乎所有的热带和温带地区。但最早将其作为农作物加以种植的，是公元前5000~公元前4000年印度河流域的达罗毗荼人（Dravidian）。

印度不仅是世界上植棉历史最悠久的国家，也是目前世界棉花种植面积最大的国家。种植品种多且古老，所以印度也是目前世界上棉花种子种类最多的国家。

印度棉的种植区域主要分布在中部和北部地区，其中最大的是位于西北部的旁遮普邦，占全国种植面积的18%。印度棉花主要靠自然降雨生长，棉花生产受品种、土壤、降雨多寡和气候变化等的影响较大。

亚欧交界篇

Eurasian border

26

阿塞拜疆——气候最多样的高山国家

The Republic of Azerbaijan

地理概况：里海西岸的一颗明珠

在里海的西岸，有一个外高加索地区面积最大、人口最多的国家——阿塞拜疆。人口多、面积大是相对外高加索地区的另外两国（格鲁吉亚、亚美尼亚）而言，其实阿塞拜疆国土面积只有 86600 平方千米。

在阿拉伯语里，阿塞拜疆的语义是“火地”或“火的国家”，因为阿塞拜疆蕴藏着丰富的石油和天然气。早在 17 和 18 世纪，喷吐火焰的“拜火古堡”（火神庙）就吸引了许多拜火教徒来这里朝拜。

阿塞拜疆地理位置得天独厚，处于欧亚大陆的心脏地带。它是西亚与东欧的“十字路口”，是重要的交通枢纽，同时也是伊斯兰文明、东正教文明、基督教文明的汇聚和碰撞之处，作为走廊和枢纽，特殊的地理位置为阿塞拜疆在历史长卷上镌刻上了“古丝绸之路明珠”的美誉，同时也留下了许多残酷战争的悲惨瞬间。

气候最多样的国家之一

从地理条件来看，阿塞拜疆东濒里海，南接伊朗和土耳其，北与俄罗斯相邻，西傍格鲁吉亚和亚美尼亚，大、小高加索山自西向东穿越全境，余脉一直延伸至里海。阿塞拜疆的国土约半数都是山地，境内最高峰为巴萨杜兹峰，海拔 4740 米。

人文层面，这里是路口，是走廊。气候层面，这里同样是路口和走廊——西伯利亚冷空气的走廊和与南方暖湿气流交汇的路口，各类天气系统的“兵家必争之地”。干湿、冷暖相互缠斗，战事一方处于攻势或守势以及相持、占领或溃退，都会赋予这里不同的天气。

在阿塞拜疆，从高山之巅的高寒冻土到里海岸边亚热带的香蕉林，这种多山地形以及亚热带过渡带的地理位置，造就了气候的多样性。

在仅 8 万多平方千米的土地里，就囊括了地球 11 个气候带中的 9 个，而且是交错分布。不过 9 种气候是指气候区，而不是我们平时说的气候类型。

四季分明、降水较少并且分布不均

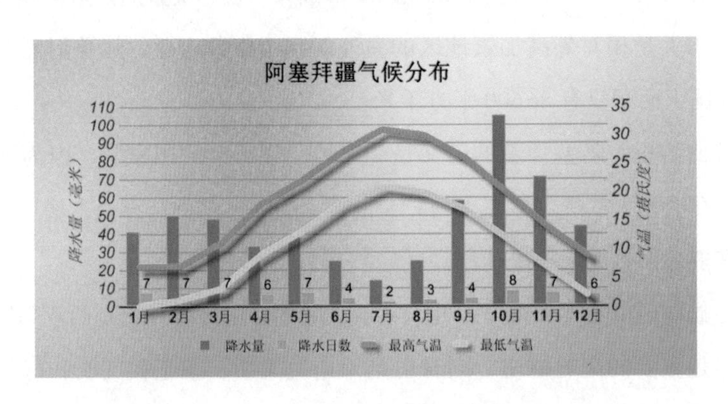

总的来说，阿塞拜疆一年四季分明，降水较少并且分布不均，阿塞拜疆境内大部分地区一年的降水量只有 200 毫米，而在高海拔地区，例如高加索山脉的高海拔区以及东南部的兰克朗平原降雨较多，年降雨量可达 1 000 毫米，最多可达 1 800 毫米。

阿塞拜疆的春秋两季较为湿润。10 月和 11 月是一年当中降水最充沛的两个月。夏季则是干季，月降水量普遍不到 50 毫米。

阿塞拜疆最丰富的降水基本都集中在两个区域：

一是东南部临海地区，年降水量在 1 600 毫米之上。临海地区水汽丰足，毕竟近水楼台。

二是山脉地带，年降水量在400~1 000毫米，个别地区降水量也能达到1 600毫米。对于山脉地带而言，“求人不如求己”，是靠自己的高大的“身躯”，使过路的水汽被迫抬升凝结，对水汽强行“截留”。

气温方面，12 月至次年 2 月是冬季，白天最高气温在 8℃左右，最低气温基本上在 0℃附近徘徊。首都巴库的纬度与北京相近，但冬季比北京略微温和一些。

3~5 月，春意盎然，天气舒适，最高气温逐渐从 10℃爬升到 20℃。

6~9 月是比较炎热的夏季，紫外线也比较强烈。7 月和 8 月最热，平均最高气温都能达到 30℃。

10~11 月秋高气爽，但因为离冷空气的“大本营”并不远，从温到凉、由凉而寒的变化节奏比较快。

风的故乡

南北两条山脉横亘在阿塞拜疆，中间相对平坦的地形为洋面上吹来的海风提供了一条“绿色通道”，所以阿塞拜疆也被称作“风城”。这里的海风一年四季都不停歇且强劲有力。正因为如此，当地有一个特殊的景观——“斜树”，无论是松树、柏树、无花果树还是橄榄树，都无一例外地向离岸方向倾斜。

阿塞拜疆的首都巴库，名字的来源就和风有关系，巴库最早见于史籍是公元 5 世纪，其城之名源于古波斯语的“巴德—库别”和“巴德—吉乌”，意为“风的袭击”或“风城”。还有一种说法是，巴库意为“山风劲吹之地”。

这里大风小风四季不断，说刮就刮，毫无前奏的铺垫和酝酿。但有趣的是，风只在城内逞强，城外却风平浪静，这是巴库向里海突出甚远，且附近地势较低，北面又是高加索山脉所致。因此，巴库的风，是山水联手演绎的小气候。

27

格鲁吉亚——气候造就的红酒发源地

Georgia

地理概况：名副其实的高山国家

格鲁吉亚位于黑海沿岸，北临俄罗斯，南部与土耳其、亚美尼亚、阿塞拜疆接壤。面积为 69 700 平方千米，其中 2/3 都是山地和山前地带，低地仅占国土面积的 13%。大部分地区的海拔都在 1 000 米以上，是名副其实的高山国家。

从地形来看，格鲁吉亚的北部是大高加索山脉，南部是小高加索山脉。在这两道“屏风”中间，是山间低地、平原和高原，形成了南北高、中间低的格局。格鲁吉亚北部的大高加索山脉，有许多海拔 4 000 米以上的山峰，其中什哈拉峰为最高峰，海拔 5 068 米。

气候多样的格鲁吉亚

由于格鲁吉亚 80% 以上为山地，南北两侧的山脉，“兵来将挡”，无论是南下的还是北上的气团都难以轻易侵入，两道天然屏障守护宁静。而中部恰好是一段极为狭长的通道，向温暖潮湿的西风气流敞开大门。所以格鲁吉亚的气候，也自西向东呈现海洋性气候向大陆性气候过渡的分布：

西部主要为湿润的亚热带海洋性气候。西部沿海地区降水充沛，平均年降水量可达 1000~2000 毫米。黑海港口巴统，年降水量更是高达 2 500 毫米以上。2 500 毫米的年降水量，在中国南方也是可以“笑傲江湖”的，就连雨水随叫随到的香港也只有2383毫米。

纬度比北京还稍高的巴统在海洋气候的“呵护”下，夏季气温“高不成”，冬季气温“低不就”。夏季平均气温为22℃，冬季平均气温为5℃，所以在这里能看到棕榈树也就不足为奇了。

而随着与黑海的距离越来越远，格鲁吉亚东部逐渐过渡为干燥的亚热带气候，并更多地体现出大陆性气候的特征。这里冬天的平均气温在2~4℃，降水也明显比西部少，年降水量仅为500~800毫米。

由于格鲁吉亚全境约80%以上为山地和山前地带，各地气候的垂直变化显得非常突出，崇山峻岭造就了无数小气候：在海拔490~610米地带为亚热带气候，气候温和，冬暖夏凉；海拔2000米以上地带则表现出了明显的高山气候特点——昼夜温差大，降水分布不均，没有夏季。海拔3500米以上的区域，则是终年的积雪和冰川。

如果开车在山里穿行，会看到一会儿是绚烂多姿的秋日即景，一会儿又被包裹在童话般的雾凇中。碧玉般的湖泊边两岸的山色，经常一半是冬，一半是秋。

红酒起源的国度

格鲁吉亚是葡萄酒的发源地，距今7000~8000年的历史，葡萄酒之于格鲁吉亚人就如同茶之于中国人。现今，家家自酿葡萄酒的或许也只有格鲁吉亚人，深厚多彩的酒历史与文化始终散发着葡萄酒的醇香。

格鲁吉亚葡萄栽培和酿酒地区位于北纬41°~43°，东经40°~46°，格鲁吉亚复杂地貌所形成的气候和水土多样性非常适合葡萄种植，为优质葡萄栽培和酿酒提供了理想的环境。

夏季阳光充足，冬季也比较温和且罕有霜害，葡萄惧怕的极端性天气发生的概率都非常低。感谢黑海赋予了格鲁吉亚分寸适度的气候，感谢高加索山间的溪流将富含矿物质的泉水带进山谷中，让这里的葡萄拥有天然泉水的滋润。

温泉之都：第比利斯

首都第比利斯位于格鲁吉亚东部，是该国最大的城市，也是重要的交通枢纽，库拉河由西向东穿城而过。第比利斯建城于公元 5 世纪，位于丝绸之路介乎欧亚的商道之上，所以融合了多元的文化。

大高加索山脉在北，小高加索山脉在南，中间是一道平原走廊。走廊的西段至黑海沿岸是一片肥沃的三角形平原，而第比利斯恰好位于走廊东侧的入口处。其东南方向是大片适合人们居住和耕作的低地、平原，向今天的阿塞拜疆门户大开。

第比利斯在格鲁吉亚语里是“温热”的意思。这里的温泉浴室史上最鼎盛时多达 63 座。第比利斯的温泉浴室都建在地下，上有穹顶，建筑多呈波斯或土耳其风格。天然温泉，水温在 23~41℃，水中含硫，可以帮助治疗皮肤病，是世界三大温泉区之一。

28

塞浦路斯——葡萄酒的古老王国

The Republic of Cyprus

地理概况

塞浦路斯共和国，简称塞浦路斯，在希腊语中意为“产铜之岛”。塞浦路斯位于地中海东北部，为地中海第三大岛，土耳其、黎巴嫩、以色列、埃及、希腊都是其邻近国家。

塞浦路斯是亚、非、欧三大洲的海上交通要冲，因其邻近苏伊士运河，商船运输为该国的重要产业。

塞浦路斯岛上有两条山脉，Troodos 山脉和 Kyrenia 山脉，岛的西部和南部由主山脉 Troodos 山脉组成，约占了岛面积的一半，此条山脉地势较高，塞浦路斯的最高点是奥林匹斯山（海拔约 1 951 米）就在山脉的中心。北部的狭长的 Kyrenia 山脉一直延伸到北部海岸线，海拔相对较低，多丘陵；而在两条山脉的中部，是肥沃的美索利亚平原；岛上没有常流河，只有少数间歇河。

气候特点

塞浦路斯是欧洲地中海地区最为温暖之处，沿海地区白天的年平均气温在 24℃左右，夜间平均也有 14℃。这里属亚热带地中海型气候，夏天晴朗干热，冬天温润多雨。

夏季（5~10 月）漫长，天气干燥炎热，平均气温在 26~29℃左右。8 月一般为最热月，平均最高 36℃，最热的时候气温甚至会超过 40℃。

11 月到次年 2 月为冬季，平均气温在 10~13℃左右。1 月最冷，平均最低气温为 6℃、平均最高气温为 13℃，即使最冷的 1 月，也属于“非典型”的冬季，气温跌到零下的概率很低。

在沿海地区，冬季 1~2 月的常态是，白天最高气温 16~17℃，夜间 6~8℃；位于沿岸的塞浦路斯第二大城市——利马索尔，3 月时便可享受到 20℃以上的和暖天气，是欧洲地中海地区冬春时节最为温暖的城市。

从气温的分布来说，塞浦路斯内陆地区的气温波动比沿海地区大：内陆地区冬天相对更冷、夏天相对更热。夏季的 7~8 月，沿海地区白天最高气温会达到 33℃左右，而内陆地区却很容易超过 35℃高温线。

我们以位于美索利亚平原核心区的首都尼科西亚和位于沿海的帕福斯进行对比，在夏天的 7~8 月，首都尼科西亚的平均最高气温（37℃）要明显高于帕福斯（30℃）。尼科西亚春季回暖、秋季降温都更快，春秋更短暂，只能在漫长冬季和漫长夏季之间的“夹缝中”求生存。

塞浦路斯是典型的地中海式气候，冬季温和湿润，12 月至次年 2 月的降水量约占全岛平均年降水量的 60%。其中，高山地区雨量最多，尤其是地势较高的西南部山脉地区。迎风坡年降水量可以从 450 毫米上升到 1 000 毫米。冬季出现降雪、遭遇霜冻的情况时有发生。

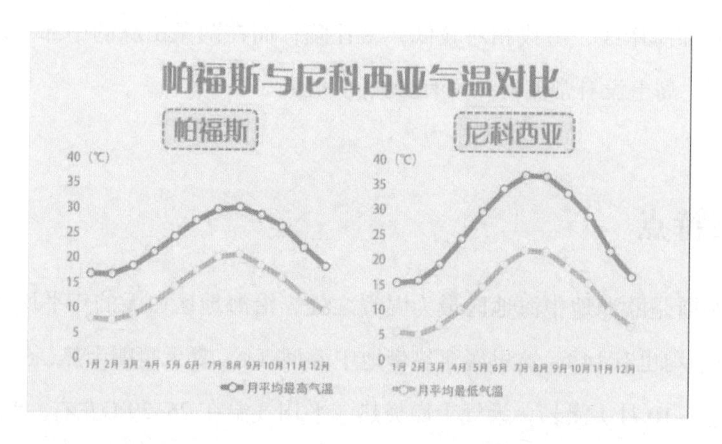

特罗多斯山主峰附近有 4 个滑雪场，也是欧洲最南端的滑雪场，每年 1 月到 3 月中旬是这里的滑雪季。

北部狭长的山脉由于相对平缓，降水量也略小一些，约为 550 毫米左右。而降水最少的是美索利亚平原地区，每年约为 300~400 毫米。

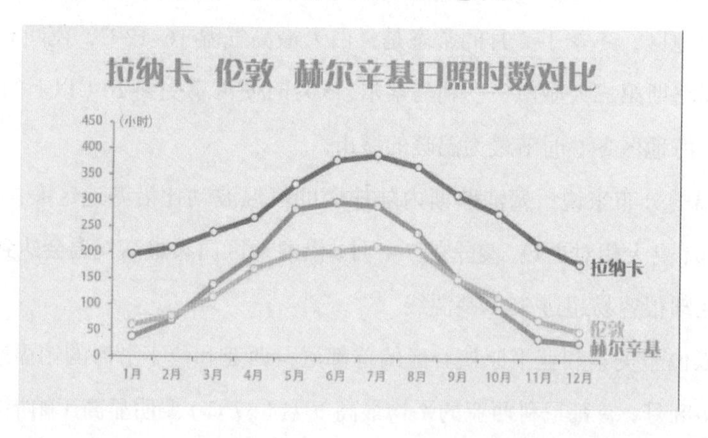

而塞浦路斯的夏天（特别是 7~8 月），经常是无云的天空，上无纤云，下有热浪，干燥暴晒。在欧洲，塞浦路斯算是一个阳光国度，全年有阳光辐射的天数达 300 天左右，沿海地区日照时数约在 2 700~3 500 小时。即使昼短而雨多的 12 月，平均每天也有 5~6 小时的日照；而昼长且无雨的 7 月，平均每天会有 12~13 小时的日照。

以塞浦路斯的枢纽城市拉纳卡与西欧城市伦敦、北欧城市赫尔辛基的各月日照时数对比，可以看出，塞浦路斯的拉纳卡无论是冬季还是夏季，日照都远高于伦敦和赫尔辛基。

出产优质葡萄酒的古老王国

得天独厚的气候条件奠定了塞浦路斯的葡萄酒王国地位。完美的气候造就了塞浦路斯葡萄的甘美，《旧约圣经》的《所罗门雅歌》都将这里的葡萄比作美女的甜吻。

在塞浦路斯，生长着世界上最古老的葡萄品种——马维罗（Mavro）、赫斯特（Xyntster）、佳丽酿比诺（Carignan Noir）、苏丹那（Sultanna）。有着 6000 多年历史的葡萄老藤是至今为止世界上仅存的、最古老的葡萄老藤。

据考证，这里的葡萄栽培和酿造历史可以追溯到六七千年前，那时人们已经在用陶制酒壶储存葡萄酒，据说古埃及法老也非常喜欢饮用来自塞浦路斯的葡萄酒。另有大量考古证据表明，这里在青铜器时代末期就开始酿造葡萄酒。塞浦路斯帕福斯城的罗马时期马赛克拼图上，也记录了饮用第一瓶葡萄酒的人们，并用古希腊语标注："喝第一瓶葡萄酒的人们。"而到了中世纪，塞浦路斯的葡萄酒产业已经声名远播。由于当时的容器不够密闭，葡萄酒多会变甜，因此塞浦路斯的甜葡萄酒便应运而生了。这种酒不仅氧化过程慢，而且便于运输，所以大受欢迎。

11 世纪，当十字军东征到塞浦路斯时，"狮心王"理查德和他的骑士们将塞浦路斯这种甜美四溢的葡萄酒用当地地名命名为"Commandaria"（卡曼达蕾雅），这种酒一时间成为顶级饮品。英国国王查理一世曾当众称赞卡曼达蕾雅酒为"国王的葡萄酒以及葡萄酒之王"。

13 世纪，法国国王腓力二世举办了有史以来世界第一次品酒大赛，邀请了全欧洲的葡萄酒酒庄参赛。卡曼达蕾雅获得无可争议的国酒及国王礼酒荣誉。但由于当时塞浦路斯的战乱以及土耳其入侵时期的高额赋税，葡萄酒业也开始衰退。

19 世纪，塞浦路斯开始用石制容器酿酒，现代酿酒工业开启，葡萄酒业复兴。

1927年，塞浦路斯目前最大的葡萄酒厂KEO诞生。20世纪80年代，由于政府的鼓励，小型葡萄酒企业也得到发展。

葡萄栽培的好坏对酒至关重要。如今，塞浦路斯的两大种植基地主要分布在利马索尔（limassol）的特罗多斯（Troodos）山以南和西南部的帕福斯（Pafos）地区，葡萄酒用的葡萄种植面积为21 500公顷，葡萄年产量为20万吨。岛上1/4的农业人口从事葡萄种植业，占农业总产值的7%，这是塞浦路斯出口的支柱产品。

塞浦路斯的葡萄酒享有国际盛誉，但葡萄酒工业的规模比较小。除了4家规模大的酒厂之外，小企业很多都集中在小村庄里。制作葡萄酒的方法纯正天然，果农在种植葡萄过程中不使用任何化肥，酿酒过程中不使用任何化学成分，纯手工生产了"纯粹"的有机葡萄酒。塞浦路斯也是全世界唯一立法保障特定产区葡萄酒的国家。

29

土耳其——旅行者的天堂

The Republic of Turkey

地理概况：横跨欧亚两洲的国家

土耳其是一个横跨欧亚两洲的国家，地理位置和地缘政治的战略意义极为重要，是连接欧亚的十字路口。安纳托利亚半岛和东色雷斯地区之间，是博斯普鲁斯海峡、马尔马拉海和达达尼尔海峡，是连接黑海和地中海的唯一航道。

土耳其西起巴尔干半岛，东至高加索地区、北接黑海、南临地中海，与叙利亚、伊拉克、希腊、保加利亚、格鲁吉亚、亚美尼亚、阿塞拜疆、伊朗等国为邻，海岸线长7200千米，陆地边境线长2648千米，面积达814578平方千米。

土耳其的地形非常复杂，从沿海的平原到山区的牧场，从雪松林到丰美的草原，这里是世界上植物资源最丰富的地区之一。在这个植物王国，生长着一万多种植物，其中 3000 多种属土耳其独有。最高峰阿勒山海拔 5165 米，山顶终年积雪。

土耳其河流湖泊众多，孕育了古老文明的底格里斯河和幼发拉底河均发源于此。

丰富的气候造就丰富的物产

复杂的地形和海陆分布，使土耳其的气候类型多样。沿海地区属于亚热带地中海式气候，内陆高原地区比较干旱，向热带草原和沙漠型气候过渡。

内陆高原地区温差较大。1 月平均气温在 0℃以下，全年平均气温为 16~22℃，年降水量平均在 200~400 毫米。而峡谷地区 1 月平均气温高达 7~9℃，7 月平均气温在 25~30℃，全年降水量则为 600~800 毫米。

土耳其东南部干燥而黑海地区云雾缭绕。冬季，地中海和爱琴海地区气候宜人，东部山区却风雪弥漫、寒冷异常。

总体而言，土耳其的夏季漫长、温暖、少雨，冬季却时常雨雪混杂。

土耳其的气候为各种作物的生长提供了舒适区间，它是世界上烟草、阿月浑子（开心果）、榛子、葡萄干等作物的主要产区之一。

按照气候、地理和区位特征，土耳其可主要分为七大地区：

作物遍布的马尔马拉海地区

伊斯坦布尔、布尔萨、埃迪尔内以及马尔马拉海的气候比较温和。平均年降水量在 660 毫米左右。这样的降水量在中国北方，算是非常“富裕”的。但不温和的是，冬夏气温差异大，隆冬时节气温会低至零下 16℃，而盛夏时节气温也会高达 40℃，且比较潮湿。

周边低海拔的山脉以及森林周围密布着农田和果园（主要是杏、葡萄、桃子的产区）以及蔬菜、向日葵和粮食作物。布尔萨南部海拔相对较高的山，是海拔 2500

米的乌鲁达山，是著名的冬季滑雪胜地。

旅游名城伊斯坦布尔

世界上唯一地跨欧、亚两大洲的城市，博斯普鲁斯海峡横贯其中。曾为古代三大帝国——罗马帝国、拜占庭帝国和奥斯曼帝国首都的伊斯坦布尔，以其绝佳的地理位置及丰富多彩的文化遗迹，对旅游者有着莫大的吸引力。

由于其地理位置处在气候过渡区，伊斯坦布尔属于边缘地中海式气候。

博斯普鲁斯海峡使这个城市的南北两侧呈现不同的气候特征：北半部及博斯普鲁斯海岸线，表现为湿润的亚热带气候；而人口稠密区的南半部位于马尔马拉海上，温暖而干燥。年降水量，北部地区要比南部多两倍多，即使同在南部，气温也有显著的差异。远离海岸线的地方，大陆性气候特征凸显，昼夜温差较大，冬季的平均气温也会跌到 0℃以下。

伊斯坦布尔平均年降水量为 810 毫米，降水日数约为 130 天（单日最大雨量为 227 毫米，最厚积雪深度曾达 80 厘米，其气候张力可见一斑）。

伊斯坦布尔冬夏气温差异较大。

夏季天气炎热，6~8 月平均最高气温为 26℃左右，但偶尔会飙升到 40℃（极端最高纪录是 40.5℃），既高温又高湿，颇具“桑拿感”。夏季雨水稀少，每月降水日数仅有 5 天左右（多为雷雨）。

伊斯坦布尔的冬天要比地中海周边的一众城市冷得多。1~2 月的平均最低气温只有 3℃左右，零下 10℃以下的严寒并不罕见（极端最低纪录为零下 16.1℃）。由于黑海所营造的“大湖效应”，伊斯坦布尔的冬天也很容易下雪。

春季和秋季相对温和、宁静，但时有寒冷的西北风和温暖的南风扰乱气温。

伊斯坦布尔气候的另一个显著特点，就是雾很常见。夏季，雾一般中午就会散去。但在其他季节，则易聚难散。

土耳其的粮仓：爱琴海地区

以爱琴海明珠 – 伊兹密尔为中心的爱琴海地区是土耳其真正的粮仓，有更多的山脉与河流，也因此拥有丰富的冲积土、肥沃的山谷以及美丽的乡村。

这里平均年降雨量在 645 毫米左右，平均湿度为 69%。冬夏的气温跨度同样巨大，冬天的最低温度为零下 8℃，而夏天最高可达 43℃。充足的阳光雨露使这里盛产烟草、向日葵、橄榄、无花果、桃子、梨和苹果。

阳光、大海、沙滩：地中海地区

托罗斯山脉构成了土耳其地中海地区的脊梁，它由高到低向特瓜斯海滨倾斜，海岸线上有爱琴海和地中海沿岸保存最为完好的沙滩。

土耳其的南岸，白色沙滩勾勒出来的海岸线，被视为世界顶级海滩最密布的地方。这一片海岸非常炎热和潮湿，在夏季气温最高的时候会达到 45℃，冬天最低也会偶尔达到零下 5℃，降雨量约在 700 毫米左右。雨水不少，但安塔利亚地中海地区的阳光比雨水更著名，阳光灿烂的日子每年超过 300 天，是最受欧洲人喜爱的高尔夫球和地中海蓝色之旅的胜地。

该地区种植棉花、谷物、蔬菜和香蕉，并以森林闻名。但在世人眼中，这里是土耳其“颜值”最高的地方，绝色美景是它的特产。

绿松石海岸是土耳其最主要的景点之一，指的就是特瓜斯（Turquoise）海滨。特瓜斯是“土耳其绿宝石”或“土耳其玉石”之意，因为安塔利亚纯净的海水像绿宝石一样美丽动人。这里的阳光、海滩、美景与深厚的历史文化遗存深受人们的喜爱，如今成为欧洲著名的 3S 与 3N 海滨度假天堂（“3S”即 Spring、Sport 和 Shopping，而“3N”指 Nature、Nostalgia、Nirvana）。

探险旅行的绝佳去处：中部安纳托利亚地区

土耳其共和国的中部地区——安纳托利亚，是个山脉、大河、咸水湖和淡水湖纵横交错的高原（海拔 1000 米左右）。这里的土地既适合种植麦子、棉花，也很适合放牧。它主要由安纳托利亚高原和土耳其西部低矮山地组成，面积约 52.5 万平方千米。南边是托罗斯山脉，北边是克罗卢山和东卡德尼兹山（两山合称庞廷山脉），东侧是亚美尼亚高原。这就形成了三面环山、一面沿海，地势自东向西逐渐降低的地形特征。

黑海海滨有近2000千米的山岬和山脉，湍急的溪流在险峻陡峭的山谷间奔腾咆哮，被视为探险旅行的绝佳场所。

土耳其首都安卡拉位于安纳托利亚高原中部，这里是由山脉和常年白雪皑皑的休眠火山组成的高原地带，所以安卡拉的海拔不低（海拔978米）。安卡拉位于美丽的安卡拉河畔，素有“土耳其心脏”之称，是一座历史悠久的古城。安卡拉市区，中世纪古老建筑与现代化高楼浑然一体，伊斯兰寺庙和名胜古迹比比皆是，古色古香中又充满着现代气息。

安卡拉气候类型属于地中海式气候向亚热带草原气候过渡，四季分明，温度范围从冬季最低的零下25℃到夏季最高的42℃。春、秋两季是安卡拉最好的季节，温度湿度都在体感最舒适的范围之内。安卡拉每年只有400毫米左右的降水，且大多集中在冬春两季。

春季（4~6月）：来自地中海的温带气旋时常光顾，所以降水充沛（5月平均降雨量超过50毫米，为全年最多），且雷雨多发，与中国北方干暖的春季完全不同。

夏季（7~8月）：夏季常驻于此的天气系统是北非高压，所以安卡拉的夏季炎热干燥，与多雨的冬春季节截然相反，夏季降水量只占全年的7%（而北京的同期降水量却占到全年的将近70%）。

秋季（9~10月）：虽然气温与春季相近，但是雨水比春季要少一半左右，是旅游观光的最佳时段。

冬季（11月~次年3月）：长达5个月之久。最冷的1月平均最低气温为零下3.5℃，比差不多同纬度的北京高将近5℃。不过一旦有来自欧洲内陆的冷空气来袭，气温降至零下20℃也并非罕事。历史上1月和2月都曾出现过零下30℃以下的极端低温。通常安卡拉的冬季气温不算太低，却因天气阴郁、雨雪盛行而寒意倍增。

郁郁葱葱的绿色氧吧：黑海地区

土耳其北部的黑海沿岸地区是土耳其最美的地区之一，这一地区几乎全部是山区，被广袤的森林覆盖着，交通也不方便，因此目前游人较少。

特拉布宗算是这一地区最发达、最现代化的城市了，这里曾是特拉布宗帝国，是土耳其版图上的一个独立国家。

由于常年多云多雨，到处是郁郁葱葱的茶园，被称为土耳其的“氧吧”，年降雨量达 780 毫米，这里也是生态牛奶和优质奶制品的产区。

美丽宁静的高寒地区：东安纳托利亚地区

土耳其东部山区是一片寒冷的高地，这里有欧洲上好的滑雪胜地——埃尔祖鲁姆滑雪中心。这个区域的农业耕作条件稍差，但因为这里具有类似阿尔卑斯山脉的美丽和宁静，对于旅游者而言越来越具有吸引力。

这里冬季的最低气温为零下 43℃，但冬寒之地，夏季通常也非常热，夏季最高气温纪录为 38℃。

30

亚美尼亚——北纬 40 度上的神奇国家

The Republic of Armenia

地理概况

亚美尼亚是位于外高加索亚地区的一个风景秀丽的高山国家。《圣经》中记载，著名的挪亚方舟在大洪水之后最终停泊之处是亚拉腊山上。亚拉腊山曾是亚美尼亚人的祖先的栖息之所，所以亚美尼亚人也常常自称是诺亚的后代——上古大洪水中幸存的子民，亚拉腊山一直被亚美尼亚人视为民族精神的图腾。

今天的亚美尼亚，人口 300 多万，98% 为亚美尼亚族，是一个民族构成相当纯粹的国家，国土面积仅有 29 800 平方千米。

亚美尼亚处于欧洲与亚洲的交界处。换句话说，如果我们放大观察的视野，以东西为维度，亚美尼亚正位于东西方文明的十字路口；而如果以南北为维度，亚美尼亚则是东正教文明的俄罗斯与伊斯兰文明的土耳其之间的纽带，这样的地理位置可谓得天独厚。

气候特点

亚美尼亚并不临海，西北部距离黑海约 163 千米，东北部距离里海 193 千米。具有四季分明、一年四季气温起伏显著的大陆性气候特征。

亚美尼亚冬季寒冷，夏季清凉，四季的降水量都不多，且分布不均。12 月到次年 2 月是一年当中最冷的日子，平均最高气温不足 5℃，平均最低气温可达零下 13℃，而且冬季多风。3 月到 5 月为春季，6 月到 9 月为夏季，10 月和 11 月为短暂的秋季。

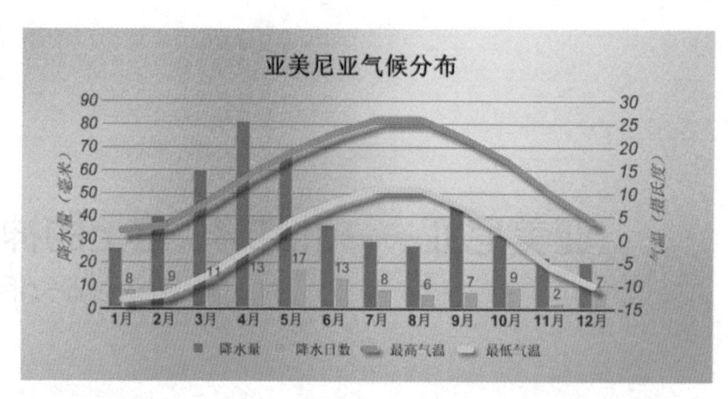

亚美尼亚远离海洋，所以降水量并不丰足，各地平均年降雨量在 200~800 毫米。其中春夏之交的 4~6 月雨水最多，1 月降水量最少。不过高山国家一向“盛产”各种奇异的小气候，山下山上、山这边山那边完全可能是气候层面的两个世界。

亚美尼亚 90% 以上的区域海拔在 1000~2000 米，层峦迭起的山脉造就了亚美尼亚这个高山国家，所以气候也具有高原性特点：日照充足，全国平均日照为 2500 小时，即使是日照最少的地区，年平均也有 2000 小时。

高原气候的另一个特点是昼夜温差极大，所以人们对换季并不会有太多的感慨，因为每天的气温起伏都像是换季。

因为高原地区空气稀薄、干燥少云，白天地面接收的太阳辐射能量更多，热容量小，升温更轻松。晚上没有云层遮拦，地面散热极快，属于挣钱容易、花钱也容易的类型。这里一年四季昼夜温差普遍都在 15℃以上。

北纬 40° 线上的神奇所在

北纬 40° 线这条神奇的纬度线不但能够连接北京与马德里，同样能够连接亚美尼亚首都埃里温（Yerevan）和中国新疆的阿克苏，同样充足的光照，同样的海拔，同样的温差造就了北纬 40° 上这两片瓜果胜地。

在新疆阿克苏，白天烈日当空，植物光合作用强，产生的糖分多，昼夜温差大，晚上植物呼吸作用弱，消耗的糖分少，所产的瓜果无不香甜可口，“瓜果之乡”的美誉在全国都赫赫有名。

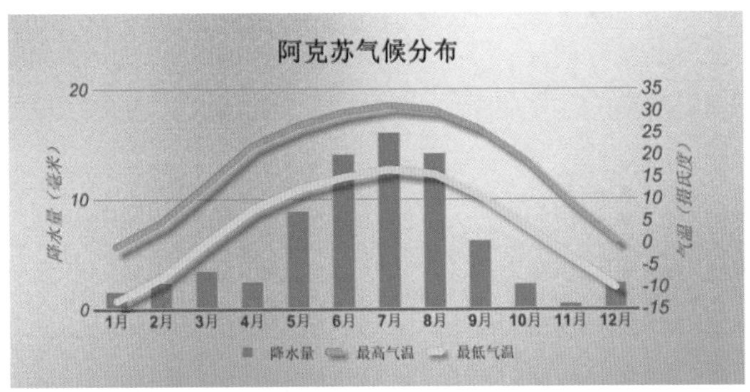

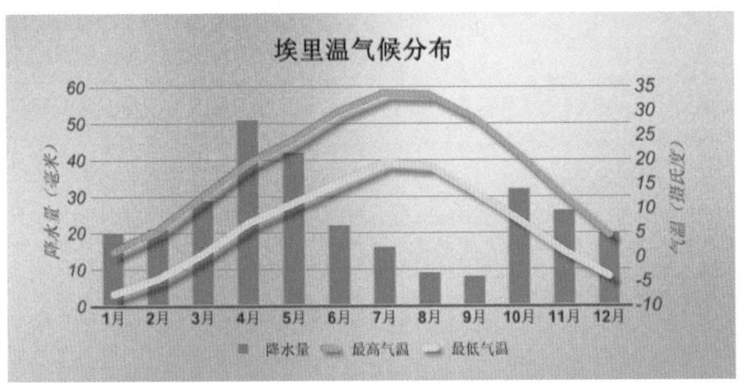

埃里温同样如此，独特的气候造就了当地盛产各类水果，桃子、苹果、梨、樱桃、桑葚、无花果、石榴、草莓和西瓜等口感和养分俱佳。亚美尼亚引以为傲的杏子，尝过的人都赞其美味。在亚美尼亚，人们往往还用坚果和葡萄、枣子、石榴等水果做菜或制作甜品，十分美味。

人们在几个世纪的酿酒实践中惊喜地发现，北纬 40° 的阳光格外适合酿酒葡萄的生长和成熟，山地、丘陵更是葡萄树最喜欢落地生根的家园。北纬 40° 也被誉为葡萄的黄金种植带。一个国际考古小组在亚美尼亚南部一处山洞中发现了迄今世界上最古老的葡萄酒酿造设施，其历史可追溯至 6 100 年前。

亚美尼亚的亚拉拉特平原为优质的葡萄种植提供了充足的日照和肥沃土壤，这里干燥晴朗的天气超过 300 天，平均海拔 700 米以上。气候随着海拔的增加，亚热带气候逐渐过渡为寒带气候，气候条件也非常适宜葡萄酒的酿造。

东欧篇

Eastern Europe

31

白俄罗斯——气候温润

The Republic of Belarus

地理概况

白俄罗斯全称白俄罗斯共和国，是位于东欧平原的内陆国家，纬度与中国大兴安岭地区相近，总面积为 207 600 平方千米，在欧洲国家中排名第 13 位。

白俄罗斯南北长 560 千米，东西宽 650 千米，境内地势平坦，平均海拔 160 米，最高峰海拔仅为 345 米。

白俄罗斯河流与湖泊众多，全境大小河流 2 万多条，总长 9.06 万千米。主要河流有第聂伯河、普里皮亚季河、西德维纳河、涅曼河和索日河，其中 6 条河超过 500 千米。拥有总面积为 2 000 平方千米的 1 万多个湖泊，享有“万湖之国”美誉。最大的纳拉奇湖面积为 79.6 平方千米。

气候特点

白俄罗斯气候类型单一，属温带大陆性气候，冬季寒冷而湿润，夏季温和，春秋多雨。1 月份的平均气温，西南地区为零下 4℃，东北地区为零下 8℃，7 月份平均气温在 17~19℃。全年大气降水量，低地为 550~650 毫米，平原和高地为 650~750 毫米。白俄罗斯气候为养育东欧中带的基本谷类作物、蔬菜、果树、灌木林创造了良好的条件。

温带大陆性气候

总体特点：冬寒夏热，年温差大，降水集中，四季分明，年降雨量较少。

温带大陆性气候主要分布在南、北纬 40° ~ 60° 的亚欧大陆（白俄罗斯首都明斯克位于北纬 53° 51’）和北美内陆地区和南美东南部。由于远离海洋或者地形阻挡，湿润气团难以到达，因而干燥少雨，气候呈极端大陆性，气温年、月较差为各气候类型之最。

白俄罗斯的四季

白俄罗斯的大陆性气候是非典型的，相对温和，不走极端路线。如果我们把大陆性气候再分为“鹰派”和“鸽派”，那么白俄罗斯的气候就是属于“鸽派”的。

白俄罗斯的冬季很漫长，一般从 10 月初就开始进入羽绒服季节。天空整天都是阴沉的，低云弥漫，太阳只是偶尔出来露露脸。虽然还没开始漫天的飞雪天气，但天气湿冷，羽绒服在通暖气的日子到来之前便陆续开始“服役”。

白俄罗斯的雪季一般都在 11 月来临，这时的气温刚刚降到 0℃。但一二月份气温经常降到零下 30 多摄氏度，这时候也经常雪花飞舞，积雪深厚。基本上每天出门都要踩着尺余深的积雪。下雪的时候往往铺天盖地，很难看清道路，仿佛只身置于一个白茫茫的世界。所以有人打趣说：不愧叫“白”俄罗斯。

到了 3 月，便是雨雪混杂的时节。气温处于微妙的临界点，到底是下雨还是下雪，天气未必能够按照天气预报的“常理”出牌。

四五月的白俄罗斯经过雨和雪的洗礼，其勃勃生机便慢慢显露出来，慵懒了整个秋天和冬天的太阳终于不再羞于示人了。于是，气温也开始蹦蹦跳跳地回暖了。

白俄罗斯最热的天气在六七月份，但最高温度一般也就只有 25℃左右，但是近两年偶有最高 30℃的纪录，让白俄罗斯人颇为紧张。因为在极少使用空调和风扇的国度，28℃以上的温度就像是“灾害性天气”一般。其实，倘若按照中国的季节划分标准，白俄罗斯并没有真正的夏季。

首都明斯克

明斯克属于温带大陆性湿润气候。这里的冬季漫长而寒冷，12 月至次年 3 月的平均气温都在 0℃以下，最冷的 1 月份平均气温只有零下 4.5℃。

零下 4.5℃看似很低，其实也只是比北京同期温度稍微低一点。但北京的纬度是北纬 40°，明斯克是北纬 53°。哈尔滨只有北纬 45°，但 1 月平均温度是零下 18℃。明斯克的纬度与中国的“北极村”漠河相近，但漠河 1 月的平均气温接近零下 30℃！从这个意义上看，明斯克的冬季气温算是相当温和的。

明斯克最热的 7 月份，平均最高气温也只有 23.6℃，与北京 4 月中旬的温度相差无几。全年降水比较丰沛，各月分配也较均匀，年降水量为 500 至 700 毫米。

12 月至次年 3 月：最寒冷的隆冬

由于明斯克纬度高，是极地冷空气经常能触及的地区。因此这里的冬季漫长而寒冷，最冷的 12 月至次年 2 月这段时间，平均最高气温也都在 0℃以下，这 3 个月的时间里，基本全天的气温都在 0℃以下，并且曾遭遇过零下 39.1℃的极端最低气温。

最寒冷的月份要数 1 月了。与北京干冷的 1 月不同，明斯克多气旋活动，雨雪极其“丰盛”，每个月的平均降水量都在 45 毫米左右，平均降水日数（降水量≥ 1 毫米）有 8~12 天。像 12 月降水量为 53 毫米，平均雨雪日数多达 12.4 天，是一年中降水日数最多的月份。如果再算上不足 1 毫米的零星雨雪天气，月内一半以上日子都与雨雪有关。反观北京，大雪节气所在的 12 月和大寒节气所在的 1 月，降水量都只有区区两三毫米，与明斯克完全不在一个数量级上。

湿润的气候，导致冬季的明斯克常常大雪纷飞。加之天文原因，明斯克冬季的日照时数较极短，日照时数最短的 12 月，只有 0.8 小时，直到 3 月才会增多到 4.1 小时。

因此，明斯克的冬季最显著的特点就是湿冷和晦暗。

有个朋友从白俄罗斯留学归来，大家都说："你在白俄罗斯，皮肤都变白了。"或许这与湿润的气候以及冬季稀少的日照有关系。

5月与9月：最温和的时节

每年5月，明斯克开始挣脱出极地冷空气的势力范围，进入春季。日照大幅增加，比4月平均每天增加2个多小时，平均最高气温比4月升高7.5℃。这样的升温力度着实有些"暴力色彩"。春季升温豪放，秋季降温也不"婉约"。9月气温开始走低，白天还比较温暖舒适，但早晚很凉，最低气温偶尔还能跌至0℃以下。

其实5月和9月的气温很相似，只是一个在升，一个在降。这两个月的降水量（60毫米左右）、降水日数（9天）也非常相似，像是孪生月份。

总体而言，明斯克5~9月的气候是比较温润可人的。

32

俄罗斯——"战斗民族"的极致气候

The Russian Federation

地理概况：跨度最大、时区最多的国家

俄罗斯是世界上国土面积最辽阔的国家，也是东西方向跨度最大的国家。

俄罗斯横亘欧亚大陆，疆域从亚洲最东边的楚科奇半岛一直向西绵延上万千米至东欧平原，东西跨度超过150个经度。从堪察加半岛的彼得罗巴甫洛夫斯克直飞

莫斯科要花 9 小时，而从北京直飞夏威夷也不过 10 小时。

这样的东西跨度造就了世界上时区最多的国家。2014 年 10 月 26 日 2 时开始，俄罗斯实行永久冬令时制，原本的 9 个时区增加至 11 个时区。首都莫斯科晨曦初现的时候，远东边疆则已是日暮时分。

最冷最热的俄罗斯：温带大陆性气候的极致代表

俄罗斯疆域广阔，但领土大部分都位于北纬 50° 以北，除了靠近北极圈附近的寒带气候、小部分高原山地气候和远东的温带季风气候，以及个别的亚热带湿润气候，俄罗斯大部分地区盛行的是温带大陆性气候。俄罗斯可谓是世界上温带大陆性气候范围最广的国家，包括首都莫斯科在内的绝大多数地区都属于温带大陆性气候。

大陆性气候，顾名思义是气候受海洋的影响较弱，大陆的影响更为显著。海陆分布对气温、降水、空气湿度等都有比较明显的影响，但最突出的还是气温。

温带大陆性气候的显著特征是气温的年较差巨大，而海洋性气候则凭借海洋的温度调节功能，气温年较差很小。因此温带大陆性气候盛行的俄罗斯，极寒和酷热的天气可能发生在同一个空间的不同季节。

例如一向以漫长严寒冬季著称的上扬斯克，位于西伯利亚的东北部，号称是北半球的寒极，最低气温纪录接近零下 70℃。这里如此极寒的原因不仅是因为处于北极圈内，更重要的原因是西伯利亚广袤的陆地在冬季会急剧散失热量，成为冷空气的大本营。

在冬天，天气预报节目中如果听到“受到西伯利亚冷空气影响”，观众立刻会联想到：要降温了，得赶紧多穿衣服了。虽然冬天如此极寒，但上扬斯克最热的时候出现过 37℃以上的酷热天气，极端低温和极端高温相差 105℃！这里成为世界上气温年较差最大、大陆性气候特点表现得最为淋漓尽致的地方。所以人们常用“撒哈拉的夏天”和“西伯利亚的冬天”来形容恶劣气候。

人们很容易将西伯利亚“脸谱化”，将其视为严寒的代名词，而实际上西伯利亚是一个极寒与酷热“兼容”的地方。

虽然都是温带大陆性气候，但俄罗斯东、西的差异还是非常大的。包括莫斯科和圣彼得堡在内的俄罗斯西部地区，位于东欧平原上，尽管离北大西洋有些遥远，但是仍能得到强盛的北大西洋暖流的恩惠（虽然有时候暖流也会鞭长莫及）。俄罗斯西部的温带大陆性气候，在北大西洋暖流的调节下更湿润、更温和。

尤其是圣彼得堡，这里是俄罗斯境内温带大陆性气候区中海洋气候权重最高的城市之一。圣彼得堡由俄国沙皇彼得大帝建造，是俄国打了 20 年的北方战争，从瑞典手里夺过来的“北方威尼斯”。

圣彼得堡最初只是一片遍布沼泽的寂寥之地，但历代俄国沙皇都在这里实现了“强国梦”——它是沙皇们梦寐以求的面向欧洲的出海口，一个“瞭望欧洲的窗口”。圣彼得堡也顺理成章地成为当时的帝都，以及日后俄罗斯与中西欧经济文化重要的交会点。

靠海的圣彼得堡和大陆性最强的上扬斯克相比，两地夏季气温相差不大，但是圣彼得堡的冬天要温和许多，气温的年较差比起上扬斯克要小得多，降水更为充沛，气候更温和宜人。

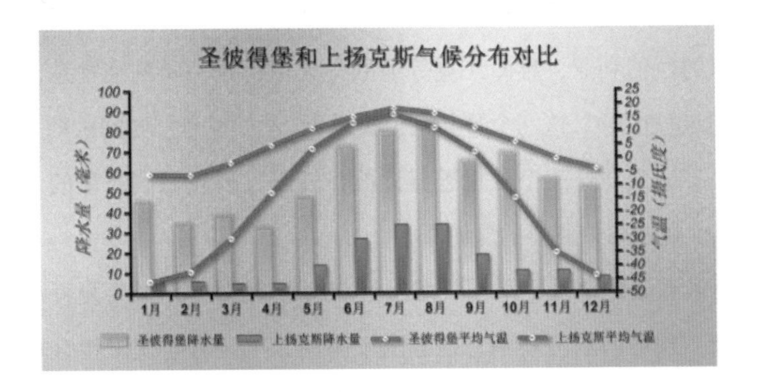

严冬的故事

俄罗斯以冬天漫长严寒著称。常年从 11 月份开始，莫斯科的平均气温就已经跌破零度，寒冷的天气至少要坚守到次年的 4 月，也就是说，冬天会持续将近半年。

每年的 2 月底到 3 月初，即东正教复活节前第八个星期，俄罗斯会迎来谢肉节。这个节日源于东正教。因为在东正教为期 40 天的大斋期里，是禁止吃肉和娱乐的。因而，在斋期开始前一周，人们会纵情欢乐，家家户户抓紧吃荤，“谢肉节”因此而得名。这一周又被称为送冬节，按习俗，俄罗斯人会在这一周烤制象征太阳的薄饼以迎接春天的到来。

虽然称之为“送冬节”，但这个时节暖阳、雨雪和积冰往往轮番登场。如此反复无常的天气，当地人却早已习以为常，这正是俄罗斯春天的写照。包括莫斯科在内的俄罗斯西部，一般要到 4 月份，冰雪才有望彻底消融。

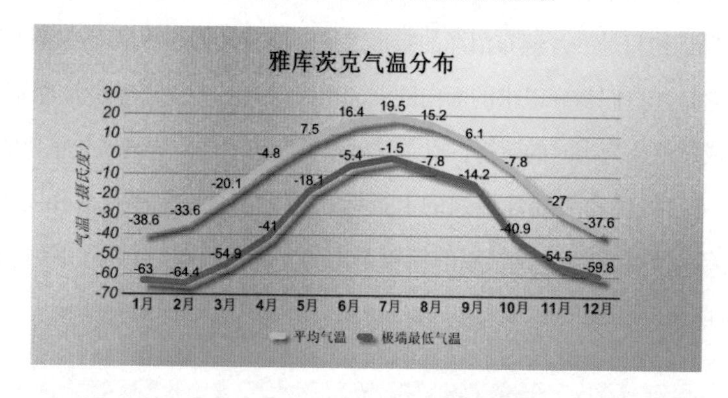

而在寒冷的西伯利亚，雅库茨克等地的冬天更像是一年的准常态，一年中只有 6~8 月平均气温超过 10℃，这三个月与其说是夏天，不如说是严冬间歇期，喘口气而已。花草树木如果不抓紧在这三个月里繁盛绽放，转眼又要轮回到严酷的冬季。一年之中也只有这三个月是西伯利亚的旅游季节。

雅库茨克最温暖的 7 月，平均气温接近 20℃。按照中国的入夏标准，算不上真正意义的夏天，只是偶尔出其不意地蹦出个高温天气。有时气温也会轻易跌破零摄氏度，7 月的极端最低气温为零下 1.2℃，8 月的极端最低气温为零下 7.8℃。到底是夏花灿烂还是冬雪飘洒，要看造化了。

一旦到了 9 月份，美好的时光转瞬即逝，9 月的平均气温会下跌近 10℃，只有 6.1℃，10 月的平均气温下跌 14℃，11 月狂跌 20℃，这简直就像是股市中的崩盘。

雅库茨克一年之中有 6 个月平均气温不足零摄氏度。极寒气候造就了战斗民族的意志，这种意志是从娃娃抓起的。根据雅库茨克当地教育部门的规定，当地气温低至零下45℃时，1至5年级学生停课；零下48℃时，1至8年级停课；零下50℃时，1至11年级停课。

俄罗斯有个严冬爷爷（或称严寒爷爷），与西方的圣诞老人，原型为同一人。信奉东正教的俄罗斯人的圣诞节是公历1月7日，这个节日是俄罗斯除复活节外最重要的宗教节日。

俄罗斯的圣诞老人与西方的圣诞老人之间的区别在哪里呢？

（1）帽子：严冬爷爷戴的是皮毛帽子，而圣诞老人戴的是带毛球的睡帽。

（2）胡子：严冬爷爷的胡须长达腰部，而圣诞老人的胡须则像小铲子一样短。

（3）外套：严冬爷爷穿的是温暖的长达脚踝的皮毛大衣，而圣诞老人穿的是短款的厚夹克。

（4）外衣颜色：严冬爷爷的外套可以是红色、蓝色甚至白色（与冬季和严寒相关的颜色），而圣诞老人只有红色。

（5）手上拿的东西：严冬爷爷拿着长长的手杖，而圣诞老人扛着一大袋礼物。

（6）腰带：冬爷爷系着白色腰带，而圣诞老人系着带扣的皮带。

（7）鞋子：严冬爷爷穿的是白色靴子，而圣诞老人穿着一双黑色皮靴。

（8）眼镜：圣诞老人视力不好，所以他有时候戴着眼镜，可是严冬爷爷视力非常好，所以他从来不戴眼镜。

（9）交通工具：传统的严冬爷爷是步行的，现代化的严冬爷爷则乘着三匹马拉的雪橇。而圣诞老人乘坐的是驯鹿拉的雪橇。

（10）助手：严冬爷爷有一个孙女叫雪姑娘，她会帮助爷爷工作；而圣诞老人则是由小精灵来帮忙工作。

大乌斯秋格被认为是“严冬爷爷”的故乡，始建于1147年，位于俄罗斯沃洛格达州，尤克河与苏霍纳河交汇的河口。这里的纬度超过了北纬60°，而圣诞老人的故乡芬兰的罗瓦涅米已经到达了北极圈，纬度比严冬爷爷的故乡更靠北。

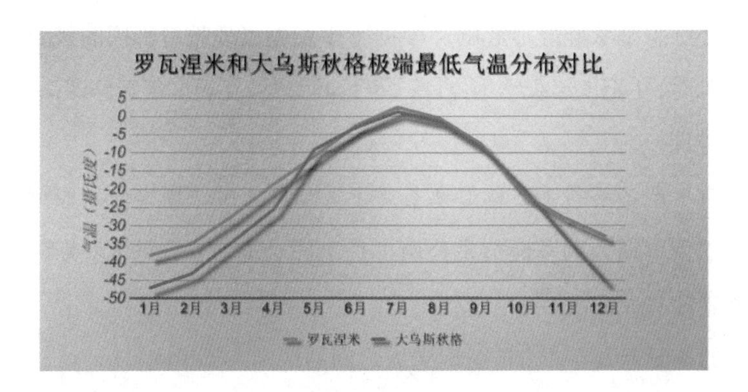

严冬爷爷和圣诞老人的故乡，冬季的平均气温不分伯仲，但是从极端最低气温来看，严冬爷爷的故乡明显更胜一筹——最低气温接近零下50℃，而罗瓦涅米未突破过零下40℃。

提起俄罗斯的冬天，很容易使人想起两次战争：1812年俄法战争和第二次世界大战，以及两次战争中的“流行”词汇——“严寒将军”。早在1708年，彼得大帝就在北方战争中凭借“连鸟儿都冻死在冰上”的严寒冬季大败瑞典军队。而在1812年俄法战争时期，“严寒将军”更是声名远播。人们普遍将俄罗斯的“严寒将军”视为俄罗斯大败拿破仑的关键。到了“二战”期间，德军的“巴巴罗萨行动”再次因苏联的严酷冬季而受阻。关于“严寒将军”的不败神话就这样一而再再而三地为人们所津津乐道。

如今，俄罗斯的“严寒将军”已经难得有机会在战争中登场了，但冬天还在继续。汹涌的降雪时常困扰莫斯科，最突出的影响即是路面。在隆冬，下雪天是最舒适的，道路干净而易行。若是天气回暖，积雪融化，道路便如沼泽一般。行人过马路时都要踮着脚或蹦跳着越过水潭，城市到处是泥泞而肮脏的景象。难怪俄罗斯还有一位将军——“泥泞将军”。

然而这还不是最灾难的，若是再次降温，则积水结冰，路面仿佛溜冰场一般。

尽管俄罗斯人时常抱怨糟糕的天气，但这已然成为俄罗斯生活的一部分，人们也已经学会用宽厚的心态去接受它。

当然，在全球气候变暖的大背景下，以漫长冬天著称的俄罗斯似乎气温也在逐年上升。1961~1990 年，这 30 年莫斯科的年平均气温是 5℃，而 1981~2010 年，这 30 年莫斯科的年平均气温上升到了 5.8℃（2015 年莫斯科的年平均气温甚至达到了破纪录的 7.5℃）。别小看这 0.8℃的升温，它是代表气候基准的 30 年平均。莫斯科的气候变暖速率明显高于全球平均水平。可以预见，本来温和的夏天会越来越热，极端高温事件发生的频率会越来越高，而冬天不会像之前那么冷了。

东西风的较量：温润与极端

《红楼梦》里林妹妹意味深长地说道："但凡家庭之事，不是东风压了西风，就是西风压了东风。"对于俄罗斯特别是俄罗斯西部而言，东风或西风谁压倒谁，则意味着气候是温润还是极端。

北半球中纬度地区常年盛行西风，不出意外的话，北大西洋上空的西风会捎带着暖湿气流，润物细无声地调节欧洲大陆的气候。虽然莫斯科以寒冷著称，但这里的地理位置毕竟达到了北纬 55°，冬季的平均气温基本都在零下 10℃以上，而纬度更靠南的中国"北极"漠河，冬天的平均气温至少比莫斯科低 10℃。

莫斯科的高纬却不"高冷"，就是得益于温暖的洋流调节。除了气温的年较差小，莫斯科全年的降水量也比漠河更均匀（漠河的雨季集中在夏季）。

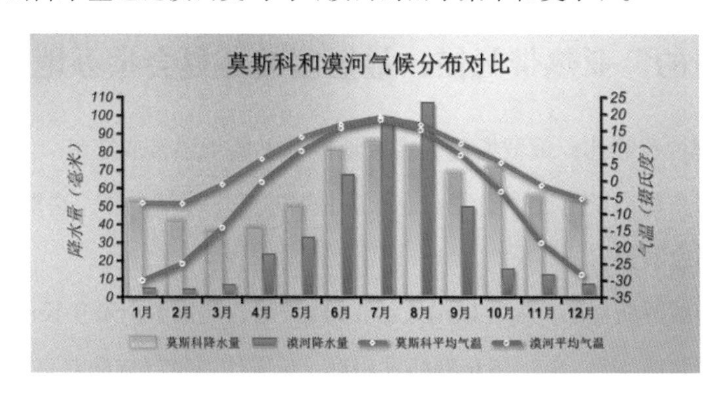

当然，不出意外的话，天气总是呈现平均状态，天气预报也不会有那么多的偏差和悬念了。盛行西风的天气偶尔会被另一种天气格局所取代——西风减弱甚至消

失，取而代之的是不常见的东风或者东北风，而这种天气格局持续时间长了，就会引发俄罗斯西部乃至欧洲西部天气的大变脸。

冬季，偏东或偏北风如果裹挟的是来自西伯利亚或者北极圈的寒潮，俄罗斯以及更为温暖的西欧在冷空气的持续攻击下便沦为极寒之地。

莫斯科最冷的时候气温曾经跌到零下 40℃以下。1812 年，不可一世的拿破仑征俄大军突然遭遇零下 33℃以下的低温，法军的锡制纽扣突变为粉末，军服都无法扣严，无法抵御严寒。虽然 200 多年前法俄大战没有完备的气象数据，但根据当时的战况记录推断，很可能就是东风制造的极寒助了俄国一臂之力。

夏季，和煦的西风下，欧洲一派平和，气候湿润凉爽。但进入 21 世纪，欧洲经历了数次极端高温天气。原因之一，是北非副热带高压的“入侵”；原因之二，就是西风的异常衰弱。

西风减弱之后，欧洲大陆更容易出现大陆高压。副热带高压和中纬度大陆高压强强联手，“导演”了欧洲夏季的极端高温。夏季的平均气温不到 20℃的莫斯科，从 2010 年 7 月下旬开始连破最高气温纪录。7 月 29 日莫斯科突破了 38℃大关，成为 130 多年以来最酷热的一天。而之前莫斯科的极端高温纪录是 36.8℃（出现在 1920 年的 8 月）。不知从气候的视角，俄罗斯人是更喜欢东风还是西风呢？

“隐身的”亚热带气候：最温暖的冬奥会举办地索契

由于地理位置靠北，俄罗斯绝大多数地区都隶属于温带或寒带。不过在俄罗斯西南角的黑海东部沿岸附近，隐藏着地球最北端的亚热带气候区，这里就是 2014 年冬奥会的举办地索契。

索契位于俄罗斯首都莫斯科以南大约 1 500 千米，是俄罗斯最狭长的城市。

索契位于北纬 43°，与中国长春纬度相近，位置比温带气候的北京还偏北。虽然位置偏北，但索契紧临黑海，凭借黑海的调节作用，这里的气候温暖湿润，路边甚至能见到棕榈树的踪影。冬天不会太冷，夏季也不至于太热。

北边的大高加索山可以帮助索契阻挡大多数南下的冷空气，哪怕是最冷的 1 月、2 月，这里的平均气温都在 5℃以上。7 月、8 月的平均气温超过 22℃，也是俄罗斯仅有的符合气象学夏季标准的地方。

如此依山傍海的独特地理优势，使索契成为全球最北端的亚热带气候区。索契也是俄罗斯气候最具海洋属性的地方。

由于很温暖，全年几乎有一半的时间都可以在索契畅游黑海，这里也是俄罗斯首屈一指的海滨疗养地。从度假的角度来看，索契之于俄罗斯有些像三亚之于中国。和 2022 年冬奥会举办地之一张家口相比，2 月份的索契实在是太温暖了，平均最高气温接近 10℃，平均最低气温也有 3℃。2014 年索契冬奥会期间，提前到来的“暖春”导致户外运动场地积雪融化，滑雪板和雪橇陷入烂泥之中，许多滑雪项目被迫中断。

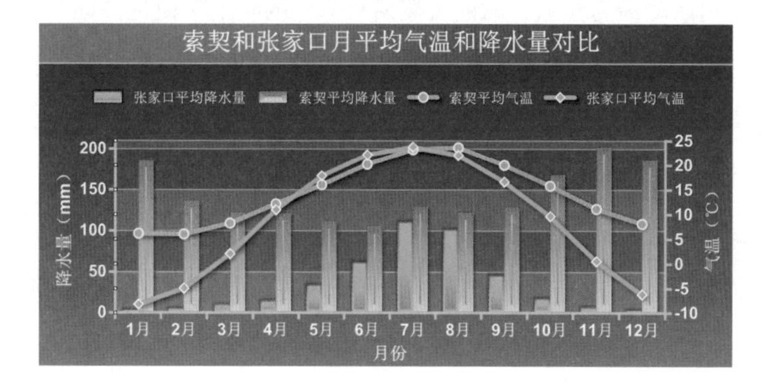

“战斗民族”的美食

俄罗斯的时令蔬菜只存在于短得可怜的夏天。耐储藏且产量高的土豆、胡萝卜和洋葱，必然是菜单上的长期存在，扮演着俄式沙拉和汤的主角。

俄式美食在开胃阶段就有能随时上战场般的饱腹感，先吃饱再吃好的实用主义原则是俄式美食的一大特色，没有足够的热量，怎么度过漫长到似乎看不到尽头的寒冬呢？

最佳旅游季节：5~9 月

5~9 月是俄罗斯最好的旅游季节。即使在七八月份，俄罗斯大部分地区的平均气温都低于 22℃，从气象学的角度都算不上真正的夏天。

除去偶尔异常炎热的天气，俄罗斯的夏天都是凉爽宜人的，夜晚甚至感觉有些凉意。贝加尔湖畔有“东方巴黎”“西伯利亚明珠”美称的伊尔库茨克，最热的 7 月平均气温只有 18.3℃，夏天的最低气温不足 10℃。

由于俄罗斯纬度较高，6~7 月的日落时间比较晚，基本都在晚上 8 点以后，白天一下子拉长许多。

夏季的俄罗斯，降水不多，阳光非常充足，夜晚舒爽，蛰伏了一个冬天的人们纷纷出门，夜间活动最为频繁，歌曲《莫斯科郊外的晚上》便是佐证。

9 月份是俄罗斯的过渡季节，短暂美好的夏季转瞬即逝，秋天刚一登场，冬天就迫不及待地尾随而至。无论是首都莫斯科还是贝加尔湖畔的伊尔库茨克，9 月的平均气温只有 10℃左右，羽绒服开始“服役”。而在西伯利亚深处，9 月、10 月早已经是冰天雪地。

俄罗斯最著名的当数它的冬天，大部分地区冬天长达半年以上。俄罗斯西部冬季湿润阴冷，天气造就了一个冰雪王国。首都莫斯科平均年积雪日数多达 146 天，接近 5 个月。

冰雪装点城市的同时，也为人们提供了溜冰、滑雪、冰上芭蕾、冰球等冬季运动的天然场所。每年 12 月 25 日至次年 1 月 5 日，为期 12 天的“俄罗斯之冬”联欢节就在这冰天雪地中举行。如果要想体验北半球的寒极，那一定要去北极圈内的上扬斯克。

33

乌克兰——广袤而湿润的平原

Ukraine

地理概况

乌克兰是欧洲第二大国家，国土面积为603 700平方千米，位于欧洲东部，黑海、亚速海的北岸。北临白俄罗斯，东北接俄罗斯，西连波兰、斯洛伐克、匈牙利，南同罗马尼亚、摩尔多瓦毗邻。境内大多是平坦的平原或者高地，山脉比较少，适合进行农业耕种的国土比例较高。上苍赐予乌克兰如此广袤且气候湿润的平原，实为一份厚礼。西部喀尔巴阡山脉的戈维尔拉山海拔2 061米，为乌克兰最高峰。最长的河流是第聂伯河，流经乌克兰河段长度为981千米，也被称为乌克兰的母亲河。

气候特点

乌克兰的气候是典型的大陆性气候，除了南面的克里米亚半岛具有亚热带气候之外，境内大多数地区属于温带大陆性气候。

欧洲的一些国家，如果与同纬度、海洋相同距离的其他大洲的一些国家相比，气候更为湿润、温和，而这一切都要归功于大西洋暖湿气流。

所谓温和，体现在气温上，就是盛夏时不太高，隆冬时不太低。乌克兰7月平均气温为19.6℃，1月平均气温为零下7.4℃，在一定程度上体现了温和的特点。

年降水量东南部为300毫米，西北部为600~700毫米，多集中在六七月份。

首都基辅

基辅属温带大陆性湿润气候。按照中国气象学的标准划分，这里没有夏季，春秋相连。最暖的6~8月，平均气温也只有18℃或者19℃，平均最高气温在24℃左右。

不过在这3个月里，基辅都曾出现过35℃以上的高温，史上极端最高气温是39.4℃（1936年7月31日）。

最冷的12月至次年2月，平均最高气温都在0℃以下，平均最低气温在零下5℃至零下8℃，极端最低气温为零下32.2℃（1929年2月7日与9日）。

由于远离大西洋，得不到大西洋暖流的眷顾，所以冬季的气温比纬度更高的华沙要低上2~3℃，非常寒冷。

基辅全年的降水都比较均匀，各月的平均降水（1.0毫米以上）日数普遍在8天左右，即使是降水最少的10月也有6天。雪季通常是在11月中旬至次年3月。无霜期平均有180天，但最近几年已超越200天（这和中国吉林省的状况比较相似）。

10月至次年4月：长达7个月的寒冬

10~11月——降温最快的初冬

10月开始，基辅就开始进入冬季，气温迅速走低，9月的平均气温还有13.9℃，到了10月就降到8.1℃，11月又会比10月再下降6℃。其实中国也是类似的情形，二十四节气中，哪个节气降温最快？正是立冬时节。

进入11月，基辅的降雪日数迅速增至9天左右。不过初冬时的所谓降雪，大多是雨雪混杂的情况。

12月~次年2月——隆冬时节

这是基辅一年中最冷的时候，平均最高气温都在0℃以下。也就意味着这三个月里基本全天的气温都在0℃以下。

冬天冷，很难说是气候特色，因为大家都冷。比冷更具特色的，还是雪。

基辅最冷的1月，平均气温为零下5.6℃（比北京同期低2℃），平均月降雪量为46~52毫米。这是什么概念呢？是北京同期降雪量的大约20倍。所以盛产雪，才是隆冬季节基辅最鲜明的气候特色。

3~4月——冬季的尾声，雨雪少了，气温蹦蹦跳跳就升高了

3月开始，基辅快速回暖，平均气温开始“转正”，为0.7℃。

4月，平均气温升高8℃，是一年中升温幅度最大的月份。这时雪虽然少了，但并未完全绝迹。其实中国中原地区也是如此，素有“清明断雪，谷雨断霜”之说。

5~9月：温和湿润季节

6~8月——天气温暖，雨水充沛

这个时段，基辅温润宜人，是一年中最温暖的时候，平均最高气温只有24.5℃。如果总是生活在气候平均值之中，那当然非常舒适。不过基辅偶尔也会出现比较炎热的天气，历史上的极端最高气温是39.9℃（出现在8月）。总体而言，白天比较清爽，早晚有些清凉。

6~8月是最暖的，也是最多雨的。降水量最大的7月（降水量为88毫米），降水日数在10天左右，与上海的4月比较相似。

5月与9月——温和舒适

基辅比较舒适但略感清寒的时段，平均气温在14~15℃，平均最高气温在20℃上下，但降水只有6~8月的一半左右。

乌克兰的美食

由于气候的原因，乌克兰的美食很多都是高热量的食物，风味浓郁，极具特色。

萨落是一种肉类食物，虽是以肥肉为原料，但却肥而不腻。萨落在餐桌上往往是一道不可或缺的菜肴。在乌克兰，熟食的小摊上几乎都有萨落，它似乎已超越食物范畴，渐渐成为一种象征，融入乌克兰的历史文化，很多民间故事中都可以看到萨落的影子。

乌克兰的红菜汤也很别致。其实红菜汤最初似乎就是乱炖，管它什么剩菜都直接倒在一起炖，渐渐地形成了这道颇具特色的乌克兰名菜。不禁使人联想到东北的乱炖，寒冷地区的什锦炖菜体现出一种简约风范。

其实乌克兰也有饺子，但风味与中国饺子完全不同，那是一种甜馅饺子。通常是将奶渣或樱桃包在饺子皮中，煮熟后略加酸奶油调料，口感非常特别。我的一位朋友因为黄油、奶酪、面包吃腻了，于是跑到超市里买了袋饺子。煮好之后，一入口才发现是奶酪馅儿的，于是对我发了一通感慨：“从饺子馅儿，就能看出一个地方的气候！”

34

爱沙尼亚——水边的居住者

The Republic of Estonia

爱沙尼亚位于波罗的海东岸、芬兰湾南岸，南面和东面分别同拉脱维亚和俄罗斯接壤。这里曾经是连接中欧、东欧、南欧和北欧的交通要冲，被誉为“欧洲的十字路口”。在当地语言中，爱沙尼亚意为“水边居住者”。

爱沙尼亚属海洋性气候，冬季平均气温为零下 5℃，夏季平均气温为 16℃，年平均降水量为 500~700 毫米。

爱沙尼亚的首都塔林，三面环水，风景秀丽古朴，是北欧唯一保持着中世纪外貌和格调的城市。城区分为老城和新城两部分，市内保存着著名的历史古迹，有城堡、教堂等13~15世纪的古建筑。其中奥列维斯特大教堂是波罗的海沿岸最高的教堂，还有中世纪建造的古城墙、塔和古堡，它们至今依然屹立，古风犹存。

塔林春季凉爽少雨，夏秋季凉爽湿润，冬季寒冷多雪。按照中国的四季划分标准，塔林就只有冬春两季。当中国处于酷热的盛夏时节时，塔林则是凉爽湿润的气候。最温暖的7月，平均最高气温也只有20℃，只有七八月气温达到过30℃，8月曾出现过33℃的极端最高气温。因此，塔林是优美的避暑之地。

塔林的冬季长达8个月之久，且寒冷多雪，有4个月（12月至次年3月）的平均气温都在0℃以下。并且每个月1毫米以上降水日数有10天左右，11月和12月更是多达14天。“连朝浓雾如铺絮，已识严冬酿雪心”，就是塔林冬日天气之写照。

11月至次年2月，平均每天日照时数只有一两个小时，潮湿、寒冷而且晦暗。塔林地处高纬地带，但冬季气温比低4个纬度的莫斯科高出3~6℃，这完全靠波罗的海的海洋调节。

35

拉脱维亚——东北欧的“风信鸡”

The Republic of Latvia

拉脱维亚经济基础较好，以工业和农牧业为主，是波罗的海沿岸经济发达国家，在波罗的海三国（拉脱维亚、立陶宛、爱沙尼亚）中，其工业位居第一，农业位居第二。

拉脱维亚气候湿润，平均年降水量在550~800毫米，全年约有一半日数有雨雪天气。冷眼一看，降水量“貌不惊人”，但因拉脱维亚的降水多集中于冬季，是以雪花飞舞的方式示人的，而且雪下的次数多，积的时间长，所以使人们加深了降水丰沛的观感。

冬季沿海地区平均气温零下 2℃至零下 3℃，非沿海地区零下 6℃至零下 7℃。夏季白天平均气温为 23℃，夜晚平均气温为 11℃。

拉脱维亚拥有非常凉爽的夏日生活，七八月的夏季，是全国休假的季节。

从前，以拉脱维亚的气候，空调本无用武之地。但随着全球气候变暖，夏季最高气温有逐年升高的趋势。炎热天气约持续两周，空调也开始在“非传统”炎热地区服役。

总体而言，拉脱维亚的夏季与漫长的冬天相比，仿佛只是一位“游客”。拉脱维亚的冬季从 10 月一直持续到次年 5 月，冬季天气的关键词是多风、多雪、少阳光。

拉脱维亚首都里加，是波罗的海地区最大的枢纽城市及避暑疗养胜地，也是世界著名的港口。

古时曾有里加河流经此处，城市因此而得名。里加位于波罗的海国家的中心地带，濒临里加湾，市区跨道加瓦河两岸，北距波罗的海 15 千米，处于欧洲西部和东部、俄罗斯和斯堪的纳维亚半岛的交叉点上，其港口具有极其重要的战略意义，所以被称为“波罗的海跳动的心脏”。

里加分为老城和新城，老城具有中古时代城市的特征，房屋低矮，街道狭窄，屋顶多用红瓦，每座屋顶上有一只闪光的金属制公鸡——风信鸡。现在风信鸡已经成为这座城市特有的标志。新城坐落在风景秀丽的城市运河河湾处，绿荫和花丛装点着这座城市，有“欧洲美人”之称。

里加处于海洋性气候及大陆性湿润气候之间。换句话说，论温和湿润，把它和海洋性气候的典型城市放在一起，它是“学渣”；但把它和大陆性气候的典型城市放在一起，它就是“学霸”。

里加，冬季寒冷潮湿，夏季温暖湿润。冬季 1~2 月是最寒冷的一段时间，平均气温在零下 7℃以下（比北京冷多了），每年最寒冷的时候甚至会达到零下 20℃至零下 25℃。近海也很容易出现冰冻，冰冻期为每年 12 月至次年 4 月，需破冰船协助开航。

6~8 月是最温暖的时段，平均最高气温在 20℃出头，最高气温偶尔也会超过

30℃，但是昼夜温差较大，普遍有 10℃左右。此外，因为靠近海洋，9~10 月多雾。

36

立陶宛——波罗的海黄金

The Republic of Lithuania

气候特点

立陶宛气候介于海洋性气候和大陆性气候之间，平均年降水量为 748 毫米。

冬季较长，多雨雪，日照少。1 月份平均气温为零下 4℃至零下 7℃。

夏季较短而凉爽，日照时间较长。北半球的较高纬度地区有着类似夏季极昼、冬季极夜的现象，冬季日照时间之短、夏季日照时间之长近乎夸张，尤其是仲夏夜（相当于夏至节气之夜），所以很多人把夏季也称为“午夜阳光季”。

立陶宛天气最温暖的，是 6 月下旬至 8 月上旬（相当于夏至到立秋）。7 月份平均气温为 16~20℃。5~9 月，即暮春到初秋，是去立陶宛旅游的最佳季节。其中 6~8 月为立陶宛的夏季，此时温度宜人，既明媚又湿润。

首都维尔纽斯 7 月平均最高气温约为 22℃，降雨量为 78 毫米左右。天气既不冷也不热，雨水既降燥又不扰人，人们做什么都无须顾及天气。什么是好天气？就是人们可以忘记天气。

立陶宛每年大约 11 月进入冬季，3 月后开始回暖。冬季的立陶宛比较寒冷，降水较少，相对干燥，不过沿海地区冬季由于海洋的滋润，较之内陆更为和暖。

首都维尔纽斯 1 月平均最低气温约为零下 8.7℃（比北京低三四摄氏度），降雨量为 40 毫米左右（说立陶宛冬季降水较少，只是与其另外的季节相比。其实 40 毫米也不算少了，北京 1 月的降水量还不到 3 毫米）。

首都维尔纽斯

立陶宛的首都维尔纽斯，位于立陶宛东南部的内里斯河和维尔尼亚河交汇处，1323 年立陶宛大公国在此定都。目前维尔纽斯城区由老城和新城两部分构成，老城是欧洲最大的旧城之一，拥有先后建于几个世纪的将近 1500 座经典建筑物，在 1994 年被联合国教科文组织列为世界遗产。

维尔纽斯距离立陶宛主要海港克莱佩达 312 千米，气候类型介于大陆性气候与海洋性气候之间，全年雨水分布较为均匀，由于地处近北纬 55° 的高纬地带，因此，若按照中国的季节划分标准，其实只有冬春两季。

冬季潮湿寒冷，气温很少高于 0℃，在 1 月和 2 月，低于零下 25℃也不罕见。每年冬季河流和湖泊都会封冻，所以一项传统的消遣活动就是冰上钓鱼。

最热的7月平均最高气温也只有22.1℃，不过偶尔也会出现30℃以上的炎热天气，7 月气温的极端纪录是 35.4℃。

立陶宛黄金：琥珀

琥珀可谓是气候变化和沧海桑田的见证。大多数波罗的海琥珀是由 4000 万至 5000 万年前的松脂演变而来，那时候陆地气温急剧上升，炎热导致波罗的海沿岸森林中的松树大量分泌黏稠的松脂。后来随着地质变迁，气候严寒，大片森林沉入海底。再经过漫长的地质演变，松脂硬化后的沉淀物就变成了琥珀。琥珀很轻，海底的琥珀会随着洋流和季风堆积到波罗的海岸边，因此立陶宛成了琥珀的重要产地之一。

公元 1~3 世纪，波罗的海地区形成了通往罗马帝国进行琥珀交易的“琥珀之路”。“琥珀之路”之于立陶宛，不亚于丝绸之路之于中国。“琥珀之路”与丝绸之路在罗马交会，成了古老文明间沟通的通道。

南欧篇

South Europe

37

阿尔巴尼亚——山鹰之国

The Republic of Albania

地理概况

阿尔巴尼亚位于巴尔干半岛的西海岸，国土面积28748平方千米，阿尔巴尼亚的海岸线长度为476千米。

阿尔巴尼亚面积虽然不大，但各地气候差异比较显著。原因有二：一是因为阿尔巴尼亚南北相对狭长，纬度跨度较大；二是因为70%的国土是山地（最高的山峰是Korab，海拔2764米）。纬度和高度是两大关键因素。

沿海地区是典型的地中海气候，比较温和，有着潮湿而不寒冷的冬季，和干燥而不酷热的夏季。而且越靠近南部的沿海地区，降水就越充沛，整体平均气温也更高。整个沿海一带，冬季的平均气温为7℃，夏季为24℃。

而在内陆地区，气候和海拔的相关性则更大，在1500米左右的高海拔地区，冬季相当寒冷。这主要是因为受到来自东欧和巴尔干半岛北部的大陆性气团影响，冬季的主导风向为北风或是东北风。山区降雪频繁，积雪深厚，这种多雪的寒冷天气可以一直持续到第二年的春季。

小时候看阿尔巴尼亚电影《脚印》，医生阿尔丹到大山深处为林区工人治病，他冒着风雪穿越白雪皑皑的松林峡谷的情景，是我对阿尔巴尼亚最初的气候印象。

在夏季，内陆地区的平均气温也比沿海地区低，而且气温的日变化更为显著。

阿尔巴尼亚的雨雪丰沛，主要得益于它处于地中海暖湿气流和大陆干冷气团的交汇之处。这两支气流常常会在山地地形的作用下抬升，送给中部高海拔地区的“礼物”也就最丰盛。冷暖势力两强会面的情景有时会很“暴力”，所以雷暴多发。

首都地拉那

首都地拉那是阿尔巴尼亚的第一大城市，也是经济、文化、交通中心。地拉那位于中部克鲁亚山西侧盆地，伊塞姆河畔，东、南、北三面环山，西距亚得里亚海岸线 27 千米，正处在肥沃的阿尔巴尼亚中部平原的末端。

地拉那（1961~1990 年）全年平均气温最高为 21℃，最低为 9℃，年降水总量为 1266 毫米。雨水之丰沛，一如中国江南。

地拉那冬季气温最低的是 1 月，平均最高气温为 11.6℃，平均最低气温为 1.8℃，而极端最低气温达到过零下 10.4℃；夏季气温最高的月份是 7 月，平均最高气温为 30.7℃，极端最高气温高达 41.5℃。显然地拉那的冬天不太寒冷，但夏季比较干热。

降水则是典型的地中海气候分布特征：冬多夏少。7 月平均降水量为 42 毫米，平均降水日数只有 5 天。而在 10 月到次年 5 月，月平均降水量都在 100 毫米以上，其中 10 月降水最多，平均降水量为 172 毫米，平均降水日数为 15 天。

38

保加利亚——玫瑰之国

The Republic of Bulgaria

保加利亚位于巴尔干半岛，与罗马尼亚、塞尔维亚、马其顿、希腊和土耳其接壤，是沟通黑海、亚得里亚海、爱琴海的重要枢纽，更是东西方文化的交会之处。

保加利亚的气候特点

保加利亚属温带大陆性气候，东部受黑海的影响，南部受地中海的影响而有地中海式气候。其特点是四季分明，雨热异季。

这里夏季炎热，降水量稀少，为发展海洋旅游提供了先决条件。

而在冬季，山区降雪量丰沛，12 月至次年 3 月积雪不化。这使保加利亚成为广受欢迎的滑雪和其他冬季运动的好去处。

首都索非亚的气候特点

索非亚既是保加利亚的首都也是保加利亚最大的城市。索非亚位于罗多帕山脉和巴尔干山脉之间的索非亚盆地之中，四周山地环绕，海拔 500 多米。

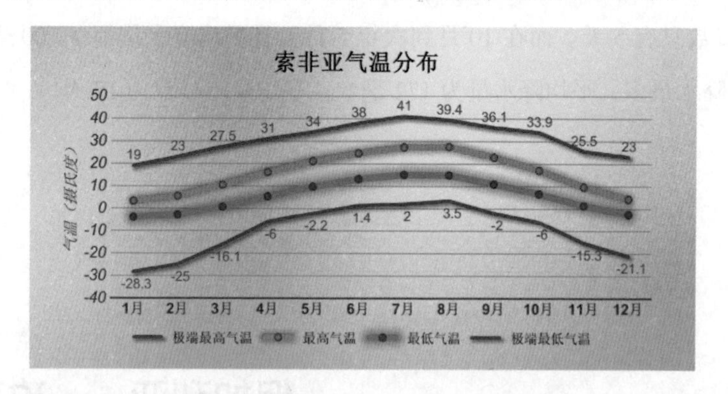

索非亚属于温带大陆性气候，冬季（11 月至次年 3 月）寒冷且漫长，夏季暖热而短暂，年平均最高气温 15.9℃，相对比较温暖，全年降水总量 581.8 毫米，略多于我国北京。

但与北京相比，索非亚的降水具有三个特征：

一是索非亚的平均年降水日数是 154 天，为北京的两倍。“轻量级”的降水居多，致灾性的强降水少。

二是索菲亚的四季降水分配比较均匀，没有明显的干湿季节。不像北京那样有一个“七下八上”（7月下旬至8月上旬）的主雨季。所以不大容易发生因月际降水“贫富悬殊”所导致的旱涝。

三是索菲亚降水的相对峰值是在春末夏初，所以春雨“价廉物美”，不大可能诞生“春雨贵如油”之说。这一时节的降水大多是润物无声的潇潇春雨，月降水日数一般为十六七天，为北京近两倍。

温和湿润的气候下，绿树成荫，花团锦簇，是欧洲有名的“花园城市”，既具有现代化都市的繁华景象，也有着美丽迷人的自然景色，同时这里还保留了很多历史遗迹。

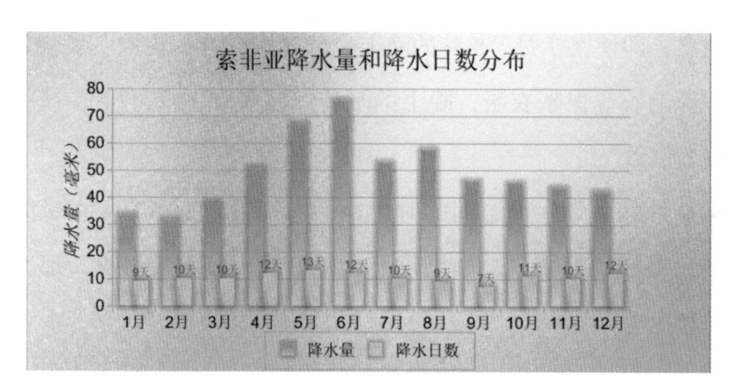

索非亚的最好时光

相比于漫长的冬季，4月末到10月初期间都是游览索非亚的理想时段，特别是当地短暂的春季、初夏和秋季，天气和风景尤为宜人。

春末夏初的5~6月一般是索非亚全年降水的高峰，月平均降水量在70毫米左右。雨水的滋润中索非亚乃至整个保加利亚都进入了采摘玫瑰的最佳时期，这时前往的话一定不要错过索非亚东南约40千米的玫瑰谷，这里会举办盛大的“玫瑰节”。这时气温也已经回升不少，平均最高气温回升到了20℃以上，白天温暖舒适，最低气温也逐步回升到 10℃以上，不过早晚仍有些寒意，还是得多穿一些。虽然春雨滋润万物，但下雨的时间长了也可能会影响旅游的心情，5 月、6 月平均每月有一半以上的日子会下雨，前去游玩的话最好是随身携带雨具，好在阴雨连绵的时候少，大多是阵性降水，下雨的时间不会太长。

7~8 月是当地短促而不炎热的夏季，平均最高气温只有 27℃出头。这种温度体现着一种恰到好处的分寸感。有点“增之一度则太热，减之一度则太凉”的意味。

气温再低一点，便没有了夏日感；再高一点，对盛夏的避暑者便少了吸引力。

夏季是索非亚全年阳光最充足的季节，平均日照时数达到 9 小时左右。夏季的雨日也在减少，大概每 3 天下一场雨，明朗的晴日多了起来。索非亚的夏季，仿佛是按照什么人的心愿专门“定制”的。

不过要注意，即使在 7 月、8 月的晚上也建议穿套装、夹衣、风衣、休闲装、夹克衫、西装、薄毛衣等保暖衣服，晚上的平均气温仅有 15℃上下，在冷空气的影响下也可能仅有个位数。

索非亚的 9 月是一年中最温润的时候，平均气温为 16.5℃，相对湿度为 68%，秋日天高云淡，果园硕果累累，如果说七八月份的天气胜在触觉，那么 9 月的天气或许胜在味觉和视觉。

索非亚的漫长冬季

每年 11 月至次年 3 月，是索非亚漫长的冬季，各月平均气温皆在 10℃以下，最冷的 1 月平均最低气温为零下 3.9℃（比北京要高四五摄氏度）。索非亚的冬季特别潮湿，不仅雨雪频繁，而且天气阴沉，12 月平均每天的日照时间也就 2 小时左右。所以不能仅凭气温数据选择穿什么衣服。有网友说，冬天的干冷是物理攻击，湿冷是魔法攻击。应对冬季湿冷的气候，更需要“全副武装”。

不过索非亚有多处温泉，水温在 40℃左右。市中心的巴尔干旅馆，还保存有建于 5 世纪的罗马浴室遗迹，寒冷的冬天泡个温泉会是不错的选择。

温泉主要集中在中部巴尔干山区，最著名的温泉位于黑萨尔小城，市内到处是温泉，饭店一般都有温泉水，很多泉眼的矿泉水可直接饮用。温泉最多的城市要数桑当斯基，位于保加利亚西南部，具有丰富的地热资源。

玫瑰之国

玫瑰属蔷薇科蔷薇属，自然花期为5~7月，喜冷怕热、喜阳忌阴、喜肥畏瘠，适宜生长温度为15~25℃。巴尔干山脉南麓地区得天独厚的气候条件和肥沃疏松的沙质土壤，为玫瑰的生长提供了良好条件。由于气候条件适宜，保加利亚的花卉产业享誉全球，特别是玫瑰，保加利亚因此被誉为“玫瑰之国”，首都索非亚则被称为“花城”。

玫瑰是保加利亚的国花，但在市场上，国花是按千克卖的。这里种植的玫瑰花品种特殊，出油率高，种植面积大，在国际市场上颇负盛名，需求量每年都在大幅增长。

“玫瑰谷”位于保加利亚中心地区卡赞勒克附近——是个东西长100~130千米、南北宽10~15千米的谷地，海拔在300~710米。对于玫瑰而言，这里的地理和气候可谓得天独厚。其北侧，是高出谷地1600米以上的巴尔干山脉，阻挡了冬季南下的寒风。其南侧，山地多缺口，地中海的暖湿气流可以顺畅地进入谷地。因此这里常年气候温和，雨量适宜，再加上这里沙质土壤肥沃疏松，雨后不积水。

每年2月正当玫瑰发芽时，玫瑰谷里气温非常温和。5~6月正值玫瑰开花时，雨水充足，天空云量多，几乎没有烈日，空气湿度较大，常有露水，这种天气既延长了开花期，又抑制了花中油质和易挥发成分的蒸发，这对于提高玫瑰油的产量和质量是至关重要的因素。

每年5月底到6月初是玫瑰最好的采摘时节，也是保加利亚每年雨水最丰富的时节。首都索非亚每年5月累积降水量为67毫米，7月为75.4毫米（根据1981~2010年的气候数据计算得出）。而这两个月的平均最高气温都在20~25℃，从气温和降水上看，都比较适合玫瑰生长。

39

波黑——森林与喀斯特的协奏曲

Bosnia and Herzegovina

地理概况

波斯尼亚和黑塞哥维那，简称波黑，位于巴尔干半岛。波黑地形以山地为主，平均海拔 693 米，迪纳拉山脉自西北向东南几乎纵贯波黑全境。波黑有接近 50% 的国土是被森林覆盖的，大多数森林位于波斯尼亚地区，而黑塞哥维那地区以喀斯特地貌为主。

波黑北部（波斯尼亚地区）为温带大陆性湿润气候，四季分明，夏季炎热，而冬天则十分寒冷，经常出现风雪。

南部（黑塞哥维那地区）受海洋影响，兼具地中海式气候的特征，夏季降水更加稀少，冬季相对温和。

首都萨拉热窝

说到波黑，或许很多人还觉得陌生，但它的首都萨拉热窝却大名鼎鼎。对于很多中国人来说，萨拉热窝的知名度与《瓦尔特保卫萨拉热窝》这部电影息息相关。

这个城市的名声被打上了战争的烙印，包括两次世界大战以及波黑内战，但萨拉热窝其实也是一个群山环抱、风景秀丽的宁静古城。

萨拉热窝以温带大陆性湿润气候为主，以海洋性气候为辅。

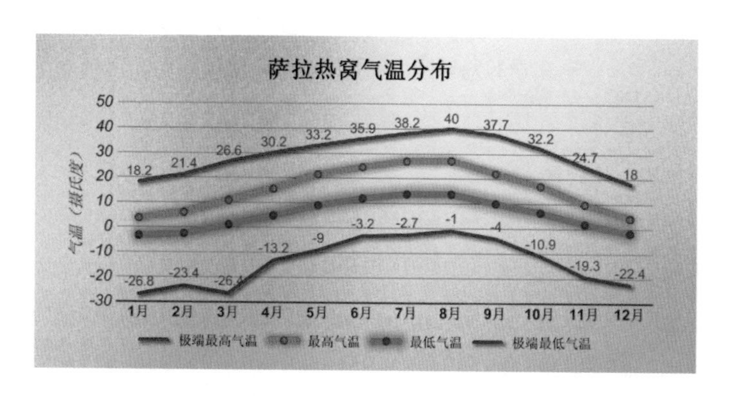

这里的年平均气温为 10℃。全年最冷的 1 月，平均气温只有零下 0.5℃（而北京为零下 4℃左右）；7 月最热，平均气温为 19.7℃（而北京同期接近 27℃）。可见与北京相比，萨拉热窝冬天不太冷，夏天不太热，气候相对比较温润。

历史极端最高气温为 40.7℃（1946 年 8 月 19 日）；极端最低气温为零下 15.2℃（出现在 1942 年的 1 月 25 日）。虽也有酷热或极寒天气，但终究是小概率事件。

从常年来看，萨拉热窝一年平均有 6 天的气温超过 32℃，4 天的温度低于零下 15℃，和通常的大陆性气候中气温狂升或暴跌相比，这里的气温波动算是婉约型的，这要感谢亚得里亚海的调节作用，对大陆性气候进行了“美颜”处理。

在欧洲，总有一些气候比较极致的城市，有的以阳光而久负盛名，有的阴雨多到人们在梦中都打着伞。萨拉热窝的气候是大陆性和海洋性的“混血儿”，气候仿佛走着“平衡木”。

萨拉热窝平均年降水日数为 75 天，雨日不算多。平均云量为 45%（最多云的 12 月，平均云量为 75%，最晴朗的 8 月，平均云量为 37%），在欧洲虽算不上“阳光城市”，但也少有天气阴郁的困扰。

温度和湿度都比较适中的 5~10 月是波黑旅游的黄金时期。不过由于昼夜温差较大，即使在夏天也最好带上一件可以保暖的外套。

这里冬季虽比较温和，但高海拔地区降雪量非常可观，所以这里的冬季运动十分发达。1984 年，萨拉热窝举办了冬季奥运会（南斯拉夫时期），萨拉热窝东南部的亚霍里纳山便是天然的滑雪胜地。

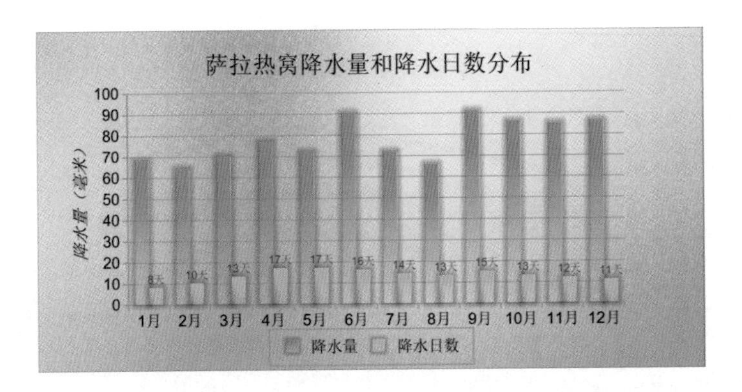

但波黑也是一个空气污染比较严重的国家。一位朋友赶赴波黑出差，刚到达萨拉热窝机场便有个深刻的感触：与萨拉热窝相比，北京的雾霾都有点不值得抱怨了！

据波黑国家电视台报道，波黑国内火电站对环境和居民健康造成了严重的危害。报道指出，欧洲范围内 10 个排放二氧化硫最多的热电厂，有 3 个位于波黑。波黑排放二氧化硫数量最多的当数 Ugljevik 热电站。

据统计，波黑每年用于救治因空气污染而患病的病人的资金额达 62 亿马克（约 31 亿欧元，占波黑全年 GDP 的 21.5%）。而据健康部门统计，波黑每年有近 3 万人死于空气污染，而人均寿命因空气污染减少 38 天。

首都萨拉热窝四面环山，冬季少风，这种地形的优点很突出，可以减少极寒天气；但这种地形的缺点同样突出，大气中污染物非常不容易扩散。再加上萨拉热窝很多居民冬季燃烧煤炭或木柴取暖，排放大量烟尘，多重因素叠加，使萨拉热窝成为一个污染非常严重的城市。

40

黑山——亚得里亚海岸的多山之国

The Montenegro

黑山共和国是位于巴尔干半岛西南部、亚得里亚海岸的一个多山之国。黑山境内多为山脉、丘陵，仅沿海地区有小范围狭长的平原，其中西北部的科托尔湾为欧洲位置最靠南的峡湾，该峡湾东岸有现已被列入世界文化遗产名录的古城科托。

虽然黑山是标准的沿海国家，但纵向的迪纳拉山脉分隔左右，所以黑山西部和东部的气候类型存在显著的差异。西部沿海地区是典型的地中海式气候，而山脉以东是地中海式气候和湿润型亚热带气候的综合体。换句话说，沿海地区雨水更多，但冬多夏少，雨水的季节分布很不均衡。而东部内陆雨水稍少，但雨水的季节分布没有那么明显的多寡不均。

黑山首都波德戈里察，位于山脉东侧，虽然距离亚得里亚海（地中海的延伸段）只有大约 35 千米，但山脉的天然屏障作用限制了海洋对当地气候的影响力。其冬季温和多雨、夏季炎热少雨是地中海式气候的个性，但这种个性又被磨平了一点棱角。雨水的季节分布稍微进行了一番“平均主义”的改造，冬季别太多，夏季也别太少。夏季只有 6 月的降水量低于 50 毫米。

波德戈里察的年平均降水量为 1600 毫米，降水日数为 120 天。波德戈里察之多雨，宛如中国江南。若将其与杭州做一比对：波德戈里察的降水量比杭州多 10%，但降水日数仅为杭州的 2/3。而且波德戈里察出现强风的天数约为 60 天，这说明在波德戈里察，发生疾风骤雨的概率并不低，降雨没有杭州那般温婉。

降雪在波德戈里察是一个很罕见的现象。不过 2012 年 2 月，“罕见”变成了日常。

波德戈里察创下了连续积雪 25 天的纪录。最豪放的一场雪在 2 月 11 日，降雪深度为 58 厘米。这一场暴雪，导致国家进入了紧急状态。

而波德戈里察的气温同样不温婉。年平均气温为 15.6℃，一年中气温超过 25℃的天数约有 135 天。但这两个数据还无法说明气温的极端性。波德戈里察的历史极端最高气温为惊人的 45.8℃（2007 年 8 月 16 日），一个纬度比北京更高、比北京更靠海的城市，可以酷热如此，或许是令很多人备感意外的。而实际上，波德戈里察夏季的炎热是常态，7~8 月经常会出现超过 40℃的极端性高温天气。

41

克罗地亚——地中海的明珠

The Republic of Croatia

地理概况

克罗地亚，全名克罗地亚共和国，位于地中海与巴尔干半岛潘诺尼亚平原的交界处，被称为“地中海的明珠”，拥有 1778 千米长的曲折海岸线，岛屿众多，大小岛屿 1185 个，不仅有着惊人的数量，更有着惊人的美丽。如果以旅游业来衡量，克罗地亚无疑是一个迷人的发达国家。

很多人熟悉和喜爱克罗地亚，不是因为自然风光，而是因为球场上的“风光”。克罗地亚优雅的足球，极大地提升了它的人气和人缘。

对我而言，克罗地亚这个名字还意味着另外一份亲近，因为它是领带的故乡，它造就了服饰的经典之美。

克罗地亚位于中欧的东南边缘，巴尔干半岛的西北部，总面积为 56594 平方千米。隔着亚得里亚海与意大利相望，北部的邻国是斯洛文尼亚和匈牙利，东部和南部的邻国则是塞尔维亚和波黑。克罗地亚的中、南部为山地，东北部为平原。

气候特点

克罗地亚沿海为地中海式气候，内陆逐渐向温带大陆性气候过渡。特殊的地理使克罗地亚境内呈现着两种不同的气候类型。

从纬度和海陆位置来看，克罗地亚大体上处在东欧温带大陆性气候和南欧亚热带地中海气候的过渡带上。但是，受迪纳拉山脉的影响，这种过渡性又主要表现在短距离内的急剧变化上。

高大绵长且同亚得里亚海岸平行的迪纳拉山脉，恰似一道屏风，自西北向东南斜贯克罗地亚全境，将整个国土一分为二，形成了对比鲜明的两大气候类型：内陆的过渡型温带大陆性气候和沿海的亚热带地中海式气候。

大陆性气候

在迪纳拉山脉东北部的广大内地，盛行于亚欧大陆内部的温带气团是这里的“常务”天气系统。这里所处纬度相对较低，离海又不远，因此在气候上表现出较强的过渡性。虽同属温带大陆性气候，却并不像东欧平原那样典型。

克罗地亚山区的冬季多雪而寒冷，气温可降到零下 25℃。夏天也比较凉爽，戈斯皮奇的年平均气温仅为 9.8℃。

这一区域的降水量非常大。尤其在戈尔斯基科托尔，年降水量多达 1700~3500 毫米。1700 毫米还比较“江南”，而 3500 毫米远超华南。

地中海式气候

狭长的亚得里亚沿海地带属于典型的亚热带地中海式气候。

冬季和夏季是两种极致：夏季炎热而干燥，冬季多风又多雨。但冬季的气温比较温柔，没有严寒只有轻寒。赫瓦尔和杜布罗夫尼克 1 月份的平均气温分别为 8.7℃和 9.2℃。这样的气温，依照中国的气象学标准，是一只脚已经踩在春天的门槛上了。

与春季相比，秋季更温暖舒适一些，是一年之中最优美的季节。春季天气的特点，一是多变，二是常刮燥热的“西洛科风”。杜布罗夫尼克是克罗地亚东南部港口城市，也是最大的旅游中心和疗养胜地。位于风景绮丽的达尔马提亚海岸南部的石灰岩半岛上，是具有中世纪风貌的古城（城市始建于公元 7 世纪）。1979 年杜布罗夫尼克被联合国教科文组织收入世界遗产名录。

杜布罗夫尼克温润宜人，相对湿度保持在 60% 左右，平均年日照时数达 2584 小时，说起克罗地亚的气候舒适，人们首先会想到杜布罗夫尼克。

首都萨格勒布

萨格勒布是克罗地亚首都，它既是克罗地亚民族文化的摇篮，也是中欧历史名城。

萨格勒布位于克罗地亚的西北部，迪纳拉山脉东北部。其气候是大陆性和地中海式气候兼收并蓄的“共同体”。萨格勒布年平均气温为 11.3℃，年平均降水量为 882.6 毫米，可谓气候温和，雨雪适度。冬季漫长，但无严寒；夏季较短，非常舒适。

到萨格勒布旅游，4 月到 9 月较为适宜：4 月景物清丽，有一种冬去之后的苏醒感，好在价格还没有苏醒，还是淡季价格。5~6 月非常适合户外运动，体感舒适。阳光海岸的 7~8 月是旅游旺季，游客众多。9 月或许是最佳旅行时间，天气不冷不热，游客也少了，房价也下降了；10月开始冷了，不适合露营，但海边的气温还比较温暖。

4~6 月，清新湿润的春天

每年直到 4 月，萨格勒布才会迎来久违的春天。4~6 月，雨水持续增多。尤其是 6 月份，降雨量（100.8 毫米）会达到一年当中的峰值。

5 月是日照增加最快的时段，而 6 月是阳光最好的时候。日照足，天气又不热，与“夏日可畏”相比，冬日可爱，春日可亲。

7~8 月，并不炎热的夏季

7 月和 8 月是萨格勒布最热的两个月，平均气温为 20~21℃，平均最高气温为 25~26℃。虽然萨格勒布的冬天比纬度相当的中国哈尔滨要温和许多，但夏季七八月份的气温它们却基本相当。萨格勒布的气候比较温和，但地中海高压北上加强的时候，萨格勒布偶尔也会遭遇 35℃以上的高温天气。

夏季的萨格勒布雨水仍然比较充足，月平均降雨量会保持在 90 毫米左右，但降雨日数比春季要少，夏雨多是阵性降水。萨格勒布 7~8 月份日照最为充足，尤其是 7 月，平均每天日照 8.6 小时，是一年中最阳光的一个月。

9~10 月美好而短暂的秋季

9 月开始，天气开始转凉，平均最高气温下滑到 21℃左右。

但总体而言，9 月还比较舒适。10 月就是一派深秋的景象了。

11 月 ~ 次年 3 月漫长但温和的冬季

从每年的 11 月份开始，萨格勒布步入冬季。但由于靠近地中海，相比同纬度的亚洲其他地区，冬季并无极寒。气温最低的 1 月，平均气温还在冰点以上——0.2℃。而此时，与之纬度相近的哈尔滨 1 月平均气温已经跌至近零下 20℃。

冬季的萨格勒布雨雪较多，降水量最少的 2 月也有 46.6 毫米，最多的 11 月可达到 84.8 毫米。所以冬季的萨格勒布虽然温和，但往往因湿而寒。

42

罗马尼亚——地中海气旋的终点

Romania

地理概况

罗马尼亚，是东南欧面积最大的国家，首都布加勒斯特。南与保加利亚、北与乌克兰、东北与摩尔多瓦接壤，西部则分别与匈牙利和塞尔维亚相邻。

罗马尼亚和塞尔维亚、保加利亚之间主要是以多瑙河为界。

蓝色多瑙河、雄奇的喀尔巴阡山和绚丽的黑海被视为罗马尼亚的三大国宝。而这三大国宝，也是造就罗马尼亚气候和生态的三个重要因素。

温带大陆性气候的相似与不同

罗马尼亚基本上属于温带大陆性气候，四季分明：春季宜人舒适，秋季干燥凉爽。夏季有些湿热，平均气温通常在22~24℃波动。气候的常态很可爱，便将偶尔的非常态衬托得更惊悚：极端最高温度高达41.1℃。当然，炎热的是南部和东部的低地，与凉爽怡人的山区无关。冬季虽然比较温和，但气温也时常会下降到0℃以下。

笼统而言，布加勒斯特的温带大陆性气候与北京的温带大陆性气候差异显著，这里比北京要温暖很多。

因为罗马尼亚的首都布加勒斯特并非纯正的温带大陆性气候，而是具有过渡性，“掺杂”了温带海洋性气候的“性格”。所以和大陆性气候相比，冬季冷得不彻底，夏季热得不极端。和海洋性气候相比，温度的季节变化较大，气温年较差达26.0℃。

并不酷热的夏季

6~8月，是布加勒斯特炎热的夏季。这时盛行东风，当干热的东风经由乌克兰平原向西扫来，城市最高气温也可能突破40℃大关。

一年中最热的是7月，平均最高气温达到29℃左右（北京同期为31℃）。7月，也是布加勒斯特日照最多、大雾最少的月份。

并无极寒的冬季

每年11月至次年3月，是布加勒斯特漫长的冬季，各月平均气温皆在5.5℃以下。

由于冬季多刮西风，随时可以把大西洋的水汽“快递”到此，所以终日天气阴沉潮湿。当俄罗斯西部一带庞大的地面冷高压光临的时候，罗马尼亚才会迎来干燥但更寒冷的天气。

1月，是布加勒斯特最潮的一个月，平均相对湿度达到86%。1月，也是布加勒斯特最冷的一个月，平均气温为零下2.7℃，有点冷，但还是没有北京冷。关键是布加勒斯特1月平均降水量可达43毫米（北京1月的降水量只是它的一个零头——3毫米）。

地中海气旋

地中海气旋是对罗马尼亚影响最大的天气系统之一。

地中海气旋很特殊，很多气象学家到现在还在争论它到底算是热带气旋，还是副热带气旋，还是极地低压。强悍的地中海气旋会在南欧等地制造凶猛的降水过程。

例如2013年5月中旬（5月12~18日），地中海气旋持续盘旋在巴尔干半岛上空，巴尔干半岛3天之内下了正常年份3个月的雨，引发了半岛120年来最严重的洪水。

国外学者在统计1995~2005年期间温带气旋动态的基础上，将地中海气旋移动路径划分为三种：（1）穿过克罗地亚、匈牙利向东北移动；（2）穿过亚得里亚海、巴尔干半岛向东向黑海移动；（3）从巴尔干半岛南部向小亚细亚移动。

以上三条路径的终点都是黑海西侧，非常靠近罗马尼亚，因此地中海气旋对罗马尼亚影响非常大，容易引发极端的降水天气。

罗马尼亚的第一印象：多瑙河

多瑙河在欧洲仅次于伏尔加河，是欧洲第二长河，也是欧洲流经国家最多的一条国际性河流，最终由罗马尼亚注入黑海。

对于多瑙河，50岁以上的国人可能会有着不一样的情感。曾经在中国上映的罗马尼亚影片《多瑙河之波》，是那个年代人们对于外国电影为数不多的集体记忆。

罗马尼亚境内的数百条河流与多瑙河交汇，构成恢宏的多瑙河水系，使这片土地有了丰饶和灵性。

多瑙河汇入黑海，形成了欧洲面积最大的三角洲——多瑙河三角洲。这里是欧、亚、非三洲候鸟的集散地，也是欧洲飞禽和水鸟最多的地方。多瑙河三角洲作为欧洲现存的最大天然湿地，被誉为“欧洲的地质、生物实验室”。

多瑙河流域属温带气候区，具有由温带海洋性气候向温带大陆性气候过渡的性质，特别是流域西部和东南部温湿适宜，雨量充沛。河口地区则具有草原性气候特性，受大陆性气候影响，整个冬季较寒冷。

寒潮来袭，多瑙河便会面临大面积结冰的可能。例如2012年2月，持续近两周的寒潮天气，使流经中欧和巴尔干半岛的多瑙河九成结冰，河面白茫茫一片，导致沿岸匈牙利、奥地利、保加利亚、克罗地亚、罗马尼亚及塞尔维亚6国航运瘫痪。

43

马其顿——巴尔干半岛上的多山国度

The Republic of Macedonia

地理概况

马其顿共和国是巴尔干半岛南部多山的内陆国家。与周边诸国相比，雄伟的山峰、秀丽的湖泊和瀑布飞流是马其顿得天独厚的风光资源。

历史上马其顿最辉煌的时代——亚历山大帝国，曾是历史上第二个地跨亚欧非三洲的帝国。

当地以温带大陆性湿润气候为主，大部分农业地区夏季最高气温高达40℃，冬季最低气温达零下30℃，起伏而错落的地貌造就了马其顿气候的复杂性。西部受地中海式气候的影响，夏季干热，冬季温润。夏季平均气温为27℃，全年平均气温为10℃。

亚历山大的故乡——斯科普里

首都斯科普里是一座古城，早在公元前4000年就有人居住。斯科普里地处巴尔干半岛中部，位于贝尔格莱德和雅典两城市连线的中点位置。

斯科普里位于马其顿西北部普罗莱蒂耶山脉的背风坡处，所以降水少，其降水量基本上只有同纬度的亚得里亚海沿岸地区降水量的1/4。但一年四季的雨量分布比较平均，夏季稍少，冬季稍多，常有降雪发生。当地夏季气温经常超过32℃，平均一年有10.2个最高气温超过35℃的高温日，偶尔会超过40℃。

春季和秋季的月平均气温为 15~25℃，比较舒适。冬季低于 0℃就被视为寒冷天气，低于零下 10℃就算是极端情况了，可见斯科普里的冬季也还是比较温和的。

44

摩尔多瓦——与葡萄的不解之缘

The Republic of Moldova

地理概况

摩尔多瓦共和国位于欧洲巴尔干半岛东北部，地处多瑙河下游，也是东欧平原南部边缘地区，绝大部分国土处于普鲁特河和德涅斯特河之间。

东南部临黑海，东部和北部与乌克兰接壤，西隔普鲁特河与罗马尼亚毗邻。国土面积为 33800 平方千米，南北长 350 千米，东西宽 150 千米，形如倒挂的葡萄串。

摩尔多瓦位于地震带上，屡次发生的地震均是由位于罗马尼亚境内的喀尔巴阡山南部发生强烈地壳运动所致。首都基希讷乌和其他城市的建筑均采用可抵御 7 级地震的抗震材料建设。摩尔多瓦境内突出的地貌特点是丘陵和谷地纵横交错，境内有丘陵、平原。全国可分为三个自然地理区域：森林区、森林草原区和草原区。

气候类型：温带大陆性气候

摩尔多瓦共和国地处俄罗斯平原与喀尔巴阡山交接地带，属温带大陆性气候。

大西洋低压气旋向摩尔多瓦吹来大量湿润、温暖的空气。从东南方向吹来的气流会引起干旱。而北极冷空气很少能够入侵摩尔多瓦。

摩尔多瓦靠近黑海，所以气候温和，日照充足，有“阳光之国”的美誉。平均年日照时间北方为2060小时，南方为2330小时，植物生长期超过210天。

摩尔多瓦有比较炎热的夏季和不太寒冷的冬季。全年平均气温为8~10℃。1月最冷，平均气温为3~5℃；7月最热，平均气温为19~22℃。年降水量在370~650毫米。

摩尔多瓦的极端最高气温为41.5℃（2007年7月21日）；极端最低气温为零下35.5℃（1963年1月20日）。

与法国媲美的葡萄酒王国

摩尔多瓦是国际葡萄酒组织（OIV）的5个创始国中最古老的红酒王国，它拥有5000多年的酿酒历史，是世界上最早酿制葡萄酒的国家之一。自公元9世纪开始，俄罗斯民族就以饮用摩尔多瓦葡萄酒为荣。特别是在沙皇时期，整个贵族阶层都青睐摩尔多瓦的美酒。如今在葡萄种植及葡萄酒酿造领域，无论基础研究、应用技术推广、科研力量、加工工艺、管理水平，还是葡萄酒的品质、种类、包装，摩尔多瓦被冠以“葡萄酒王国”的美誉都当之无愧。

驰名的葡萄酒产地都有近乎典型的气候：冬季湿润、夏季干燥。摩尔多瓦与法国波尔多、勃艮第所处的地理纬度相似。肥沃的土壤、众多河流山谷的斜坡、黑海温润的气候，形成了气候与地理环境的完美组合。

漫步摩尔多瓦乡间，感觉置身欧洲田园派油画的作品之中，纯净的蓝天、漫山遍野的葡萄园勾起人们心灵深处的浪漫。难怪伟大的诗人普希金会说“来自摩尔多瓦最好的葡萄酒，献给你和你挚爱的人”。

孕育优质葡萄的自然条件

热量、水分和充足的光照对葡萄的种植有着关键性的影响。

一般来说，温度一旦合适，葡萄藤便开始生长发芽。在随后的开花期、坐果期和成熟阶段也都需要获得适宜的热量、水分和光照。通常，日平均气温低于 10℃时，葡萄藤处于休眠阶段；当日平均气温达到 17~20℃时，葡萄开花；达到 27℃，葡萄串开始成熟。

摩尔多瓦面积不大，只有 34000 平方千米，所以我们可以借由首都基希纳乌的气候数据来看葡萄物候。

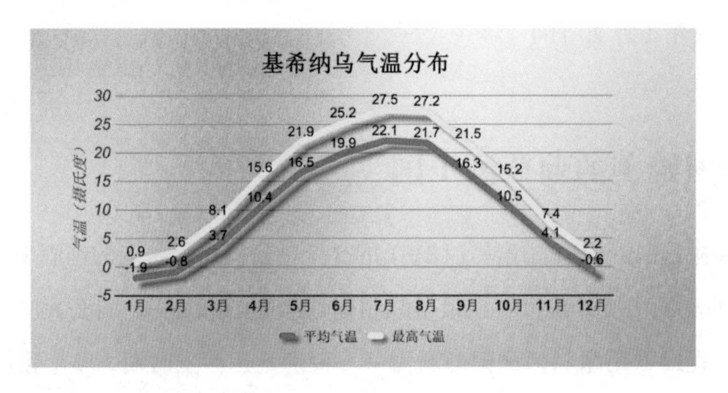

4 月，平均气温达到 10℃，葡萄一年的生长周期就开始了，新芽萌发，然后出现第一片新叶，接着新梢开始生长。

6 月，平均气温就会超过 20℃，进入开花的进程，形成幼果（坐果）。

7 月，平均最高气温高达 30℃，葡萄进入最后的成熟阶段，浆果膨大，逐渐达到品种固有的大小和色泽。果汁含酸量迅速降低，含糖量增高，其增加速度可达每天 4~5g/L。

基本上从 4 月到 7 月，摩尔多瓦的葡萄就能完成从萌发到收获的全过程。

摩尔多瓦靠近黑海，气候温和。春季气温很少跌宕，发生冻害的概率很低，且降水量较充沛。夏季在副热带高压控制下，气流下沉，天气炎热，云量稀少，阳光充足，可以让葡萄的糖分得以充分积累，充足的热量也让葡萄顺利成熟。

另外，光的不同成分对葡萄的结果与品质有不同影响。蓝紫光特别是紫外线能促进花芽分化、果实着色和浆果品质提高。摩尔多瓦沿岸地区日照时间长，海洋反射大量的蓝紫光和紫外光，这些生态条件有助于葡萄的生长发育和提高产量、品质。

我们再从土壤和气候两个方面梳理一下摩尔多瓦种植葡萄的得天独厚：

土壤：摩尔多瓦丘陵和谷地纵横交错，土壤呈石灰岩和黏土特质，全国 75% 以上的土地为黑钙土，而黑钙土是一种极为肥沃的土壤，非常适宜作物生长，小麦产量尤其高，因此分布该类型土壤的地带也被称为世界粮仓。

气候：摩尔多瓦降水不多，年均降水量为 400~550 毫米。不过好在葡萄的生长并不需要特别充沛的降水。例如中国葡萄的盛产地年降水量不足 400 毫米，也是雨水稀少的地方。相对干燥、日照时间长、昼夜温差大才是最适宜葡萄生长的气候条件。

降水的季节分布也是一个至关重要的因素。光、热、水三大要素，水集中在葡萄休眠的冬季，为葡萄随后的生长“埋下伏笔”。而光、热集中于葡萄旺盛生长的季节，气候相对干燥，保证充足的日照和充分的昼夜温差。

雨热异季，是地中海式气候的经典特征。世界上具有这种气候特征的地区包括地中海沿岸、黑海沿岸、澳大利亚西南沿海、南非西南部、美国加利福尼亚、智利等地，而这些地区多为著名的葡萄酒产区。所以，好的葡萄酒似乎有其气候必然。倘若再有肥沃土壤的加持，便是如同摩尔多瓦那样的锦上添花了。

45

塞尔维亚——恶劣天气下的体育强国

The Republic of Serbia

地理概况

塞尔维亚共和国位于欧洲东南部，巴尔干半岛的中心地带，被称为“巴尔干半岛的心脏”，它与 8 个国家接壤，其中 4 个都属于前南斯拉夫。

塞尔维亚中部和南部多丘陵和山区，而北部则是平原。多瑙河从塞尔维亚穿流而过，两岸汇集了令人赞叹的地理、地质、文化和历史遗址，旅游资源丰富。

气候特点

塞尔维亚的气候受到欧亚大陆气团、大西洋和地中海的共同影响，属于温带大陆性湿润气候，冬季寒冷，夏季炎热。最冷的月份为 1 月，常年平均气温在 0℃左右，最热的月份为 7 月，常年平均气温为 22℃。

由于海拔和纬度的差异，塞尔维亚的南北气候有着一定的差异。在北方平原，气候更具大陆性，全年温差更大，雨水的季节分布也更不均匀，夏季多对流性雷雨，洪涝灾害也时有发生。在山脉、丘陵众多的南部，受地中海影响的权重更大，夏季会干燥一些，冬季地中海气旋则常会在山区制造降雪。尽管位于欧洲南部，仍然不乏滑雪的上好去处。

巴尔干之钥：贝尔格莱德

首都贝尔格莱德地处巴尔干半岛核心位置、多瑙河与萨瓦河的交汇处，北接多瑙河中游平原（伏伊伏丁那平原），南接老山山脉的延伸舒马迪亚丘陵，居多瑙河和巴尔干半岛的水陆交通要道，是欧洲和近东的重要联结点，被称为“巴尔干之钥”。

贝尔格莱德属于大陆性气候，常年平均气温为 12.5℃，年平均最高气温为 17.4℃。一年中最热的月份是 6~8 月，平均最高气温为 25℃，但 7 月的极端最高气温是惊人的 43.6℃（8 月的最高气温极值曾超过 40℃）。

一年中只有 1~2 月的平均最低气温低于 0℃，其中 1 月份的平均最低气温只有零下 1.1℃，但 1 月的极端最低气温却是刺骨的零下 26.2℃。

乍看贝尔格莱德气温的平均值，很容易被不显山不露水的数据所迷惑，以为温和到毫无波澜。再一看气温极端值，便会立刻意识到自己被平均值欺骗了。贝尔格莱德，就是貌似“和平”的平均值，包裹着非常“暴力”的极端值。

这说明什么？说明贝尔格莱德的天气容易跌宕，容易走极端，而且气候变率也大。

贝尔格莱德平均年降水量为 690 毫米，但降水的月际分布非常别致：

只有 6 月一枝独秀（101 毫米），其他月份奉行“平均主义”，相差无几，都在 50 毫米左右。这既不是典型的大陆性气候，也非纯正的海洋性气候，而是它们联手烹制的一份“大杂烩”。

第二大城市：诺维萨德

诺维萨德位于塞尔维亚北部，是仅次于贝尔格莱德的第二大城市。这里是温和的大陆性气候，四季分明，秋季要长于春季。冬季平均只有 22 天气温低于零度。但由于纬度较贝尔格莱德更北，气温会略偏低一些。夏季（6~8 月）平均最高气温在 25℃以上，极端最高气温是 41.6℃（2007 年 7 月 24 日）。

从喀尔巴阡山吹来的东南季风“科沙瓦”，是当地气候的一个特有现象。“科沙瓦”多在秋冬季出现，中间会间隔 2~3 天。“科沙瓦”的平均风速是 25~43 千米 / 小时（也就是 4~6 级风），但有时风速可以达到疯狂的 130 千米 / 小时（相当于 12 级风，台风也不过如此）。冬季“科沙瓦”可能导致恶劣的暴风雪，气温可能随即暴跌至零下 20℃以下。

欧洲自然灾害最为严重的国家之一

说到塞尔维亚，我们最熟悉的，并不是它的风光，而是“体育强国”的标签。

2016 年里约奥运会上，塞尔维亚国家男子篮球队、女子排球队均打入了总决赛，塞尔维亚（包括前南斯拉夫）的足球也一直处于欧洲中上游的地位。此外，塞尔维亚还诞生了网球巨星德约科维奇和伊万诺维奇。而且塞尔维亚的球队或竞技者都以坚韧著称。有人认为这和当地人民经历的战乱和艰苦的自然环境相关。

塞尔维亚可以说是欧洲自然灾害（包括气象灾害）最为严重的国家之一，地震、洪水、风暴、干旱并不鲜见。据德约科维奇回忆，儿时在家乡训练时，由于网球场稀缺，到了冬天，只能在放空水的游泳池里训练，在室外有寒气、室内没有暖气的隆冬，他们只能穿着厚皮夹克练习打球。

旅游资源

塞尔维亚是欧洲生态保护最完整的地方，拥有 5 个国家公园、30 多个自然公园和特殊大自然保护区。

沙尔山国家公园位于塞尔维亚的南部。地中海气候和大陆性气候的冲突造就了各种小气候。在山脚下或山谷中，是温润的地中海式气候；而在高山之巅则极为寒冷，一年中甚至有 280 天铺满积雪。

最著名的旅游项目要数泛舟多瑙河。多瑙河从塞尔维亚境内北部的 Pannon 高原流至欧洲最大的河峡——捷尔达普峡谷。地形的险峻和壮丽，使人们看到与平原地区迥异的多瑙河。

46

斯洛文尼亚——森林王国

The Republic of Slovenia

地理概况

斯洛文尼亚是欧洲的一个发达国家，全称为斯洛文尼亚共和国，国土面积为 20273 千米。斯洛文尼亚全国平均海拔为 557 米，境内多山地，最高峰为特里格拉夫山（Triglav），海拔 2864 米。西部沿海和东部地区为低地。喀斯特地貌分布广泛，有著名的波斯托伊纳溶洞。

斯洛文尼亚约有一半的面积（10124 平方千米）被森林所覆盖，森林覆盖率在欧洲各国中排名芬兰和瑞典之后，居第三位。

气候特点

斯洛文尼亚西部沿海属地中海气候，北部和西部的山区则是高原山地气候，占最大面积的内陆地区属温带大陆性气候。

从斯洛文尼亚 1971~2000 年的平均降水量分布可以看到，东、西地区的降水分布差异显著。

在地中海沿岸，由于夏季干燥少雨，所以全年的累积降水量与中部、东部内陆地区差不多，都在 1600 毫米以下。

对于东部地势较低的区域来说，由于山脉的阻挡，气流在“行军”途中水汽“非战斗减员”非常严重，所以越往东，雨水越少。在斯洛文尼亚的东北部，平均年降水量不超过 1000 毫米。而最丰沛的降水，集中在西部多山脉的区域。

从常年的气温来看，分布特征几乎和降水分布是相关的——雨水多的山区一带平均气温较低。

全国最炎热的，要数西部沿海和东部内陆腹地——西部沿海受地中海的影响，夏季炎热，冬季温暖，因此全年平均气温在 20℃以上。东部内陆最炎热之处都呈现海拔相对较低的盆地地形。这和四川盆地比较类似：冬季冷空气被山脉阻挡；夏季对流条件较差，暖湿空气容易积聚。因此，这里虽是四季更为分明的大陆性气候，温暖程度却不亚于地中海式气候下的沿海地区。

斯洛文尼亚也是欧洲国家中受风暴袭击次数最高的国家之一。风暴带来的高影响天气包括冰雹、狂风、骤雨，几乎每年都会导致洪水。而且由于山地众多，山体滑坡、泥石流也是主要的次生灾害。

由于与海洋的距离、海拔不同，斯洛文尼亚各城市的气候特征差异显著。

斯洛文尼亚首都卢布尔雅那为典型的温带大陆性气候。全年逐月温差比沿海城市更大。雨水分布则呈冬春少、夏秋多的特征。夏季、秋季各月的降水量都能达到125毫米以上。

西南沿海城市波多若斯是典型的地中海式气候。冬季温暖多雨，夏季炎热少雨。全年最冷时段平均气温也在5℃以上，不算很冷；最热时段平均气温22~23℃左右，无关炎热。全年降水最少的月份在夏季，7月的降水量只有50毫米左右。

斯洛文尼亚山区为典型的高原山地气候，冬季平均气温在0℃以下，降水分布特征和温带大陆性气候类似：夏多冬少。但每个月的降水量更多一些。海拔在2000米以上的山地，是全国降水最丰沛之处，这正是该国森林广袤的气候原因。

47

希腊——特别的地中海气候，给特别的希腊

The Hellenic Republic

冬季到雅典来看雨

希腊共和国位于欧洲东南部的巴尔干半岛南端，北部与保加利亚、马其顿、阿尔巴尼亚接壤，东北与土耳其接壤，西南濒爱奥尼亚海，东临爱琴海，南隔地中海与非洲大陆相望。

在地中海地区，夏季受副热带高气压带控制，海水温度相比陆地低，加强了副热带高气压带的影响势力。在强大高压的控制下，夏季炎热而干燥，降水非常稀缺。

冬季地中海的水温又相对较高，使西风的势力加强。在西风带的影响下，冬季比较温暖、多雨。

这种雨热异季的配置，与中国雨热同季的季风气候恰好相反。“夏季炎热干燥、冬季温和多雨”的独特气候在地中海沿岸地区尤为明显，因此被称为“地中海气候”，这也是为数不多的以地区命名的气候类型。

虽然分布的地方不多，但地中海气候并不仅仅局限在地中海地区，南非好望角、澳大利亚西海岸、北美西海岸甚至南美洲都有地中海气候的身影。

希腊特别的地理位置，造就了希腊特别的气候，希腊也肩负了地中海气候典型代表的使命。希腊的首都雅典纬度与温带大陆性季风气候的北京相近，但是气候迥异。

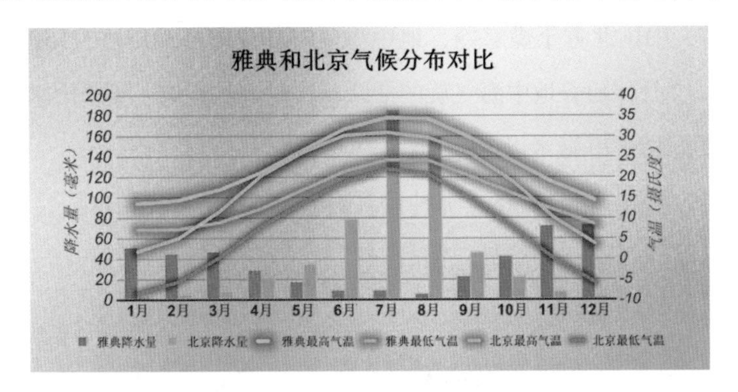

地中海气候，又称为副热带夏干气候。因此雅典的夏天，没有其他季节那么美好。

由于北非副热带高压的控制，雅典的夏季炎热干燥，天空经常没有一丝云彩。平均最高气温超过30℃，最热的7月、8月的平均最高气温几乎比肩35℃的高温线，高温天气司空见惯，40℃以上的酷热天气也不少见。

雅典的极端最高气温纪录是惊人的48℃，这个纪录是世界气象组织记载中欧洲的最高气温，出现在1977年的7月10日。沙特阿拉伯首都利雅得的极端高温纪录也不过如此。

临海而居的雅典有如此高的气温，全拜夏季最为强盛的副热带高压所赐。同时，这里的夏季雨水极少，月平均降水量不到10毫米。夏季的雅典堪比热带沙漠气候，明明身在沿海，气候感觉却仿佛身陷沙漠。但在很多人看来，雅典夏季干热的“烤”总比桑拿天湿热的“蒸”要好一些，还不是最坏的“烹饪方式”。

夏季虽然气温高，但由于水汽较少，雷暴天气极少。这与中国夏季风爆发后炎热多雨多雷暴的状态截然相反。虽然夏天白天炎热，光照较强，但是早晚还算凉爽，特别是夏初的 6 月和夏末的 9 月。

雅典是欧洲阳光最充沛的城市之一。从旅游的角度来看，雅典最适宜旅游的季节是春秋两季，既不会有夏季无底线的酷热，也不会有冬季无节制的阴雨。

雅典虽然“夏日可畏”，但春秋两季的温暖阳光在整个欧洲还是能够体现气候优越性的。当然，如果再兼顾海水温度，9~10 月是最佳的季节，不会太热，且阳光充沛，水温基本都在 20℃以上。

隆冬季节，中国北方干燥寒冷，地中海气候却反其道而行之，一派温和多雨的景象。11 月、12 月伴随着地中海气旋的活跃，这时恰是雅典一年中雨水最多的季节，月平均降水量可达到 70 毫米以上。

因为这里的降雨多阵性，冬季那种让人阴郁的连绵阴雨比较少。

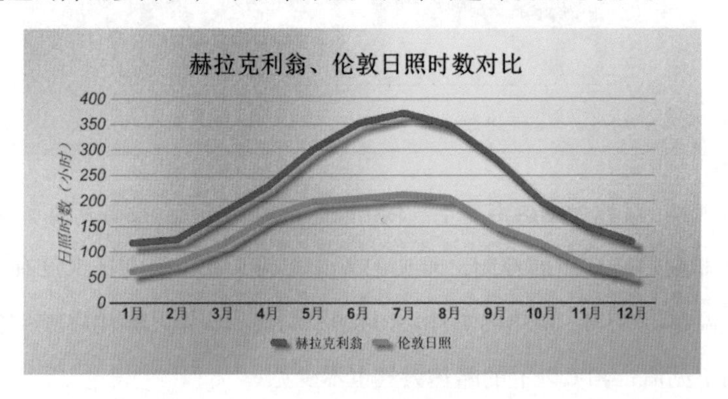

冬季希腊的日照是全年最少，包括首都雅典和克里特岛上的赫拉克利翁平均每天只有 3~4 小时的日照。即便如此，这里的日照依然是伦敦同期的 4 倍，在多雨雪的欧洲冬季，也足以傲视群雄。

雅典最冷的季节在 1~2 月，但月平均气温也不低于 10℃，湿冷却无严寒。零度以下的气温并不是没有，但非常罕见。

此时北欧、中欧正处于大雪纷飞的严冬，雅典却是早春气候，依旧是郁郁葱葱、鸟语花香。只有受到极地强冷空气影响时，最低气温才会短暂地降到冰点以下，并偶尔伴有降雪。但是冷空气一过，天气便迅速回暖如初。温和不寒冷的冬天，又使雅典成为欧洲“避寒胜地”。

冬季去雅典旅游，有些拼运气的成分。可能碰到的是冬日暖阳，气温十几摄氏度，也有可能遭遇极地的寒潮侵袭，雅典的纬度并不低，极地冷空气长驱直入，下雪也绝非异常。

地中海气候的产物——物产、风俗、文明

希腊的克里特岛位于希腊东南的地中海海域，是希腊最大的岛屿，也是希腊古老的文化中心、著名的旅游地。它周围的海面风平浪静，气候条件较宜于用桨或帆推动的小船航行，因而成为南连埃及、北通希腊的枢纽。

克里特岛的地中海气候更为显著，夏季几乎滴雨不下，阳光充沛，平均每天的日照时数高达 11~12 小时。受海洋的调节，气温没有雅典那么酷热，平均最高气温不足 29℃。高温虽然常见，但 40℃以上的酷热天气很少。冬季的雨水更多一些，气候更温和，没有冰点以下的气温，最冷的 1 月平均最低气温也在 10℃以上。雨水和高温截然相反的配合，是怎样一种体验？

独特的地中海气候，对希腊当地的农业产生了直接的影响。当地作物以喜光耐旱的橄榄、葡萄、柑橘为主。不过好在地中海气候足够温暖，冬天没有严寒出现，温度条件满足作物的生长，解决好灌溉水源的问题即可。

小麦冬季生长夏季成熟，正好与地中海冬天温和夏季干热的气候相得益彰。因此小麦是希腊人的主食，其种植面积占谷物总面积的 2/3。

地中海气候下夏季炎热干燥，水分蒸发导致水果糖分的积累，冬季温和的气候又有利于植物的安全过冬，利于水果园艺业的发展，特别是葡萄的生长。

希腊多山多岛屿，由于各个地区气候及地势高低的差异，盛产各种类型的葡萄，从而造就了繁多的葡萄品种和葡萄酒。

地中海气候还影响着当地的饮食方式。所谓地中海式饮食指的是食用大量水果、蔬菜、豆类、谷类和摄入橄榄油之类的不饱和脂肪酸，吃少量的乳类产品、肉类、鸡鸭，

摄入适量的鱼类，并以葡萄酒佐餐。这种饮食习惯形成显然和当地物产相关。

克里特岛上居民长寿者多，平均寿命超过 77 岁，女性超过 80 岁，60 岁以上的老人已占到 1/4，故被称为“长寿岛”。岛上居民患病率低，尤其是死亡率高的心血管病和肿瘤明显少于其他地区。心肌梗死的发病率是其他地区的 1/20，肿瘤发病率仅是西方国家的 1/3。

岛上几世同堂的家庭屡见不鲜，高龄老人（包括百岁以上老人）多于其他地区，而且男女寿命差距也小于其他地区，这说明长寿在这里具有普遍性。世界各国医学家普遍认为岛上居民健康长寿的主要原因在于他们的饮食特点。在他们的日常饮食中，有别于其他地方的最大特点就是大量摄取了当地特产的橄榄油。当地特产的橄榄油中有丰富的微量元素角鲨烯、多酚化合物以及黄酮类物质，能增强人体的免疫力，延缓衰老，降低胆固醇和血压，阻止血栓形成。

中欧篇

Central Europe

48

捷克——欧洲的中心

The Czech Republic

地理概况

捷克共和国前身为捷克斯洛伐克，于1993年与斯洛伐克和平分离。捷克东面是斯洛伐克，南面接壤奥地利，北面和西面分别与波兰和德国相邻，由波希米亚、摩拉维亚和西里西亚三部分组成。

捷克处在三面隆起的四边形捷克盆地，土地肥沃。全国丘陵起伏，森林密布，风景秀丽。国土分为两大地理区，一是位于西半部的波希米亚高地，二是位于东半部的喀尔巴阡山地。

小时候，对于捷克这个名字的知晓，并不是来自课本或新闻，而是来自《鼹鼠的故事》和《好兵帅克》。说起布拉格、布尔诺、伏尔塔瓦河，总会隐隐约约觉得它们带着文艺范儿，可见艺术作品对于提升一个国家知名度和好感度的作用。

气候特点

捷克位于欧洲中部，是一个典型的内陆国家。由于它的地理位置，捷克的气候也呈现出温带大陆性气候的特征。当然，在大陆性气候区中，捷克的气候算是非常温和的。年降水量700多毫米，年平均气温8.3℃。

夏季温润多雨，气温多在25~33℃；冬季比较湿冷，气温常在零下5℃～零下

10℃。捷克最宜人的时节，一是 4 月中旬到 6 月中旬，二是 8 月中旬到 10 月中旬。不冷不热，又少有阴雨的困扰。

首都布拉格

大名鼎鼎的布拉格，地处欧洲大陆的中心，是捷克的首都，也是捷克最大的城市，位于伏尔塔瓦河流域。

布拉格一年中的平均最高气温为 12.5℃，平均最低气温 7.9℃。平均最低气温与北京差不多，但平均最高气温却比北京低出 5℃左右，所以布拉格出现高温的概率比北京要低得多。

北京 6~8 月平均最高气温均接近 30℃，而布拉格最热的 7 月也只有 24℃，比北京凉爽许多。但布拉格也曾出现过 37.8℃的极端最高气温，而且 21 世纪以来，欧洲高温热浪变得更为频繁，七八月份传统的夏季清凉城市也受到“火炉”们的传染。

布拉格的冬天，虽然气温比北京高，但因为天气更阴沉潮湿，所以体感可能比北京更寒冷。布拉格的年降水量和北京差不多，但季节分布更均匀，不像北京冬夏降水差异那么悬殊。而且布拉格的雨日更多，和风细雨多，疾风骤雨少。优点是细水长流，不容易致灾；缺点是太频繁、太日常，有点扰民。

“生活在别处”的布尔诺

20 世纪 80 年代，“生活在别处”“生命中不能承受之轻”“媚俗”一度成为文学流行语，文学界、思想界众多人士都非常推崇米兰・昆德拉，而这位作家就出生于捷克第二大城市布尔诺。

捷克的国土面积不大，相当于中国宁夏的面积，境内各地的气候差异并不特别显著，布尔诺与布拉格的气候就非常相似，只是比布拉格要稍微热一些而已。

平和的气候与幽默的文学作品

波希米亚的土地和气候塑造了捷克人纯朴、自由、幽默、富于想象的性格。

在欧洲，捷克没有高山、大海、悬崖峭壁，没有极致化的地形地貌；气候也很温和婉约，少有大起大落的极端天气。也许正是这样，捷克人的性格也很平和。捷克人幽默、童真的天性激发和成就了他们的文学作品。捷克人的幽默可以参看《好兵帅克》，来自老百姓的普通一兵帅克诚实耿直，质朴憨厚，幽默机灵，笑容可掬，虚张声势地执行上司的一切命令，巧妙地利用军律上的漏洞，使这些命令全部显得荒诞可笑，使上司们啼笑皆非，无可奈何。

动画片《鼹鼠的故事》更是家喻户晓，20 世纪 80 年代，动画片《鼹鼠的故事》被引入中国。《鼹鼠的故事》承袭了捷克经典儿童文学的写实传统，同时兼具幽默、夸张、抒情的优雅风格，洋溢着快乐的生命意趣。我有过这样的感触，无论心情如何、天气怎样，若看到或想起《鼹鼠的故事》，内心便会掠过一丝会意的快乐。哪怕是独处之时，它也能把 Poker Face 变成微笑的面容。

49

斯洛伐克——海洋性向大陆性的过渡

The Slovak Republic

地理概况

斯洛伐克共和国，简称斯洛伐克，是原捷克斯洛伐克的东部，自 1993 年 1 月 1 日起，斯洛伐克成为独立的主权国家。

斯洛伐克属于内陆国，东面是乌克兰，西面是捷克，南面是匈牙利，北面是波兰，西南与奥地利接壤。面积为49037平方千米，在欧洲43国中位居第27位，与丹麦、瑞士、荷兰的面积相当，东西长428千米，南北宽226千米。

斯洛伐克地势较高，领土大部分位于西喀尔巴阡山山区，仅西南和东南有小片的平原。北部是西喀尔巴阡山脉较高的地带，海拔1000~1500米。斯洛伐克最高的山峰是塔特拉山，海拔2655米，也是喀尔巴阡山脉最高峰，位于斯洛伐克和波兰的边界。斯洛伐克山水秀丽，全国共有大小湖泊160多个。

虽是内陆国家，但交通便利，全国拥有3600多千米的铁路。多瑙河在斯洛伐克境内河段172千米，驾船逆流而上可抵德国；顺流而下，可经罗马尼亚进入黑海。

斯洛伐克风景优美，气候宜人，历史文物景点多，旅游资源丰富。斯洛伐克还是世界上城堡数量最多的国家之一，从古城堡遗迹到保存完好的博物馆一应俱有。

气候特点

斯洛伐克位于欧洲中部，又处于北半球的中纬地带。与捷克一样有着温带海洋性向大陆性过渡的气候：夏季凉爽，冬季潮湿寒冷，四季分明，雨水适中。年降水量为500~700毫米，山区在1000毫米以上。

冬季平均气温为零下2℃，夏季平均气温为21℃。与中国同纬度地区相比，这里的冬季与寒冷无关，夏季与炎热无缘。

虽然斯洛伐克国土面积不大，但是地形复杂，气候类型多样。

布拉迪斯拉发

布拉迪斯拉发，斯洛伐克共和国的首都和经济文化中心。它位于多瑙河畔，河对岸就是奥地利。

布拉迪斯拉发地处北温带，属海洋性与大陆性兼具的气候，四季分明。夏季炎热，冬季寒冷潮湿，换季时多风。

6~8 月是布拉迪斯拉发最暖的 3 个月，6 月平均最高气温可以达到 25℃，7 月、8 月平均最高气温为 27℃以上。6~8 月，布拉迪斯拉发都可能出现高温天气，极端最高气温为 39.3℃（出现在 8 月）。

而在冬季，12 月、1 月是最冷的两个月，平均最高气温也在 3℃左右，比布拉格要暖 2~3℃。这里夏季降水要少于布拉格，但冬季降水则略多于布拉格。近年来，季节转变速度加快，秋季和春季变短，冬季气候有所变暖，降雪减少。

布拉迪斯拉发地处北纬 48°，比中国哈尔滨还要更北，但隆冬时的气温比哈尔滨高出 15℃左右，盛夏时的气温又比哈尔滨低 2~3℃。这便是当地气候温和在温度上的具体体现。

气候温和，在降水方面体现在布拉迪斯拉发一年四季降水相对比较平均，月平均降水量普遍在 30~60 毫米（夏半年降水稍多）。8 月最多，59 毫米；4 月最少，34 毫米。最多月的降水量是最少月的 1.7 倍。而哈尔滨降水最多月（7 月）的降水量是最少月（1 月）的 42 倍！即使和布拉格相比，布拉迪斯拉发的气候也更温和，更偏向海洋性一些。

50

匈牙利——三种气候态交织的内陆国家

Hungary

地理概况

匈牙利是一个位于欧洲中部的内陆国家，首都为布达佩斯。

匈牙利位于多瑙河冲积平原，依山傍水，西部是阿尔卑斯山脉，东北部是喀尔巴阡山。著名的多瑙河，从斯洛伐克南部流入匈牙利，恰恰把匈牙利分隔为东、西两部分。匈牙利资源贫乏，但山河秀美，建筑壮丽。

参照欧洲常用的柯本气候分类法，匈牙利基本属于温和大陆性湿润气候，在北部与斯洛伐克交界带，有小范围的温暖大陆性湿润气候。

不过，这样的分类方法真的适用于匈牙利吗？

匈牙利大体上位于北纬 45° 至北纬 48°，按照太阳直射角度划分，处于温带气候区。不过，它的气候非常不稳定，其中一个主要原因是匈牙利位于 3 个气候区之间：

（1）海洋性气候：温度变化相对较小，降水量分布也相对均匀。

（2）大陆性气候：更容易出现极端温度，降水量相对温和。

（3）地中海式气候：夏季干燥，冬季湿润。

在比气候中所指的常年（30 年）更长或者更短的一段时间内，以上三种气候类型都可能成为当地盛行的类型。由于这些原因，匈牙利尽管幅员不算辽阔，天气却比较多变，并具有一定的地域差异。

另一个重要的决定因素是地形：匈牙利位于喀尔巴阡盆地，一半以上的地表是位于 200 米以下的平原，超过 400 米以上的面积不超过 2%。喀尔巴阡山脉对匈牙利的气候分布特征，有着举足轻重的影响。

匈牙利刚好处于从海洋到欧亚大陆腹地的中途。在夏半年，占主导地位的气流都是海洋性的，冬季则大多是大陆性的。匈牙利处于西风带的输送带之中，该国由于被阿尔卑斯山和喀尔巴阡山脉所包围，盛行的风向以西北风为主，其次为南风。

综合以上原因，几大著名的全球性气候划分方法（如柯本气候分类法）并不能充分地描述匈牙利的气候分布特点。当地气象部门将干旱指数和生长季节的长度作为考虑因素，将气候划分为复杂的 12 种。

参考这种气候分类方法，匈牙利大部分地区属于“适中温暖－干燥”气候类型。Körös、Maros 两河流域以及多瑙河的下游流域属于“温暖－干燥”气候。匈牙利东北部地区则更偏向于“适中凉爽－干燥（moderately cool–dry)”气候，与其临近的平原地区则是“适中凉爽－适中湿润”气候。多瑙河的西南侧一带，是气候分布最为多样化的地区，其中偏南部的地区属于“适中温暖 – 适中干燥”气候，偏西的地区属于“适中凉爽 – 适中干燥”气候以及“适中凉爽 – 适中湿润”气候；大部分海拔较高的山区属于“凉爽 – 适中干燥”以及“凉爽 – 适中湿润”，只有在西部和奥地利的交界带的 Kőszeg 山区为“凉爽 – 湿润”气候。

93 000 平方千米的国土，以温度和湿度的细微差异组合出如此多样化的气候类别，这也体现出匈牙利天气气候的微妙和复杂。

气温状况

匈牙利年平均气温多在 10~11℃，温度的空间分布主要受纬度、海拔高度和离海洋远近这三个因素的影响。

匈牙利极端最高温度是 41.9℃，极端最低气温为零下 35℃。

受地形影响，匈牙利最冷的地方当属高海拔地区（包括包科尼山脉、西部边境山区以及北部山区），平均温度一般不超过 8℃。

气温的空间分布呈现从西南向东北递减的趋势，这是西南部受地中海暖流影响、东北部被西伯利亚高压冷却的结果。但随着气候变暖，在 21 世纪的最初 10 年中，超过 11℃的地区在不断扩张，特别是在匈牙利南部地区。

常年平均来看，冬季的气温变化幅度往往高于夏季，也就是说夏季的匈牙利一般是正常发挥，而冬季的发挥不大稳定，有的年份特别温暖，有的年份则异常寒冷。

昼夜温差上看，冬天因为雨雪天气多，所以昼夜温差小，而在阳光明媚的夏日，昼夜温差往往会达到 10℃以上。

降水情况

匈牙利年降水量 500~750 毫米，但不同地区有着显著差异。年降水量的空间分布融合了双重效应（一是海拔高度，二是与地中海之间距离）。对于匈牙利大部分地区而言，海拔每增高 100 米，总降水量就会多出约 35 毫米；而与海的距离越远，降水量越少。

全国降水最多的是西南地区和北部山区，总降水量超过 800 毫米。降水量最少的则是蒂萨河（Tisza）低海拔河谷地区，不到 500 毫米。概括来说，降水量总体从西南到东北呈现减少的格局。

一年中，降水量最大的是 5~7 月；最少的是 1 月和 3 月。由于在秋季常有气旋低压活动，多瑙河西南部地区会在秋季出现降水第二峰值。

匈牙利降水的年际变化较大，在降水偏多的年份，其降水总量可达干旱年份的 3 倍之多，并可能在任何一个月出现零降水。

气候变化也影响着降水总量，匈牙利的年降水量在过去的一个世纪中呈下降趋势，一百多年的时间里减少了约 10%。

首都布达佩斯

匈牙利首都布达佩斯，是欧洲著名古城，坐落在多瑙河中游两岸，由多瑙河西岸的布达和东岸的佩斯组成。

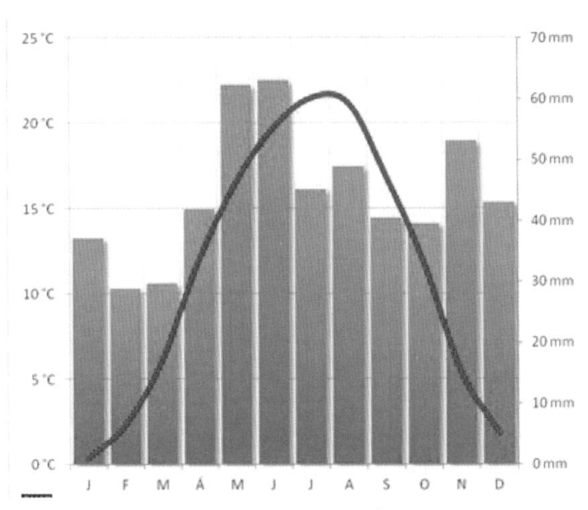

1971~2000 年布达佩斯的逐月降水量与平均气温

布达佩斯属温带海洋性气候向温带大陆性气候的过渡气候型。冬季潮湿阴冷，多雨雪和大雾；夏季多数时间湿润凉爽，高温天气极少，全年平均气温为 15.3℃。布达佩斯雨量适中，年降水量 533 毫米（和北京相差无几）。按照降水量≥ 1.0 毫米为一个雨雪日计算，这里的年降水日数为 78 天。

在冬季，布达佩斯时常天空阴云密布，雨雪天气较多，天气非常湿冷。这样潮湿阴冷的情况从每年的 11 月一直持续到次年的 3 月，长达 5 个月之久。4~10 月是布达佩斯短暂而凉爽的春、夏和秋季。最热的 7 月和 8 月，平均最高气温也仅在 26℃左右，不过极端最高气温也曾达到过 35℃以上，当然，这样的高温天气非常少见。

佩奇

佩奇位于匈牙利南部，坐落在美切克山山脚下，整个城市的天气、植物以及狭窄迂回的街道使其充满着地中海情调。但在实际的气候划分中，佩奇并不属于地中海气候，而是温带海洋性气候向温带大陆性气候的过渡气候型，但和布达佩斯相比，这里更接近海洋性气候，更为温和湿润，极端低温、高温出现的概率更小。

佩奇的常年平均气温为 10.7℃，其中 4~10 月的平均气温都在 10℃以上，比较温暖，只有 7 月、8 月的平均气温在 20℃以上，相对热一些。全年平均降水量为 52 毫米，累积年降水总量为 624 毫米，其中 6 月为一年中降水量最大的月份，达 84 毫米，而在 4~5 月以及 7~12 月，共计 8 个月的月降水量都在 50~60 毫米，分布得比较均匀。

中亚篇

Central Asia

51

哈萨克斯坦——世界上最大的内陆国家

The Republic of Kazakhstan

地理概况

哈萨克斯坦位于欧亚大陆腹地，中亚地区的北部，西濒里海和乌拉尔山，东与我国新疆维吾尔自治区相毗邻，虽说是中亚国家，但西部边境实际上已经跨过了欧亚分界线乌拉尔河，西哈萨克斯坦州和阿蒂拉乌州的大部分都在欧洲，是个横跨亚欧两大洲的国家。

哈萨克斯坦地域辽阔，全国面积达2724900平方千米，不仅是中亚最大的国家，还是世界上最大的内陆国。境内地形复杂，整体呈东南高、西北低的地势特点，以平原和低地为主，东南部崇山峻岭环绕，山间盆地散落其中。

气候特点：中亚最寒冷的国家

中亚深居内陆，远离海洋，有着典型的温带大陆性气候，而位于中亚最北端的哈萨克斯坦，则是中亚最冷的国家。

由于地域广阔，地形复杂，哈萨克斯坦各地的气候差异较大，北部是温带草原性气候，南部是温带沙漠性气候，东南部山区是高原气候。

总体而言，哈萨克斯坦多晴朗天气，日照充足，冬季寒冷少雪，夏季炎热干燥。全国大部分地区的年降水量在250毫米以下，荒漠地区甚至不足100毫米，东部气候相对湿润，年降水量在 400 毫米以上，部分山区年降水量甚至超过 1 000 毫米。

不仅降水分布不均，气温的差异也十分显著，北部草原和南部沙漠的气温常会拉开 10℃以上的差距，呈现南北不同季的状况。

干燥少雨的气候也使昼夜温差巨大，特别是在沙漠地区，最高气温和最低气温可以相差 30℃以上。

哈萨克斯坦的农业与气候息息相关，小麦是该国最主要的粮食作物，北部的森林和草原地区土壤肥沃，降水充足，并具有良好的光照条件，是哈萨克斯坦的主要粮食产区，产量占全国粮食总产量的 2/3 以上，其他作物还有黑麦、玉米、燕麦、大麦等。南部光热资源丰富，有灌溉条件的地区能够种植水稻、棉花、烟草、甜菜和果树等。

哈萨克斯坦的气候还十分适宜郁金香的生长，郁金香原产于中国古代西域和西藏、新疆一带，后经丝绸之路传至中亚，成了哈萨克斯坦的国花。

郁金香为多年生的草本植物，属于长日照花卉，耐寒怕热，喜欢在冷凉的气候条件下生长，耐寒性很强。栽种后的种球可耐零下 35℃的低温，在严冬地区若有厚雪覆盖，便可以在裸地越冬。但是郁金香惧怕酷暑，一般以休眠的状态度过夏季，在秋冬季节生根并萌发新芽但不出土，然后春季开始伸展形成茎叶，一般 3~4 月份开花（开花的适温为 15~18℃）。目前在哈萨克斯坦境内生长着 30 多种野生郁金香，在哈萨克斯坦南部的卡拉套山区，每年春天红色的格雷格郁金香漫山遍野开放，放眼望去像是一张红色的地毯，当地也因此得名“红山”。

哈萨克斯坦的四季

由于哈萨克斯坦地势平坦开阔，西伯利亚来的冷空气能够毫无阻碍地席卷哈萨克斯坦全境，全无暖湿气团的“用武之地”，所以风多、雪少，天气酷寒。夏季，伊朗高压也不甘寂寞地将触角伸展到哈萨克斯坦南部，导致这里炎热而干燥。

这里四季分明，又因着平原、荒漠、山地等不同的地貌，各地气候也不尽相同，这样多样性的气候让哈萨克斯坦每个时节、每个地方都有着不一样的风景。

寒冷的冬季

哈萨克斯坦冬季的平均气温几乎都在冰点以下，北部甚至普遍低于零下 10℃。

最冷的 1 月，东北部林区的最低气温能达到零下 54℃，南部地区相对好一些，气温偶尔低于零下 30℃。这样的寒冷可以从 11 月持续到次年 3 月。

冬季降雪并不多，但仅有的降雪往往是以暴风雪这种暴力的方式“送达”。

刺骨的寒冷并不能影响人们制作和品尝美食的心情。作为游牧民族，奶类和肉食是哈萨克人的主要食物，其中熏肉是哈萨克族的传统美食，哈语称之为“索古姆”。

中国的节气谚语说：“小雪卧猪，大雪卧羊。”哈萨克斯坦人也是在这一时节宰牲。每年 11 月底到 12 月初，人们开始制作大量熏肉作为冬储——挑选肥壮的马、牛、羊进行宰杀，将肉剁成块、撒上盐，再用烟熏直至熏干，还可以连皮带肉一起剁块熏制，这样可以保存更长的时间，到次年夏季都不会变质。

短暂的春季

哈萨克斯坦的春季是短暂而多变的，而且往往沙尘肆虐。特别是在西部和南部地区，多为沙质土壤，沙尘天气尤为严重。

春天，哈萨克人会庆贺一年中最重大的节日之一：纳吾热孜节。

“纳吾热孜”来自波斯语，为“春雨日”之意。这一天是昼夜等分日（相当于中国的春分节气），被视为“交岁”的一天，因此，纳吾热孜节有辞旧迎新之意。

每年到了这一天，哈萨克人都会穿上盛装，举行祭祀仪式，通过歌舞表演等活动迎春驱寒、欢庆节日，希望春天能给他们带来吉祥和幸福。

炎热的夏季

哈萨克斯坦的夏季同冬季一样漫长，从 5 月份开始，南方的气温便快速攀升，炎热开始蔓延。

7 月份则是哈萨克斯坦一年最热的时节。北方 7 月的平均气温在 20℃左右，最高气温很少超过 40℃。南方的平均气温可以达到 25℃以上，部分地区最高气温可以高达 45℃左右。降水则是北（草原和山区）多、南（沙漠和半沙漠地区）少。

湿润的秋季

秋天在 9 月到达哈萨克斯坦的北方地区，之后逐渐向南方进军，10 月便可覆盖全境。“一场秋雨一场寒”也是哈萨克斯坦气候的写照。山区经常雨雾弥漫。秋季比较湿润，当然这种湿润只是相对的。南部沙漠地区，10 月甚至是 11 月，依然可能盛行干热的天气。

都城的北迁

阿斯塔纳（原名阿克莫拉）是哈萨克斯坦目前的首都，位于哈萨克斯坦北方的平原丘陵地带，大致位于哈萨克斯坦的地理中心，同时也是欧亚大陆的心脏所在。

原来的首都阿拉木图位于哈萨克斯坦的东南部，距离边境很近，不符合作为一个独立国家首都的要求，并处于地震活跃带上，而且人口密度过大，空间接近饱和，难以满足作为一个首都的可持续发展。

此外，在哈萨克斯坦刚独立时，北部和西部地区是俄罗斯人的主要居住区域，当时俄罗斯族是境内的第一大少数民族，人口占到总人口数的 40%，与哈萨克族基本持平。

阿克莫拉位于俄罗斯人居多的北部地区以及以哈萨克人为主的南方地区的分界线上，战略地位独特。

1997 年 12 月 10 日，阿克莫拉正式成为哈萨克斯坦的“永久性首都”，自此，阿克莫拉代替阿拉木图成为哈萨克斯坦的政治中心。次年阿克莫拉（哈语意为“白色坟墓”）更名为阿斯塔纳，在哈语中是“首都”的意思。1999 年，联合国教科文组织宣布阿斯塔纳为“世界城市”。

从气候上来看，东南部的阿拉木图温和湿润，冬无严寒，夏无酷暑，较为舒适，而北部的阿斯塔纳气候则要恶劣一些，冬季寒冷漫长，凉爽舒适的夏季却十分短暂，年降水量也只有阿拉木图的一半左右。

阿斯塔纳：世界第二冷的首都

世界上最冷的首都，第一名是蒙古首都乌兰巴托，第二名是哈萨克斯坦首都阿斯塔纳，第三名是加拿大首都渥太华。

本来以阿拉木图的气候，很难进入这一“排行榜”。但随着阿斯塔纳成为哈萨克斯坦的新首都，哈萨克斯坦终于“上榜”了。

乌兰巴托、阿斯塔纳和渥太华都属于温带大陆性气候，纬度高，毗邻极地冷空气的“老巢”，冬季寒冷而漫长。乌兰巴托更是长期处于冷高压的“大本营”中，大部地区海拔超过 1300 米，最冷的 1 月平均气温只有零下 21.6℃。由于深居内陆，降水极其稀少，年降水量只有 267 毫米。

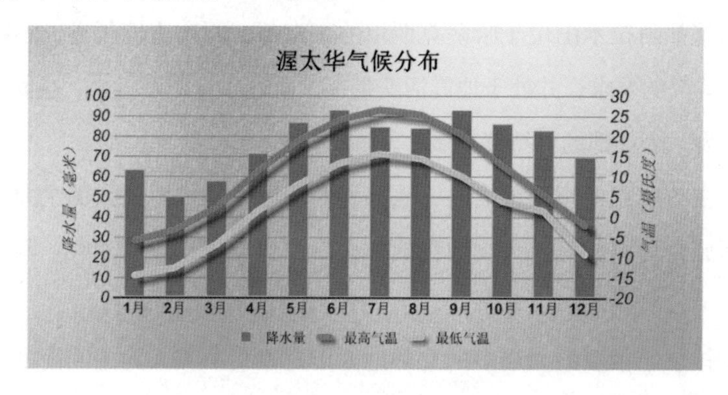

渥太华位于加拿大东南部的低地，平均海拔不到 100 米，纬度在北纬 45° 左右，与中国哈尔滨相当，属于温带大陆性湿润气候，冬季寒冷，湿润多雪，年降雪量超过了 200 毫米，常有暴风雪来袭，年降水量更是逼近 1000 毫米。

阿斯塔纳与乌兰巴托的气候更为相似，同样有着极端的大陆性气候，但海拔较低，没有乌兰巴托那样冷，降水也相对多一些，年降水量 320 毫米，介于湿润和半干旱气候带之间，冬有严寒，夏无酷暑。全年降水量分布较为均匀，没有明显的干湿季节之分，月均降水量在 15~50 毫米，冬季降雪频繁，夏季相对少雨。

寒冷的冬季是这里最漫长的季节，若是按照中国的季节划分，日平均气温为 10℃的界限温度来看，阿斯塔纳的冬季大约从每年的 10 月一直持续到来年的 4 月，长达 7 个月之久，极端最低气温为零下 52℃。

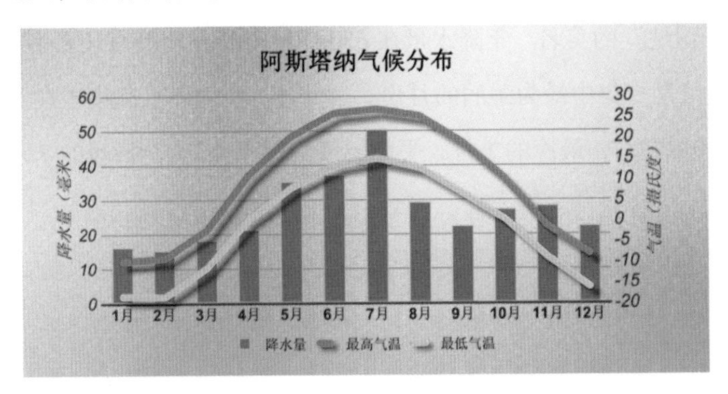

为了抵御阿斯塔纳的寒冬，一座占地 100000 平方米的“室内之城”在阿斯塔纳的市中心拔地而起，这座建筑有着帐篷形状的屋顶，高达 150 米，是世界上最大的帐篷，称为“可汗之帐”。

这座巨型的帐篷内部设有大型商场、室内沙滩、健身中心、热带花园、电影院和游乐场等，还有先进的恒温系统将室温控制在 15~30℃，让人们在寒冬也能感受到夏日的温暖，已经成为阿斯塔纳的标志性建筑之一，也是中亚地区最大的综合娱乐中心。

阿拉木图：苹果之城

阿拉木图是哈萨克斯坦的前首都，也是最大的城市，早年因盛产苹果而被称为“苹果城”（阿拉木图在哈萨克语中即为“苹果城”之意）。这座恬静优美的花园城市也是中亚最大的贸易中心，其各方面影响力和竞争力在世界上举足轻重。

阿拉木图有着悠久的冬季运动历史，早在苏联时期，这里就是冬季户外运动赛事的中心。2015 年申办冬奥会仅以 4 票之差位居北京之后，也让更多的人对阿拉木图刮目相看。阿拉木图的冬季运动，得益于其适宜的地理和气候条件。阿拉木图位于哈萨克斯坦的东南部、外伊犁阿拉套山北侧山麓，三面环山，面积190平方千米，海拔700~900米。

阿拉木图属于温带大陆性气候，由于被山顶终年积雪的天山环绕，为水量充沛的伊犁河和卡普恰盖湖滋养，再加上汩汩山溪和天山北坡丰富降水的灌溉，阿拉木图有着“中亚湿地”的美名。年降水量在650~700毫米，比北京还要多。

4月和5月是一年中最为湿润的月份，一年中1/3的降水都集中在这两个月。年平均温度在10℃左右，最冷的1月，平均温度为零下4.7℃，最暖的7月平均温度为23.8℃。

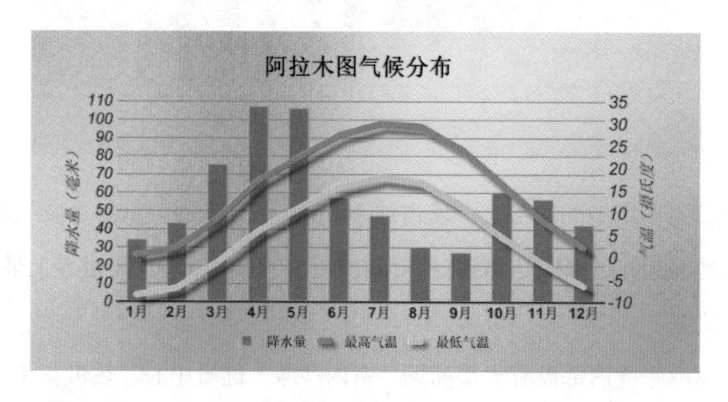

冰雪运动需要冬季气温足够低，降雪量足够多，且年降水量足够丰沛，以及足够丰富的河湖滋养，从这几项看，阿拉木图都得天独厚。

52

吉尔吉斯斯坦——起伏的山脉，跳跃的气候

The Kyrgyz Republic

地理概况：群山起伏，湖泊零落

吉尔吉斯斯坦共和国是位于中亚东北部的内陆国家，境内崇山峻岭遍布，90%以上的地区海拔在1500米以上，1/3以上的地区海拔在3000~4000米，素有“山地之国”之称。

低地仅占领土的15%左右，主要分布在西南部的费尔干纳谷地和北部的楚河谷地、塔拉斯谷地。山脉大都由东向西延展，东部是天山的数条分支，与中国西北边境相接。西南部盘踞着帕米尔–阿赖山脉，西北部则是费尔干纳山脉，海拔在4000米以上的高海拔地区，有着大范围的冰川雪盖披覆在山峰之上。而在高低起伏的山脉之间，还有许多高山湖泊、河流、谷地分布其间，错落有致。

伊塞克湖：中亚明珠

吉尔吉斯族有句谚语：“没有到过伊塞克湖，就不算到过吉尔吉斯。”坐落在吉尔吉斯斯坦东北部的伊塞克湖，宁静澄澈，像是半空中的一面镜子，有“中亚明珠”之称。伊塞克湖赐予了周边地区难得的温和气候，加上山川与湖泊共同构成的绝美风景，使这里成了中亚地区旅游疗养的胜地。伊塞克湖横卧在吉尔吉斯斯坦东北部天山山脉的北麓，是该国境内最大的湖泊，面积约6300平方千米（相当于中国最大

的咸水湖青海湖的 1.5 倍），平均湖面海拔 1602 米。

在世界上海拔超过 1200 米的高山湖泊中，它的面积和集水量仅次于南美洲的的的喀喀湖，但深度居世界第一位，最深处近 700 米。

湖泊的名字源自吉尔吉斯语，意为“热湖”。虽然地处高寒，但由于湖水幽深，含盐量较高（盐度在 6‰左右），除了个别年份的西岸以及湖湾的局地浅水区外，湖水基本终年不冻。

玄奘西天取经西行时曾经路过这里，在《大唐西域记》中留下了世界上有关伊塞克湖的最早记载：“山行 400 余里至大清池。周千余里，东西长，南北狭。四面负山，众流交凑，色带青黑，味兼咸苦，洪涛浩瀚，惊波汨忽，龙鱼杂处，灵怪间起。所以往来行旅，祷以祈福。水族虽多，莫敢渔捕。”

正如文献中所记载的，伊塞克湖东西向伸展，南北狭窄，四面环山，众多的河流汇入其中。群山环绕之中的伊塞克湖，虽属温带大陆性气候，但凭借巨大的水体和得天独厚的环境，也营造出了一个更为温和的小气候。从孕育和优化气候的视角而言，伊塞克湖可谓吉尔吉斯斯坦的“母亲湖”。没有它的调节功能，周边气候必定冬季极寒，夏季酷热，雨雪匮乏。

伊塞克湖周边地区冬季不太冷，夏季不算热。1 月平均气温零下 6℃，湖水则较为温暖，表层温度在 2~3℃。7 月平均气温 15~25℃，湖水表层一般也有 20℃左右。年降水量在 200~300 毫米（自西向东递增，山区逼近 1000 毫米），但蒸发量较大，达到 700~800 毫米。好在有大量的河流、积雪融水汇入湖中，填补水分的亏空。即便如此，伊塞克湖的水面仍在以每年 5 厘米的速度持续下降。

通常情况下，伊塞克湖水面平静，风浪不大。但每年的夏秋季节，有时可能刮起 30~40 米 / 秒的强风，波涛汹涌，浪高可达 3 米左右。

这是因为伊塞克湖与周围高耸的山脉形成了一种类似沿海地区的海陆风效应，白天是“湖风”（从湖中吹向岸上），晚上是“山风”（从陆地吹向湖中）。

伊塞克湖周边地区气候宜人，阳光充沛，空气清新，深蓝色的湖水与白色的雪山相映成景，湖边有沙滩，湖泥中含有丰富的微量元素，还有许多温泉和丰富的矿泉水，是旅游疗养的极佳去处。

沿岸地区用注入此湖的河水发展灌溉，是吉尔吉斯斯坦重要的粮食和畜牧业基地之一。

气候特点：大陆性强，冬寒夏热

在伊塞克湖之外，吉尔吉斯斯坦的其余地区，为典型的大陆性气候。而且由于深居内陆、远离海洋、处于沙漠边缘的地理位置，加上境内纵横分布的高山地形，大陆性气候表现更强一些。冬寒夏热，雨水稀少，日照充足，每年至少有 200 多天是晴天“值日”，夏季每天的日照时数能达到 15 个小时，冬季也有 9 个小时。

受到邻国广阔沙漠的影响，有时会有沙尘天气出现。由于境内海拔高度和地形的巨大差异，不同地区的降水和气温有着非常大的差异。

气温：垂直差异显著

吉尔吉斯斯坦境内的大部分地区属于温带大陆性气候，气温随着海拔的升高而降低，垂直差异显著。在平原和山麓地区，年平均气温为 10~13℃，高山地区的平均气温则普遍在冰点以下。

对于低海拔地区来说，1 月平均气温在零下 6℃左右，7 月平均气温在 24℃左右。冬季的时候，北部地区没有山脉的阻挡，常会受到极地冷空气最直接的影响，严冬常驻，平均气温可以达到零下 20℃以下，十分寒冷。而南部地区的冬天称得上温暖，气温通常不会跌破零下 2℃大关，算是比较温和舒适。

夏季，北部地区回归温暖，南部地区却炎热起来，有时还会出现 35℃以上的高温天气，费尔干纳谷地、楚河谷地，有时最高气温还会达到 40℃以上，在太阳的炙烤之下，显得有些灼热逼人。

而在高海拔地区，冬季更为寒冷，1 月气温在零下 20℃左右，有时山间盆地的气温可以跌至零下 30℃。最温暖的 7 月，气温也只有 12℃左右，倘若按照中国的季节划分标准，并没有真正意义上的夏季。

降水：西多东少，夏季干燥

吉尔吉斯斯坦雨雪虽不十分充沛，但却是中亚地区继塔吉克斯坦之后，降水第二多的国家，连绵的山脉贡献突出。

吉尔吉斯斯坦的降水空间分布极不均匀，山脉的位置和朝向对降水的空间分布起了决定性作用。

由于水汽主要由偏西风搬运而来，境内山脉的西侧降水量较多，特别是对于外围的山脉来说，西向和西北向山坡，年均降水量可以达到 1 000 毫米以上。而被外围山脉遮蔽的内部山脉，年降水量只有 300~500 毫米，山内的封闭盆地和高山丘陵的降水量则更少。

除了夏天晴热干燥、降水稀少之外，吉尔吉斯斯坦其他季节都有出现降水的可能。

冬季主要受到来自西伯利亚和北冰洋的极地冷空气的影响，常会有雨雪天气出现，空气湿度大、气温低，清晨时常出现雾气弥漫的景象。

春秋季节在冷暖气团交互作用下也容易出现降水，有时还会受到地中海地区东移过来气旋的影响，出现较为猛烈的降水。

吉尔吉斯斯坦降水虽不多，却并不缺水，境内连绵的高山冰川使该国存储有丰富的淡水资源。每年冬季，山区大量积雪，到了春季，冰雪融化，滋养河流草原，使全国一半的面积成为牧草丰美的山地草原和高山草甸，还养育了全国 3/4 的耕地。

季节与旅行

有着极端大陆性气候的吉尔吉斯斯坦，四季分明，而且地形地貌多样化，雪山、草地、戈壁、河流……不论什么时候来到这里，都有别样的风景可以观赏感受。不过，大多数游客都选择在5~10月来这里旅行，以避开寒冷的冬季。

吉尔吉斯斯坦的冬季长期处于天寒地冻的状态，还时有降雪出现，山区降雪尤为频繁，而且非常寒冷。但对于滑雪爱好者来说，这正是滑雪的好时节。

这里的春天很短，要到3月才有暖意，5月就进入夏天了。

初春时冬天积雪尚未完全消融，一些道路仍掩埋在积雪之下。而4~6月降水较多，且有高山积雪大量融化，山体滑坡和雪崩的风险增加。

夏天的吉尔吉斯斯坦受到大陆高压的影响，天气晴热，日照炽烈，紫外线较强。

秋季（特别是初秋时节）是吉尔吉斯斯坦旅游的黄金期。9月底10月初，白日里仍较为温暖，雨水有所增多，较为舒适，不仅有蓝天白云，还有逐渐变色的叶子以及山顶上的一抹积雪，这便是所谓立体气候之美。

首都比什凯克

吉尔吉斯斯坦首都比什凯克位于北部楚河河谷地带，海拔在800米左右，与塔吉克斯坦首都杜尚别相当，但降水比杜尚别少一些，气温也略低。

比什凯克属于温带大陆气候，冬寒夏热。最冷的1月平均气温在零下2.6℃，最低气温也曾下降到零下30℃左右，最热的7月平均最高气温31.7℃，有时也会出现40℃以上的高温天气。年平均降水量453毫米。其中夏天降水最少，春季雨水最多，主要在3~5月，秋季则是降水的另一个小高峰，冬季也常会有降雪的出现。

比什凯克的温度与北京比较相近，无论冬季的寒冷程度还是夏季的炎热程度。但降水为北京的80%左右，而且北京最多雨的是夏季，比什凯克最少雨的是夏季，两地降水的季节分布存在着显著差异。

53

塔吉克斯坦——高原之上的中亚水塔

The Republic of Tajikistan

地理概况：狭小的高山之国

塔吉克斯坦位于中亚的东南部山区，是中亚面积最小的国家，仅有 143 100 平方千米，与中国辽宁省面积相当。塔吉克斯坦境内多山，93% 的国土为山区和高原，半数海拔超过 3 000 米，有“高山国”之称，也是中亚地区海拔最高的国家。

塔吉克斯坦境内有三条主要山脉：北部是天山山脉，中部是吉萨尔 – 阿赖山脉，东南部是帕米尔高原。

北端费尔干纳盆地西缘以及西南部的瓦赫什谷地、吉萨尔谷地和喷赤谷地，海拔较低，水资源丰富，适宜植物生长，是该国作物的主要种植区域，也是人们生活的聚集地。

塔吉克斯坦还是“冰川之国”，诸多高山之上常年冰雪覆盖，冰川占据了整个国家领土的 6%。位于东部帕米尔高原之上的费琴科冰川，全长超过 77 千米，覆盖面积约 900 平方千米，是地球上两极之外最长的一条冰川。发源于该国境内的阿姆河、锡尔河默默地滋养着中亚地区。

气候特点：典型的大陆性气候

塔吉克斯坦属于大陆性气候，四季分明，冬春季节湿润多雨，夏秋两季干燥少雨。

由于境内崇山峻岭遍布，气候垂直差异显著，降水分布不均，气温跨度大，所以塔吉克斯坦的天气如何，一要看季节，二要看海拔，三要看是迎风坡还是背风坡。

高海拔山区夏季温和而短暂，冬季寒冷而漫长，强迫气流抬升凝结的迎风坡降水极为丰富。

西南部低海拔地区气温高，降水少，有时会受到沙尘天气的影响。另外塔吉克斯坦光照资源丰富，年日照时数可达2600~3000小时，适宜棉花、小麦等喜光作物的种植。

低海拔地区与高海拔地区仿佛是一个“命运共同体”，高海拔地区负责“截留”云水资源，并以积雪和冰川的方式贮存，然后再以发源于此的河流源源不断地供给低海拔地区。而低海拔地区的光热条件优越，万事俱备，只欠雨水。有了高海拔地区无私赠予的水资源，农耕用水和生活用水便有了保障。

而热带和亚热带地区往往是光热和水完全“自给自足”，光热充足，雨水丰沛，不大需要借助“外力”。

降水：中亚最湿润的国度

塔吉克斯坦虽然深居内陆，距离海洋较远，却并不干燥，而且是中亚最湿润的地区，年降水量在500毫米左右（该国平均降水量与北京相仿），且主要集中在冬春季节。

塔吉克斯坦位于青藏高原的西部，受到高原动力和热力作用的影响，与其他国家的气候有着较大的差异。高原冬季为反气旋环流，西部的塔吉克斯坦反倒盛行偏南气流，有利于低纬度暖湿气流北上，从热带海洋搬运水汽；同时西风带上多波动和低压气旋东移，还能从地中海、里海搬运水汽。所以，筹集云水资源的渠道很丰富。

另一方面，西风带还能将中高纬地区的冷空气引导南下，冷暖气流在塔吉克斯坦一带交兵，雨雪便留在了“战场”上。另外，塔吉克斯坦境内连绵的高山对于降水常会起到显著的地形增幅作用。

而在夏季，副热带高压加强北抬，同时西风带向北收缩，高原上夏季风呈气旋式环流，塔吉克斯坦盛行偏北气流，不利于暖湿气流北上，因而降水稀少，空气干燥。

由于海拔的巨大差异，塔吉克斯坦各地年平均降水差异巨大，总体呈现出中间高、四周低的特点。中部山区降水丰富，多地的年均降水量在800毫米以上，西部个别地区甚至可以达到1600毫米。东部和西部降水较少，尤其是帕米尔高原上，年平均降水量往往只有100~200毫米。

塔吉克斯坦被称为中亚国家的“水塔”，是中亚国家以及我国新疆南疆的地面水资源的重要来源。塔吉克斯坦面积虽小，但境内集中了中亚地区50%以上的水流量以及60%以上的冰川，从水资源蕴藏总量上看，塔吉克斯坦居世界第八位，人均水资源拥有量则居世界首位。当然，这其中也有人口密度小的贡献，与辽宁省相当的面积，人口却只有800多万，仅为辽宁省的1/5。

在夏秋季节，塔吉克斯坦虽然降水稀少，但是由于气温较高，冰川融化，极大地充盈了河流湖泊，由高原奔腾而下的河水因落差大，还形成了丰富的水力资源。因此，塔吉克斯坦一年四季都有着充沛的淡水资源，可以说是中亚最为湿润的国度。

气温：冬寒夏热，垂直差异显著

塔吉克斯坦处在亚热带北边界和温带气候区，由于海拔的差异，境内气温跨度非常大，年平均气温整体呈现西高东低的特点。

西部受到中部地区山脉的阻挡，南北高、中间低，其中西南部的瓦赫什谷地南缘是最为温暖的区域，年平均气温可以达到16℃以上。而在东北部的高山地区，年平均气温甚至在零下4℃以下。

塔吉克斯坦西南部位于亚热带边界的平原和山谷地区，夏季少雨而炎热，7月份的平均气温可以达到23~30℃，最高气温时常突破40℃大关，酷热难耐。冬天则温和舒适，1月的平均温度在0℃上下。寒潮过境时，最低气温可能会降到零下20℃左右。

位于塔吉克斯坦中部的帕米尔西部高原气候区，1月的平均温度在零下7℃左右，最低气温可达零下 30℃。而帕米尔高原东部的气候更为极端恶劣，冬季最低气温曾达到零下 50℃以下。而 7 月份的平均温度为 25℃，最高气温有时也可以达到 40℃左右，体现了大开大合的气候张力。

帕米尔高原：夏秋探险好去处

有着“世界屋脊”之称的帕米尔高原，是一个纯净的冰雪世界、生命的禁区，同时也是探险者的乐园。对于那些厌倦了人山人海又有足够冒险精神的人来说，塔吉克斯坦是他们心向往之的地方。

但由于冬季降雪频繁，山区通常会因积雪覆盖而封闭。春季虽是观赏鲜花的最佳季节，但本身降水多，天气变暖之后，积雪又开始融化，天气风险和地质风险系数会增高。夏季少有雨水的困扰，但紫外线强烈，在西南部地区还常遭遇酷热天气。秋季降水略有增多，但炎热退去，清爽舒适，只是秋季比较短暂。

杜尚别：中亚雨水最多的首都

杜尚别是塔吉克斯坦的首都，位于该国的西南地区，坐落在瓦尔佐布河及卡菲尔尼甘河之间的吉萨尔谷地，海拔 800 米左右，北纬 38.5 度，与北京纬度相近。

杜尚别属于典型的温带大陆性湿润气候，四季分明，年平均降水量为 567.6 毫米，与北京相当。但是降水的季节分布与北京的雨热同季完全不同。

杜尚别有点类似地中海式气候，冬春多雨雪，夏季炎热干燥。11 月至次年 3 月是温和湿润的冬季，平均温度大都在 0℃以上，即便是最冷的 1 月，平均最低气温也只有零下 2℃左右，相对湿度也都在 60% 以上。

一年之中，3 月的降水最多，近一半时间是在雨雪中度过的，月平均降水量能达到 107.5 毫米。3 月降水如此丰沛，中国同纬度没有任何地区可以与之相提并论，甚至超过成都、上海、广州等一众城市，在中国也只有“杏花春雨江南”可与之媲美（杭州 3 月的降水量为 138 毫米）。

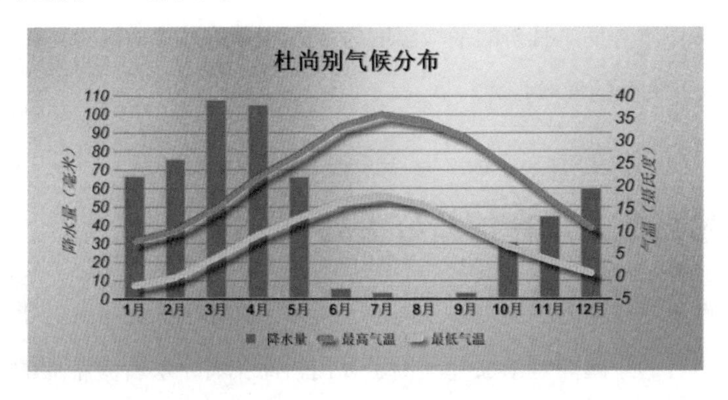

6~8 月的夏季则雨水稀少，日照充足，空气干燥，平均最高气温为 35℃左右，盛行炎热。

54

土库曼斯坦——沙漠无边，气候无常

Turkmenistan

地理概况：中亚沙漠面积最大的国家

土库曼斯坦流传着一条古谚语：“造物主在分配土地时，土库曼人很不走运。”

土库曼斯坦是位于中亚西南部的内陆国，是中亚纬度最低的国家，境内多低地平原，海拔一般不超过 200 米，但有 80% 的国土被一望无垠的卡拉库姆大沙漠所覆盖，气候极端，人烟稀少，植被难以存活，只有 20% 的国土是绿洲和山区，是该国居民生活的主要聚集地。也正因为如此，土库曼斯坦人口不多，作为中亚面积第二大的国家，人口却是最少的，只有 500 多万（据 2016 年统计为 543.8 万）。

北部和中部几乎是沙漠的天下，南部和西部为科佩特山脉和帕罗特米兹山脉。境内的河流主要分布在东部，发源于帕米尔高原的阿姆河以及从阿姆河调水到境内的卡拉库姆运河，是土库曼斯坦的主要水源。此外还有捷詹河、穆尔加布河以及阿特列克河等河流。

卡拉库姆沙漠

土库曼斯坦境内的卡拉库姆沙漠是世界上最大的沙漠之一，覆盖了土库曼斯坦的大部分地区，占地 350000 平方千米。

卡拉库姆在土耳其突厥语中是“黑沙漠”之意，因大漠上的岩石多为棕黑色，沙化之后为黑褐色，故有“黑沙漠”之称。沙漠之中气候恶劣，不仅极端干燥，蒸发量极大，雨水稀少，年降水量不足 200 毫米，而且昼夜温差很大。有时气温可以从白天的 30℃左右暴跌到夜晚的零下 20℃左右，一日之内，由夏而冬。

沙漠之内的河流、湖泊分布较少，沿阿姆河、捷詹河、穆尔加布河等河流分布有一些绿洲，在南部还建有卡拉库姆运河，可以进行有限的放牧和耕种。

地狱之门达瓦札

卡拉库姆沙漠里蕴藏着丰富的硫黄、石油、天然气等矿藏，人们所熟知的“地狱之门”达瓦札（土库曼语，意即“闸门”）所在之处，就有着丰富的天然气资源。

达瓦札是位于沙漠中部阿哈尔州的一个村落。1971 年苏联地质学家在当地进行勘探时，意外发现一个充满天然气的地下洞穴。在进行钻井作业时，井场地面塌方，下陷形成了一个直径约为 50~100 米的大坑，为了防止有毒气体外泄污染，决定点燃天然气，然而至今坑中的火都没有熄灭，熊熊火光从数十千米之外就能看到，当地人称之为“地狱之门”。

卡拉库姆运河

气候干旱、沙漠广布的土库曼斯坦并不算极度缺水，卡拉库姆运河功不可没。

这条运河 1954 年开工，1988 年完工，历时 30 多年，造就了世界上最大的灌溉和通航运河之一。卡拉库姆运河也成为土库曼斯坦的一条生命线。

运河从东部阿姆河的上游引水，向西穿过卡拉库姆沙漠南部，再沿着科佩特山脉北坡，进入里海。人们傍河而居，不仅生活和工业用水得以解决，还满足了周边农业灌溉的需求，养育了 100 万公顷的农田和牧场。

此外，卡拉库姆运河大部分河段可以通航，便利的航运交通将往来土库曼斯坦东西之间的时间缩短了不少。但是，拉库姆运河将阿姆河水量大规模转移，使咸海水源大大减少，2014 年起咸海几近干涸，周边的生态环境都受到了显著影响。预计咸海在数年之内将完全消失。

中亚最干热的国家

土库曼斯坦是世界上最干旱的地区之一，也是中亚最为干热的国度。夏季干燥炎热，冬季寒冷湿润，春秋两季较为舒适却十分短暂。

土库曼斯坦年平均最高气温在 15℃以上，但气温的年较差和日较差都十分惊人。最冷的 1 月，平均气温只有个位数，而最热的 7 月，平均气温可以达到近 30℃。夏季高温横行霸道，40℃以上的酷热天气屡见不鲜，局部地区曾遭遇过 50℃以上的极端高温。

而随着冷空气的入侵，还可能出现零下 20℃以下的低温。一天之内的气温变化也是十分剧烈，各地的昼夜温差多在 20℃以上。

土库曼斯坦远居内陆，南部还有高山阻隔，所以来自印度洋和太平洋温暖潮湿的空气难以抵达土库曼斯坦境内。有时虽有西风带系统携带大西洋、地中海一带的水汽东移，但路途遥远，土库曼斯坦能够接收到的水汽十分有限。因此土库曼斯坦雨水稀少，气候干燥。而高温和强烈的日照造成的大量蒸发更加剧了干旱的程度。

西北部沙漠降水最少，年平均降水量不足 100 毫米；东南部山区降水最多，也只有 240 毫米左右，主要集中在 1~5 月的冬春季节。

由于缺水，当地人有时候甚至需要定时领取饮用水。在有着丰富石油储备的土库曼斯坦，1 美元可以买 4 升汽油，却只能买一瓶矿泉水，水比油可昂贵多了。

温带大陆性气候夏季炎热干燥，光照充足，无霜期长，这对于喜热、耐旱的棉花的生长来说再合适不过。土库曼斯坦的种植业就以棉花为主，谷物以小麦为主，也有大麦、玉米、水稻等。

另外，当地还种植葡萄、瓜果等作物，由于太阳辐射强，昼夜温差大，有利于瓜果生长以及糖分的积累，产出的瓜果品质极佳。

经常“变脸”的春天

春天是土库曼斯坦最好的季节。每年 2 月底 3 月初，各地便开始陆续出现阳光明媚的春天。北部和山区回暖迟缓，要到 4 月才会完成冬春交替。

但这时天气极不稳定，变化无常，回暖可能随时被带着寒意的雪水所打断，有时会出现冰雹等强对流天气。偶尔一股寒潮南下就可能引发倒春寒，对棉花、蔬菜等都会造成危害。

在山区，降水更为丰沛，而且气温回暖，积雪逐渐消融。降落的水和消融的水相叠加，还可能导致洪水和泥石流的发生。

干燥炎热的夏天

土库曼斯坦从春到夏的过渡时间十分短暂。5 月下旬，气温迅速升高，降水急剧减少，空气变得干燥而炎热。

这时候，从阿拉伯半岛延伸而来的副热带高压常常会向北扩展蔓延，甚至会控制几乎整个中亚地区。暖性高压系统盘踞之时，盛行下沉气流，大气层结稳定，天空晴朗，辐射增温作用显著。

同时南方炙热的空气会搭上高压脊后部偏南气流的顺风车，一路向北到达中亚。干燥的热风来袭，土库曼斯坦升温猛烈，特别是这些风翻越南部山区之后，由于焚风效应，暖空气被加热、脱水，干热加剧。

而占据了土库曼斯坦80%领土的卡拉库姆沙漠，更是将夏季的炎热演绎到了极致。沙粒疏松多孔，热容量小，太阳直射之下升温迅速，气温会轻松突破超过40℃，最高气温往往能达到45~50℃。

夏季，仅在里海东岸、科佩特山和巴尔汗山区才会偶尔有些零敲碎打的降水，其他地方几乎是滴雨皆无。

短暂舒适的秋天

夏季高温的“狂欢”通常要到八九月份才会有所收敛。到了10月，太阳辐射减弱，白天最高气温下降到二十几摄氏度，同时雨水有所增多，终于有了些许的湿润感。但这个时节，最低气温会降至个位数，甚至0℃以下，不是秋凉如水，而是秋凉如冰水。

秋天是收获的季节，对于土库曼斯坦来说，是全民皆“棉”的时段。人们暂时放下手中其他的事情，纷纷到棉田之中，开始为期20天左右的摘棉花“运动”。

在8月的第二个星期日，还会迎来一年一度的“甜瓜节”。每年这个时候，人们聚集在公园、广场等地进行大规模的活动，载歌载舞庆祝甜瓜丰收。土库曼斯坦的甜瓜闻名遐迩，被视为该国继汗血宝马和地毯之后的第三宝。世界上已注册的1600种甜瓜中有400多种在这里都有种植。当地人将甜瓜放到餐桌上，常与面包一起食用，有“第二面包”的美称。

目前又有冬季成熟的甜瓜品种问世，一年四季都有美味的甜瓜可以品尝。土库曼斯坦的甜瓜甜度十足，含糖量最高可以接近20%。因此“甜瓜节”在民间还常常被称为“甜蜜的节日”。

温和潮湿的冬天

有别于极度热烈明朗的夏季，土库曼斯坦的冬季则要阴沉许多，日照时数也降到一年中的最低点。这不仅仅是因为太阳直射点的南移，还有雨雪增多的缘故。

但由于纬度低，海拔也不高，土库曼斯坦冬季的寒冷与中亚其他四国相比还是比较温和的。中部、南部的日平均气温多在0℃以上，且随着云量增多，昼夜温差也会减小一些。

但所谓的温和只是相对的，冷空气一来便无温和可言。因缺乏自然山脉的抵挡，来自北方的冷空气往往如入无人之境，轻松席卷土库曼斯坦。北方地区的气温可以下降到零下20℃左右。若是冷空气异常强大，剧烈降温之后，冷空气仍然赖着不走，长时间盘踞的情况也偶有发生。

冬季是土库曼斯坦降水最多、湿度最大的季节，相对湿度一般都在70%以上。

虽然说这个季节降水最多，但整个冬季，北部地区也普遍只有50毫米左右的降水（与北京整个冬季的降水量相仿）。东南部地区降水量相对较大，山区个别地方可超过100毫米。冬季降水的水汽来源主要是北冰洋以及里海。在南部科佩特山脉山前一带地区，有地形抬升作用加成，为降水中心，冬季常有深厚的积雪。

沙漠中的水城——阿什哈巴德

首都阿什哈巴德位于土库曼斯坦南部，地处科佩特山脉山前的平原之上，卡拉库姆沙漠的南缘。

受到沙漠的影响，阿什哈巴德是世界上最炎热的首都之一。这里曾经极度干燥，严重缺水，但自从卡拉库姆运河通航之后，情况大有改观。不仅道路两旁铺设起了浇灌用的水渠，广场上、公园里还纷纷建设了各式各样的喷泉，让人恍然有一种身处水乡的感觉，阿什哈巴德也因此有了“喷泉之都”的美称。

阿什哈巴德属于温带大陆性气候，空气干燥，雨水稀少，平均年降水量只有 201 毫米（与中国银川的降水量比较相似），是中亚五国首都中降水最少的。

阿什哈巴德有两个漫长季节：炎热的夏季、温和的冬季；还有两个短暂的季节：相对舒适的春天和秋天。11 月至次年 3 月是阿什哈巴德的冬季，也是一年中降水最多的季节，这五个月的累积降水量就有 124 毫米，超过全年降水量的 60%（这与中国截然相反，中国众多地区 3/4 的降水集中于夏季，而冬季是降水最稀缺的季节，尽管冬季也同样漫长）。

如果比较各月，3 月平均降水日数为 13 天，降水量为 41 毫米，是降水最丰沛的一个月。在雨水的滋养之下，冬季的阿什哈巴德可以享受一年中少有的湿润，月平均相对湿度都在 60% 以上。

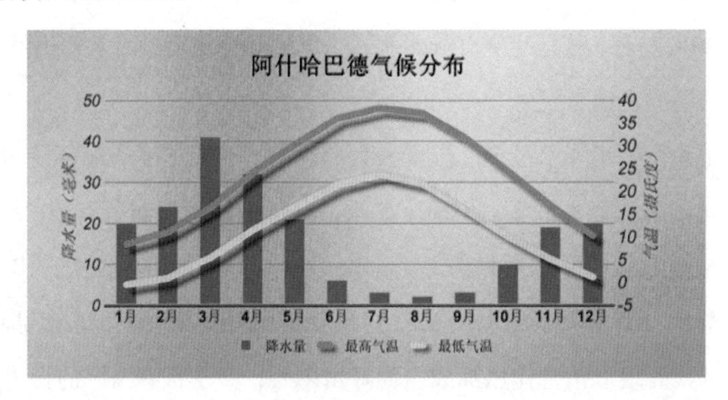

加之纬度和海拔都比较低，阿什哈巴德的冬季非常温和。除了最冷的 1 月份平均最低气温零下 0.4℃（有点像北京的 11 月）略低于冰点之外，冬季其他月份的平均最低气温都在 0℃以上。但温和的冬季也会有不温和的非常态。在寒潮侵袭过程中，阿什哈巴德的极端最低气温曾经降到零下 24.1℃，说明再温和的气候也有充满极端性的偶然。

阿什哈巴德的夏季一般从 5 月份开始，此时降水迅速减少，天气十分炎热。这种干燥少雨的状况一般要持续到 9 月份。

6~8 月属于最为干热的盛夏，是一年中日照时间最长、气温最高、相对湿度最小的时段。尤其是 7 月，平均降水量只有 3 毫米，每天太阳“值班”平均超过 11 小时以上，比“朝九晚五”的人们工作时间更长。7 月的平均最高气温为 38.3℃，而空气的相对湿度只有 30℃左右。

为了应对这种烈日酷暑，当地服装也极具特色，例如男子经常头戴黑色、白色或是褐色羊皮缝制的高帽，在沙漠地区有着冬暖夏凉的效果。

55

乌兹别克斯坦——旱地之上的白金之国

The Republic of Uzbekistan

地理概况：平坦的双重内陆国

作为中亚的“河中之地”，乌兹别克斯坦孕育了中亚最悠久的丝路文明，也养育了中亚最多的人口，而干燥少雨日照长的大陆性气候造就了中亚的白金之国，以及中亚最重要的瓜果生产国。

中亚五国地理概况对比表

国家	国土面积（平方千米）	国土面积世界排名	人口（万人）	首都
哈萨克斯坦	272.5	9	1706	阿斯塔纳
土库曼斯坦	48.8	54	684	阿什哈巴德
乌兹别克斯坦	44.7	58	3091	塔什干
吉尔吉斯斯坦	20	87	570	比什凯克
塔吉克斯坦	14.3	96	862	杜尚别

乌兹别克斯坦是中亚地区人口最多的国家。面积仅占中亚五国的11%，人口却占到了45%。

乌兹别克斯坦是中亚中部的内陆国家，号称“中亚之中”。中亚是亚洲的腹地，而乌兹别克斯坦又是中亚的腹地。国土呈西北－东南走向，地势西低东高，大部分地区是平原和海拔较低的盆地，占国土总面积80%左右。

西部是滨海低地，中部是广阔的平原——一望无际的克孜勒库姆沙漠，阿姆河沿岸有点点绿洲分布其中。东部山区属于天山山系和吉萨尔－阿赖山系的西缘，分布着常年积雪的群山和河谷盆地。

乌兹别克斯坦国土位于阿姆河和锡尔河之间，从东部的高原山区发源，向西流向咸海。阿姆河起源于帕米尔高原，自东向西沿着克孜勒库姆沙漠和卡拉库姆沙漠之间，土库曼斯坦和乌兹别克斯坦的交界地带蜿蜒而过，于乌兹别克斯坦西北部地区向北流入咸海，是中亚最大的内陆河。

锡尔河发源于天山山脉，从乌兹别克斯坦东部穿过，进入哈萨克斯坦后逐渐向西向北注入咸海。

阿姆河和锡尔河就像中国的长江和黄河，乌兹别克斯坦就是两河之间的文明走廊，虽然没有形成具有世界级影响力的文明，但处于联结东西方和南北方的中欧中亚交通要冲的十字路口，古代是重要的商路枢纽和丝绸之路上的重镇。

众多文明都在这里留有印记，在历经岁月的洗礼和战争的摧残之后，还保存着许多恢宏的历史建筑和大量传统手工艺，是中亚地区丝路文化遗产最丰富的国家。

极端区域中难得的温和气候

乌兹别克斯坦被中亚其余四国所包围，在哈萨克斯坦的南部、土库曼斯坦的北部，气候同中亚大部分地区一样，有着典型的温带大陆性气候。

在这个气候比较极端的区域之中，相较而言，乌兹别克斯坦既不像哈萨克斯坦那样寒冷，也不如土库曼斯坦那般炎热。降水虽不如东部的吉尔吉斯斯坦、塔吉克斯坦两个高山国那样丰沛，但又远多于中亚的干旱地区。

可见乌兹别克斯坦的气候讲究中庸之道，极端性不强，称得上是中亚地区较为温和的大陆性气候。两河流域周边分布着广袤的田野，大量棉花和桑树间作其上，交织出一个桑与棉的国度。国徽的左右两侧，是乳白色棉桃和金黄色麦穗。棉桃中的绿色波纹，则象征着桑蚕。

乌兹别克斯坦，是世界上仅次于中国和印度的第三大丝绸生产国。奥运会等国际赛事中，乌兹别克斯坦运动员身穿的领奖服，便是“粟特锦”做成的绣金袍。

乌兹别克斯坦的地理、气候都和土库曼斯坦较为相近，东部有小面积山区，中部沙漠广布，沙质土壤含水量低，植被少，蒸发量远远多于降水量的补给，入不敷出。

而为数不多的雨水大都出现在冬春季节，夏季则晴晒干热。另外，沙漠地区热容量小，也让这里气温的波动显得尤其剧烈，昼夜温差和冬夏温差都非常大。

乌兹别克斯坦处在西风带系统的掌控之下，深居腹地，水汽稀缺。但北侧多是平原低地，冬季极地冷空气往往能顺利地长驱直入，将气温打入谷底的同时，还会附赠一些雨雪。另外，来自大西洋和地中海的温带气旋经过长途跋涉，虽然“随身携带”的水汽已所剩无几，但山地还是能够进行强行截留，从而获得少量雨雪。

夏天，副热带高压北抬，温暖湿润的气流就像“散财童子”一样开始“北伐”，但翻越山岭时水汽被“扣留”一些，途经沙漠时水汽再被蒸发一些。等抵达这腹地中的腹地时，原本的暖湿气流已经“异化”为干热气流。即使“出身”于海洋的暖湿气流，到了这里也早已面目全非，很难指望它奉送甘霖。

降水稀少，日照充足

双重内陆国的地理位置以及大片沙漠的地貌特征，都决定了乌兹别克斯坦境内降水的稀缺，平均年降水量只有100~200毫米，而且时间和空间分布很不均匀。

从时间分布来看，降水主要集中在12月至次年4月的冬春两季，这一时期西风带系统较为活跃，高空西风汹涌，可以将水汽从北冰洋或是大西洋、地中海一带地区强行运送到乌兹别克斯坦，从而产生一些雨雪天气。

从空间分布来看，降水东多西少，山地多，平原少，中西部地区植被稀少，多为沙漠所覆盖，年降水量普遍在100~250毫米，东部山区则在地形抬升的作用下，雨水相对充沛，年降水量可以达到250~500毫米。

由于干旱的大陆性气候，乌兹别克斯坦境内土地贫瘠，多为沙漠和散落其中的绿洲。可种植区域主要集中在东部山麓平原地区以及南部阿姆河沿岸，也是人口集中区域。形成的农业用地主要为旱地和灌溉地，灌溉地中一半是含盐和盐渍化土地，生态系统比较脆弱。

水资源的严重亏缺给当地带来了许多不便，但从另一方面来讲，雨水的稀少意味着无数个阳光灿烂的日子。这让乌兹别克斯坦和中国新疆一样，成为出产高质量棉花以及香甜瓜果的福地，瓜果年产量在250万吨以上。

而棉花的生产总值更是占到了国内农业产值的40%。乌兹别克斯坦种植棉花已经有两千多年的历史，素有“白金之国”的美称，是世界上第二大棉花出口国。

气候区划：自西向东，降水和海拔的递增

根据乌兹别克斯坦境内地形的差异，该国主要可以分为三个气候区：沙漠和干

旱草原气候、山麓气候以及高山气候。

沙漠和干旱草原气候覆盖了乌兹别克斯坦中西部大范围的沙漠和草原。这一带地区海拔较低，气候最显著的特点便是极端。一方面，极端干燥，年平均降水量不足 200 毫米。另一方面，气温极端，冬季严寒，北部地区最冷时气温可以跌至零下 30℃以下；夏季酷热，南部地区曾记录到 45~50℃的高温，土壤温度则能达到 60~70℃。由于气候极端，人口稀少，沙漠里有着大范围的无人区。

山麓气候是平原到山区的过渡气候，主要出现在沿天山和吉萨尔 – 阿赖山系一带的山脚下，海拔 300~1 000 米，年降水量在 400 毫米，相对干燥气候要湿润一些，气温方面也相对温和，是乌兹别克斯坦境内最适宜居住的气候区。

高山气候雨水最为丰沛，全年都有可能出现降水，年降水可以达到 800 毫米以上，局部地区曾观测到 2 000 毫米的年降水量，冬季山区多降雪，3 500~5 000 米之上的地方还常年为积雪所覆盖。

首都塔什干：“太阳城”

塔什干位于乌兹别克斯坦东北部，属于温带大陆性气候，降水稀少，日照充足，年平均日照时数超过 2 800 个小时，因此有了“太阳城”之称，是中亚地区日照最多的首都城市。

塔什干冬季温和湿润，雨雪丰盛，最冷的 1 月平均温度也在 0℃以上（1.9℃）。11 月至次年 3 月，月平均降水量均在 40 毫米以上。不要小看这 40 毫米，北京隆冬时节，每月的降水量不过两三毫米。40 毫米，对于北京而言，简直是天文数字！

4~5 月是短暂的春季，雨水减少，气温上升，并且多大风天气，空气质量极佳，是一年中舒适度最高的一段时间。

夏季晴朗少雨，炎热干燥，塔什干又恢复“太阳城”的本色。最热的 7 月平均最高气温为 35.6℃，高温几乎是家常便饭，气温突破 40℃也并非异常。9~10 月天气迅速转凉，雨水增多，但出现雾霾天气的概率也显著提高。

东南亚篇

Southeast Asia

56

东帝汶——南半球的亚洲国家

Democratic Republic of Timor-Leste

地理概况

东帝汶，全称东帝汶民主共和国，是21世纪以来第一个成立的国家（于2002年5月20日正式成立）。东帝汶西侧与印度尼西亚西帝汶相接，南隔帝汶海与澳大利亚相望。

东帝汶国土总体位于南纬8°~10°，不仅是东南亚最东、最南的国家，也是唯一一个全部国土都位于南半球的亚洲国家。

东帝汶国土面积为14874平方千米（比北京市面积略小），其中山地和丘陵约占3/4，平原和谷地位于沿海地区。东帝汶的最高峰塔塔迈劳山海拔高度2986米。

比起耳熟能详的泰国普吉岛、印尼巴厘岛等度假胜地，东帝汶是个充满原生态风味的地方。这里拥有清新洁净的空气、清澈碧蓝的海水，而伸向太平洋的山脚和恣意生长的茂密丛林构成了它别具特色的海岸线。

干湿季分明之岛

东帝汶距离赤道不远，距离澳大利亚也不远，所以不仅会受到赤道辐合带影响，还会受到澳大利亚冬季风的影响。

赤道辐合带与冬季风的交替来访，使东帝汶具有干湿分明的热带季风气候，这在东南亚的海岛地区是比较少见的。

澳大利亚和东帝汶都位于南半球，当澳大利亚迎来冬季的时候，北半球正是盛夏时节。与中国相似，冬季的澳大利亚大陆也会被一个稳定的大陆冷高压控制。冷高压北侧盛行的偏东风将干冷空气输送到东帝汶，使其在北半球的夏季迎来一年中最干燥少雨的时期。这支偏东风在越过赤道后逐渐偏转为西南风，是中南半岛和中国夏季重要的水汽来源，不过这是后话了。

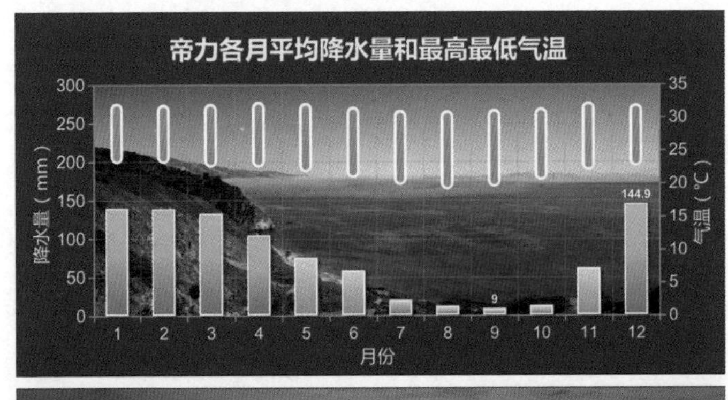

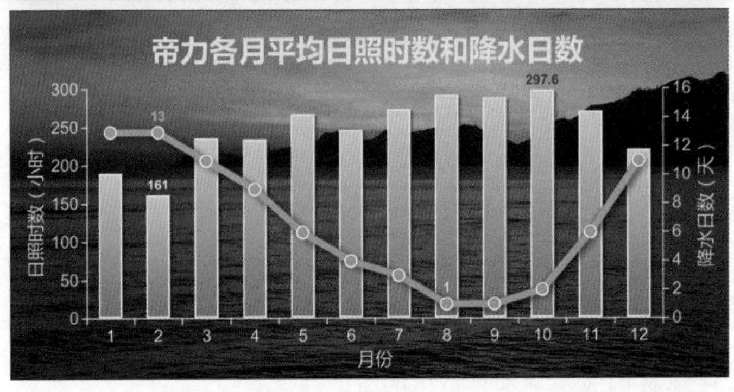

而到了年底、年初，北半球处于隆冬时节，位于南半球的东帝汶则会迎来雨水最为充沛的时期。因为这时候赤道辐合带正位于一年中最南的位置（约南纬 5°），充足的水汽和活跃的热带对流云系使东帝汶饱受雨水滋润。

东帝汶首都帝力，位于帝汶岛东北海岸，是东帝汶最大的城市、港口以及全国的经济中心。

帝力有反差明显的雨季和干季，主雨季从每年 12 月持续到次年 4 月，每月的平均降水量都超过 100 毫米。其中 12 月至次年 3 月，每月的降水天数都会达到 11~13 天。

进入 5 月以后，南半球逐渐进入冬季，帝力的雨水锐减。

7~10 月是帝力的干季，而与东南亚其他国家相比，帝力的“干季”更名副其实，因为各月的平均降水量普遍低于 20 毫米，各月平均降水日数只有 1~3 天。

热辣天气常驻之地

和起伏明显的降雨不同，帝力全年的气温却没有什么变化，低纬度和低海拔决定了这里阳光炽热、终年如夏。

即使在一年中最“凉”的 8 月，帝力的平均最高气温也有 30.1℃，平均最低气温为 20.1℃。而在相对热一些的 11 月至次年 4 月，帝力各月的平均最高气温普遍在 31~31.5℃，平均最低气温为 23~24℃。

任你多雨少雨，我自岿然不动。此处的“我”，便是帝力的气温。因为无论干季还是雨季，帝力的天气总是那么“热辣”。即使 12 月至次年 4 月的雨季，帝力的降水天数也最多只占一个月的 1/3 左右，所以一年中的任何时节，帝力的阳光都非常充足。在日照时间最少的 2 月，帝力平均每天约有 5~6 小时的日照；而在阳光最充足的 9 月，平均每天有接近 10 小时的日照！

季节性的雨水和非季节性的温暖，这就是东帝汶，一个宁静纯粹的新生国度。

57

菲律宾——太平洋上的台风门户

Republic of the Philippine

地理概况

菲律宾，全称菲律宾共和国，位于南海东侧的西北太平洋。北隔巴士海峡与中国台湾遥遥相对，南和西南与印度尼西亚、马来西亚相望。

与印度尼西亚相似，菲律宾也是一个“千岛之国”，共有大小岛屿7000多个，自北向南主要可以分为吕宋岛、米沙鄢群岛和棉兰老岛三大岛群。

菲律宾的国家历史至少可以追溯到14世纪前后，这一时期菲律宾逐渐出现了一些割据王国，其中最著名的是苏禄苏丹国。

山高海深之国

菲律宾群岛一带的地形可谓“山高海深”、跌宕起伏。

群岛东侧紧临全球第二深的海沟——菲律宾海沟，最深处达到10479米。整个菲律宾群岛3/4以上的地形是山地，其中不乏海拔2000米以上的高山。

菲律宾北部的吕宋岛和南部的棉兰老岛普遍是山地与河谷交杂的地形。

吕宋岛北部自东向西分布着马德雷山、中科迪勒拉山、三描礼士山等南北向山脉，山脉之间分别嵌有卡加延河谷与中央平原（首都马尼拉即位于中央平原）。

棉兰老岛则分布着中央高原和众多山地，两个相对较大的平原皆由河流冲刷形成。而且，菲律宾的很多山并非普通的山，而是火山。菲律宾位于环太平洋火山地震带上，整个群岛共有 200 多座火山，其中活火山就有 21 座。

菲律宾最大的火山是位于吕宋岛东南部的马荣火山，由于具有接近正圆锥体的山体而被称为“最完美的圆锥体”。而棉兰老岛东南部海拔 2954 米的阿波火山，是菲律宾的最高峰。

菲律宾东海岸别具特色的“跨年雨”，便是其多山地形的“杰作”。在年底至年初，北半球大部分地区进入干燥少雨的冬季时，菲律宾东海岸却反其道而行之，雨水甚至比夏季更丰沛。

在冬季，由于亚洲大陆的冷高压逐渐稳定在中国华南甚至南海上空，高压南侧的东北风逐渐建立。当东北风撞上菲律宾东部的南北向山脉时，迎风坡效应使得雨势被陡然放大，使得菲律宾东海岸的雨水明显多于其他季节。

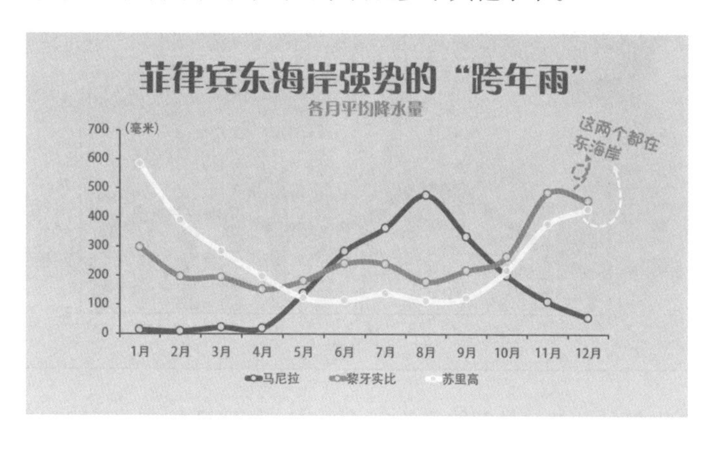

例如菲律宾吕宋岛东南部的黎牙实比以及棉兰老岛东海岸的苏里高，每年 11 月起雨水突增。11 月至次年 1 月，各月平均降水量都在 300 毫米以上。相比之下，位于吕宋岛中央平原地区的马尼拉就完全不一样了。马尼拉东西两侧都有南北向的山地阻挡，东北季风携带的水汽很难到达这里，所以年底、年初并不是马尼拉的雨季。马尼拉一年中最多雨的时期是 6~9 月，与我国中、东部的季风气候区相似。

本来相隔不远的两个地方，雨水多寡以及雨水的季节分布却迥然不同，因为地形充当了降水“贫富差别”的放大器。热带地区水汽丰沛，所以降水“不患寡而患不均”，而地形加剧了这种“不均”。

椰子之邦

菲律宾是典型的热带国家。提起“热带”和“海岛国家”最具代表性的动态画面，蓝天白云，阳光沙滩，椰树微风，而这样的画面非常“菲律宾”。

菲律宾有着“椰子之国”的称号，也是世界上出产椰子最多的国家之一，菲律宾首都马尼拉甚至有一座椰子树建造的“椰子宫”。

菲律宾盛产椰子，自然与当地终年炎热、雨水丰沛的气候密切相关。无论是中国华南、东南亚、太平洋群岛还是拉丁美洲，椰子普遍生长在南、北回归线之内的热带低海拔地区。而菲律宾的沿海平原与河谷地区正是教科书般完美的椰子生长地。

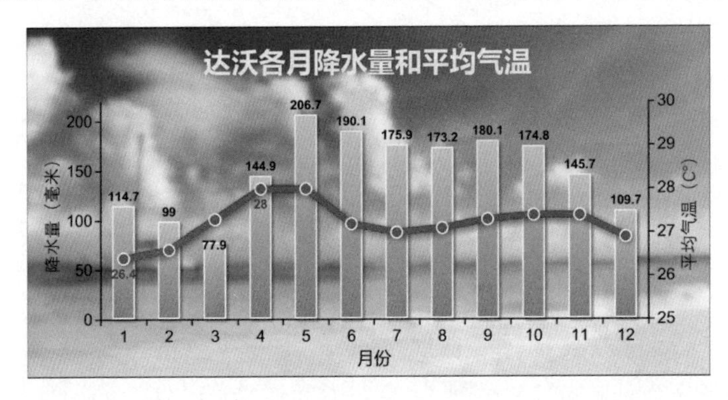

棉兰老岛南部的达沃，是菲律宾第三大城市，同时还拥有“菲律宾果篮”的称号，椰子制品是当地一大特产。以达沃为例来一窥菲律宾成为“椰子之国”的原因。

土壤特点：椰子适宜生长在排水良好的海洋冲积土或河岸冲积土地上，而达沃位于棉兰老岛南部的沿海平原地区，所具有的正是海洋冲积土。

气温方面：椰子喜好温暖，适宜生长在年平均气温 26~27℃并且年温差小的地区。达沃地处热带沿海地区，年平均气温为 27.2℃，而且一年中的气温变化非常小，最热的 4 月、5 月平均气温为 28℃，最凉的 1 月平均气温为 26.4℃，简直是为椰子量身定做的气候。

降水方面：椰子适宜生长在年降水量在1300~2000毫米，且一年中各时期降水分布较为均匀的湿润地区。

达沃年平均降水量1792.7毫米，一年中有10个月的月平均降水量在100毫米以上，且各月平均降水日数普遍在10天以上，几乎是“丁是丁，卯是卯”地契合椰子的喜好。

台风之国

除了椰子，菲律宾还有另一样“产量”可观的“特产”——台风。

在西北太平洋，台风通常会在北纬5°~20°的热带海域生成，主要的活动范围也通常在北纬5°~30°。

由于台风生成和发展需要大量热量和水汽，所以表面温度高于26.5℃的温暖洋面是它们理想的生活环境。当然，如果有外界输送水汽就更加利于台风发展，西北太平洋洋面上空的副热带高压周围的暖湿气流，以及夏季南海上空发展的西南季风都是台风最大宗的“水军”。

菲律宾正好位于北纬5°~20°。对于台风而言，菲律宾以东的西北太平洋洋面是它们最理想的生成之地和发展之所。而且，由于菲律宾位于西北太平洋的开放海面上，当台风顺着副热带高压南侧向西移动的时候，菲律宾首当其冲。

所以和东亚、东南亚其他国家不同，菲律宾在一年中任何时间都有可能受到台风侵袭。而且由于菲律宾距离台风生成源地较近，通常都是台风登陆的“首选”地点，不少台风都是在自己一生中的强度巅峰时段登陆菲律宾的。例如2013年第30号台风“海燕”就是在巅峰时段登陆菲律宾并造成惨烈灾难的，登陆时的强度为75米/秒（超强台风级），这个强度在台风观测史上也非常罕见。

2015年我曾在网上做过一个调查：“你印象最深的台风名字。”结果台风“海燕”排在众多台风的第二位（第一位是“巨爵”，因为音同“拒绝”，易引起歧义，所以人们印象深刻），说明大量网友关注台风不是局限于自己的“一亩三分地”，而是具有全球视野的。

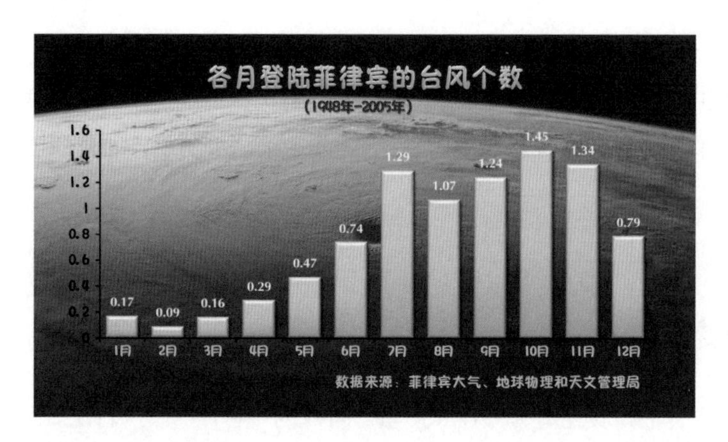

据菲律宾大气、地球物理和天文管理局（PAGASA）统计，1948~2005 年，平均每年有 9.73 个台风登陆菲律宾，而平均每年进入影响菲律宾的台风区域的台风则多达 18.6 个。每年 7~11 月份，即下半年，是台风影响菲律宾最为集中的时段。

当然，台风对于菲律宾各个地区的影响概率也存在显著差异：

吕宋岛北部：这个区域台风袭击最为频繁，大强度台风登陆最为集中，但反而台风灾害最轻。除了防台经验丰富外，吕宋岛东北部为高耸的马德雷山，呈南北走向，通常与台风行进方向垂直，对台风削弱作用明显。即便是超强台风登陆，山间的坝子仍然可能感受不到大风。另外，吕宋岛北部植被较好，也不易产生泥石流等地质灾害。只有台风长久徘徊不去，导致暴雨持续，才有可能造成较大灾害。

吕宋岛南部及米沙鄢群岛：袭击这个区域的台风远不及吕宋岛北部多，台风强度通常也不如影响吕宋岛北部的那么大，但灾害损失最大。

这是因为吕宋岛南部为菲律宾政治、经济中心，人口极为密集。另外，吕宋岛南部为火山分布区，著名的马荣火山即在此。火山的存在大大增加了这一地区发生泥石流等灾害的可能性。

棉兰老岛：棉兰老岛总体位于北纬 10° 以南，属于强台风“盲区”，很少受到台风影响。但棉兰老岛是火山、地震多发区，发生泥石流的风险非常大。当台风经过时，强降雨引发地质灾害的概率比较大。

58

柬埔寨——东南亚的天然福地

Kingdom of Cambodia

地理概况

柬埔寨，全称柬埔寨王国，位于中南半岛南部，东部和东南部同越南接壤，北部与老挝交界，西部和西北部与泰国毗邻，西南濒临泰国湾。

提起柬埔寨，首先就会让人想到吴哥窟，这座12世纪建造的庙宇宏伟壮丽，至今仍然是世界上最大的宗教建筑，而建起吴哥窟的古吴哥王朝，其国力富强也引人遐想。不过无论是曾经辉煌的吴哥王朝，还是如今游人如织的吴哥窟，柬埔寨的前世今生，都有“地利”与“天和”的一臂之力。

气候特点：“水深火热”

柬埔寨国土总体位于北纬10°~15°，属于典型的热带地区，按照中国的季节划分标准，这里是个常年如夏的地方。

柬埔寨普遍具有典型的热带季风气候，这也意味着柬埔寨的气候与东南亚其他国家具有共性，也拥有“水深火热”的特点。

在北半球的夏季，柬埔寨会逐渐受到西南季风控制，迎来一年中最为多雨的时期；而当北半球逐渐进入冬季、西南季风退去时，雨水也会随之消退，进入雨水稀少、相对干燥的干季。

结合雨水和气温的变化，柬埔寨大体可分为三个季节："干季""热季"和"雨季"。

不论是位于柬埔寨西南沿海地区的西哈努克市，还是位于柬埔寨中部的金边、西北部的暹粒，一年中都有这样的三个时期。当然，柬埔寨沿海和内陆的气候略有差异。

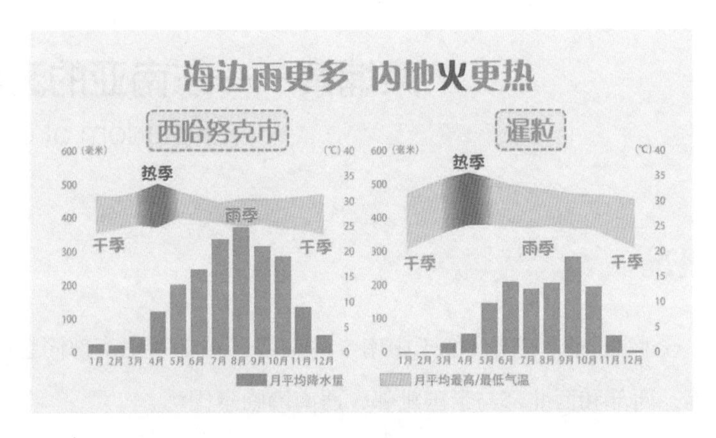

每年 10~11 月，柬埔寨各地的雨水会逐渐减少，进入"干季"，是更适合户外活动的季节。

"干季"处于年底、年初，气温只是相对低一些。在常年如夏的柬埔寨，对这种"低"也并不能抱很大期望。例如西哈努克市和暹粒都是在 12 月和 1 月最凉，但各月的平均最高气温仍然普遍超过 30℃，平均最低气温也普遍在 20~25℃。

进入 3 月，阳光雨露都开始"发力"。雨水增加不多，但是随着太阳直射点北移，大部地区热上加热，逐渐进入"热季"。4 月是柬埔寨最热的时候。暹粒的平均最高气温会达到 35.8℃，出现 35℃以上的高温天气是家常便饭。沿海的西哈努克市稍好一些，平均最高气温也有 33.7℃。

东南亚各国的"泼水节"为什么在每年 4 月 13~15 日前后举行？单纯从气候的视角来看，一是在最燥热的时节降降温，二是期盼雨季的降临。

5 月，控制中南半岛的西南季风逐渐强盛，柬埔寨进入雨季。

虽然雨季各地都非常多雨，但沿海的西哈努克市雨水尤为丰沛。西哈努克市的主雨季从 5 月一直延续到 10 月，各月平均降水量普遍超过 200 毫米，其中 7~9 月各月普遍超过 300 毫米。不仅因为沿海可以“近水楼台先得月”（率先获得云水资源），更因为这里背靠南北走向的象山山脉，处于西南季风的“迎风坡”，能够更多地截留云水资源，所以这里的雨季也就更为多雨。柬埔寨三大传统节日，新年（即“泼水节”）、御耕节、送水节都与雨季密切相关，足见气候对于文化习俗的影响。

泼水节是期盼雨季，御耕节是迎接雨季，送水节是作别雨季。

雨季到来之际（通常在 5 月），柬埔寨王室成员或国家主要领导人会亲自主持“御耕节”，在金边王宫北面的“圣田”种下雨季中的第一颗种子，祈求风调雨顺、五谷丰登。当雨季结束时（10 月或 11 月），人们在收获鱼米庆祝丰收的同时，也感谢雨季的养育之恩。

东南亚少见的平原福地

柬埔寨国土面积为 181000 平方千米，和我国广东省的面积基本相当，是中南半岛上面积最小的国家，也拥有东南亚常见的“水深火热”的气候。

在很多地方，地理特征是“八山一水一分田”。从这一点来看，柬埔寨可谓得天独厚。其国土 3/4 以上都是平原，如此高比例的平原地形，在世界各国中是非常少见的。

柬埔寨为数不多的山地主要集中在东部和西南部，而该国中部辽阔的平原可谓中南半岛的福地，不仅地势平坦，还拥有“一河一湖”的超豪华水系阵容。

“一河”指的是东南亚第一大河——湄公河，也是亚洲最重要的跨国水系。

在中国境内为澜沧江，在流出中国后，称为湄公河，其大部分河段都被作为界河。真正“穿过”的国家只有老挝、柬埔寨和越南三国。湄公河下游位于柬埔寨的河段长达 501.7 千米，自北向南纵贯该国。

而且柬埔寨还拥有东南亚最大、世界第二大的淡水湖——洞里萨湖。洞里萨湖的水域面积随着雨季和干季的交替会出现明显的扩展和收缩，但即使在枯水期，它的最小水域面积也有 2700 平方千米，大于中国第三大淡水湖——太湖（2338 平方千米），而到了丰水期，洞里萨湖的水域面积最大可达到16000平方千米，接近中国最大湖泊——青海湖（4583平方千米）的4倍。

“一河一湖”及其周边水系不仅使土地丰沃，并且造就了便捷而通达的水路，给柬埔寨带来了富足的渔业资源。“一河一湖”使柬埔寨平原的土地肥沃得“插根筷子都能长出稻米”。

柬埔寨水稻可分为雨季稻、旱季稻与前雨季稻三种。其中雨季不便田间管理，因而雨季稻生长期通常持续整个雨季。而11月至次年4月降水不多，因而旱季稻播种和收获时间都比较灵活，何时播种取决于蓄水情况、灌溉能力及农民个人意愿。

柬埔寨的国土面积与广东省相当，然而柬埔寨总人口仅约1500万人，不足广东省人口的1/5。或许由于水土丰沃而人口密度并不太大，柬埔寨人民生活普遍比较悠闲。不少洞里萨湖渔民无须种田，仅靠打鱼便可维持全家生计。至于水稻生产，很多柬埔寨农民只种一季水稻。在“一河一湖”滋养的这片沃土上，一季收获便可满足一国之需。

得天独厚的天然水利系统

湄公河与洞里萨湖给柬埔寨带来的不仅是鱼米之乡，它们自身也构成了柬埔寨平原地区绝妙的天然水利系统，时刻守护着这片土地的富饶。

在干季和雨季，洞里萨湖的面积和水深差别非常明显，一年中的最大面积（约16000平方千米）可以达到最小面积（约2700平方千米）的近6倍，其秘密正在于它与湄公河之间“相互扶持”的关系。

洞里萨湖与湄公河之间由洞里萨河相连，雨季时，丰沛的降雨使湄公河水位高涨，汹涌的河水顺着洞里萨河灌入洞里萨湖，从而可以减轻湄公河下游的泛滥；而干季时，湄公河逐渐进入枯水期，这时洞里萨湖的湖水会通过洞里萨河流入湄公河，使湄公河的水源得到补充。

正因为洞里萨湖与湄公河之间的“相濡以沫”，柬埔寨才有了丰饶的平原和东南亚最大的淡水渔场。

不论是古代辉煌的吴哥王朝，还是如今洞里萨河与湄公河交汇处的首都金边，都是靠着这一河一湖的滋养而成长起来的。

洞里萨湖和湄公河对于柬埔寨人民而言，是无可争议的生命之源。

59

老挝——湄公河畔的一方宁静

Lao People's Democratic Republic

地理概况：三个台阶，一条长河

老挝，全称老挝人民民主共和国，位于中南半岛北部，是东南亚地区唯一的内陆国家。老挝国土狭长，邻国众多，北部与中国云南相接，东部和越南相邻，南部毗邻柬埔寨，西南部邻接泰国，西北部与缅甸也有接壤。

与我们耳熟能详的泰国、柬埔寨，甚至新兴旅游目的地越南相比，老挝显得低调和脸谱化，然而这里其实拥有不输邻国的优美风景和人文风情，这里有悠长的夏日和安闲的生活。

在寸土寸金的东南亚地区，老挝是人口最为稀疏的一个国家。老挝国土面积为236800平方千米，大约和中国广西的面积相当，然而老挝人口只有680万，大约只有广西的13%。

平原地区大多人口稠密，而山区平地少，人口也就相对稀疏。老挝是中南半岛上唯一的内陆国家，而且绝大部分是山地。老挝的地势为北高南低，与中国地形的“三个台阶”相似。老挝按照地形可以分为三部分，分别称为上寮（北部）、中寮（中部）

和下寮（南部）地区。

老挝上寮地区主要是山地和小高原地形，其中也包括老挝最高峰普比亚山（海拔 2820 米）。湄公河先是作为老挝与缅甸的界河，然后流入老挝上寮地区，并且经过古寺密布、美丽安详的琅勃拉邦——古澜沧王国的都城。然后湄公河向南流出上寮地区，又成为老挝与泰国的界河。老挝的首都万象就位于湄公河畔的万象平原，一个坐落在界河之畔的首都。

继续沿湄公河南下，便是老挝的下寮地区。这里地势更低，多数是平原与河谷。湄公河河道在接近老挝 – 柬埔寨边境处变得更加宽阔，当旱季河水退落，河道中会现出众多小岛、小渚和沙洲，总数过千，景色独特秀美，因此这片区域被当地人称为“四千美岛”。

迎来送往

老挝众多盛大的传统节日中，有两个节日可以视为一对——“迎水节”与“送水节”。“迎水节”在公历 7 月或 8 月举行，历时 3 个月，当 3 个月结束时即举行“送水节”。“迎水节”与“送水节”可以视为老挝气候的写照。

老挝位于北纬 13° ~23° ，属于典型的热带地区。在北半球的夏季，老挝全境都会受到西南季风的影响，呈现显著的热带季风气候。以雨水多寡分为雨季、干季，比以气温的温热寒凉分为四季更符合其气候特征。

每年 5 月，西南季风逐渐强盛，老挝各地陆续进入雨季。6 月是第一个降水高峰期，7 月稍稍喘息之后，到达 8 月的降水巅峰。

8 月的老挝，雨水会成为生活中的一大“伴侣”，不仅一个月超过一半的时间会下雨，而且往往雨势强盛。

琅勃拉邦 8 月的平均降水量会达到 289 毫米，平均降水日数为 19 天；首都万象 8 月的平均降水量则高达 335 毫米，平均降水日数为 21 天。

结合降水量和降水日数来看，此时的琅勃拉邦和万象有很高的概率遭遇中到大雨。不过由于老挝位置比较偏北，所以雨季比起中南半岛多数地方都要短一些。

随着赤道辐合带南下，10 月老挝各地的降雨就会明显减少。比如万象 9 月的平均降水量接近 300 毫米，10 月就会骤减到 78 毫米，降水日数也会从 9 月的 17 天减少到 9 天。琅勃拉邦 9 月和 10 月的降水量连续下滑，10 月平均降水量为 126 毫米，不到 8 月的一半。

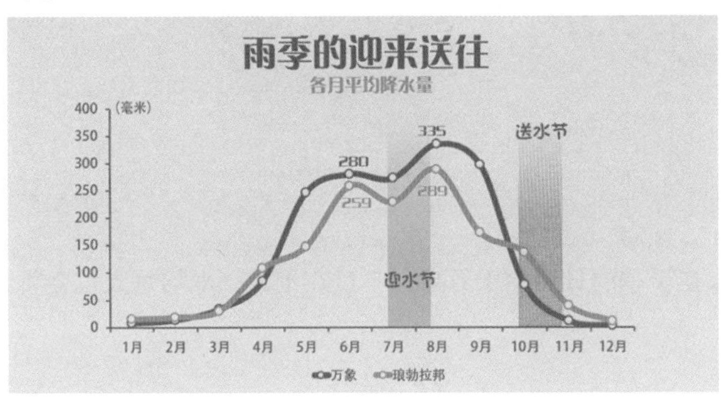

从雨季降水量情况来看，老挝人民的“迎水节”其实是迎接一年中降雨的巅峰期。“迎水节”开始后的 3 个月为老挝的“腊期”，在雨水滂沱的同时，僧侣们会在寺内静心悟道，而丰沛的雨水也会使湄公河水位上涨。

到了 10 月或 11 月，老挝各地雨季结束，湄公河水位下降，给河滩留下一层松软肥沃的淤泥，利于旱季作物播种。老挝人民非常珍视这来自湄公河的恩赐，因此“腊期”结束的“送水节”也格外盛大。

“送水节”当天，人们会在湄公河放灯船庆祝，到了第二天，湄公河上更会举行热闹的赛龙舟活动。

雨季之外，阳光灿烂

11 月至次年 3 月是老挝的干季，天气情况和雨季反差很大，雨水稀少，阳光增多。

雨季雨水滂沱的万象，干季里每月的平均降水量都少于 50 毫米，平均日照时数普遍达到 200 小时以上，其中阳光最多的 12 月，月平均日照时数达到 258 小时，相当于平均每天有超过 8 小时的有效日照！

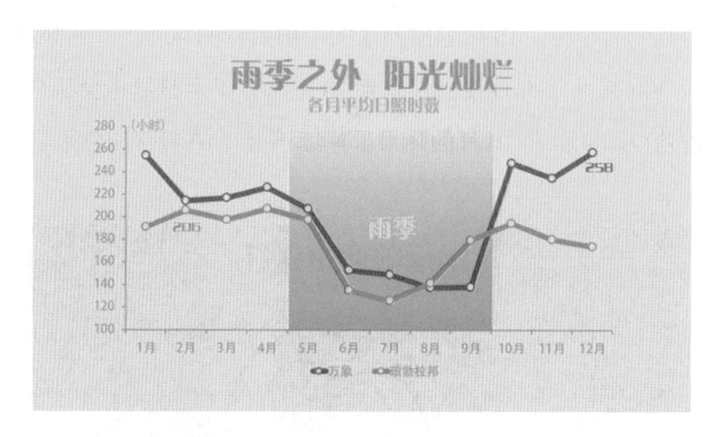

琅勃拉邦在干季的日照少于万象，不过在干季，平均每天也会得到 6~8 小时的有效日照。

阳光灿烂的同时，便是炎热

无论平原的万象还是山区的琅勃拉邦，一年中绝大部分时间的最高气温都超过 30℃。特别是在 4 月前后，太阳直射点不断北移而雨季尚未降临的时节，老挝会迎来一年中最为干热的季节，万象 4 月的极端最高气温曾达到 41.1℃，而北部的琅勃拉邦由于地处山谷，4 月曾经出现高达 45℃的极端高温。

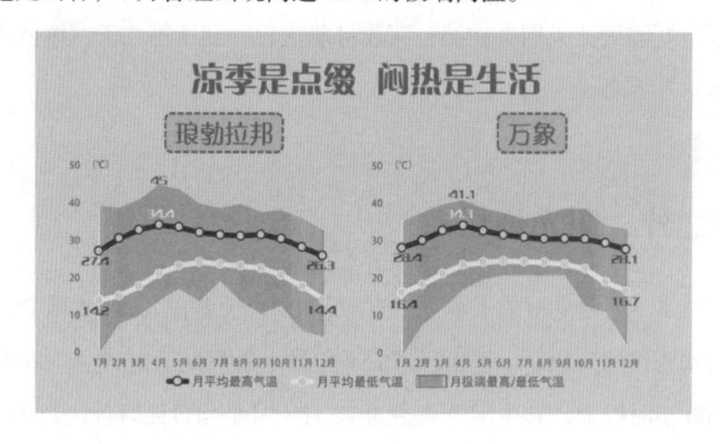

不过在每年的年底、年初，老挝北部地区还是会有些许清凉。在 12 月和 1 月，万象平均最高气温为 28℃上下，平均最低气温只有 16℃左右；北部山区的琅勃拉邦则更凉爽，12 月平均最高气温只有 26.3℃，平均最低气温也只有 14℃。

如果综合考虑各气象要素，那么游览老挝的最佳时间是 12 月和 1 月。

这段时间天气最为凉爽舒适，夜间甚至需要加个外套。另外同属于干季的 11 月和 2 月也是比较好的选择，只是也要带好足够的防晒霜来抵御热辣的阳光。

不过在酷热的 4 月来到老挝，加入到宋干节（即“泼水节”）的欢乐当中，或许也是极致气候下一种别样的体验。

60

马来西亚——“避风港”

Malaysia

地理概况

马来西亚，全称马来西亚联邦，全境被南海分成东马来西亚和西马来西亚两部分。

西马来西亚即马来亚地区，位于马来半岛南部。东马来西亚包括沙捞越州和沙巴州，位于加里曼丹岛（婆罗洲）北部，该岛中南部属于印度尼西亚，文莱则位于沙巴州和沙捞越州之间。

说起马来西亚，人们并无陌生感。明朝至民国时期“下南洋”的“南洋”，就包括马来半岛、菲律宾群岛、印度尼西亚群岛。因此如今东南亚很多国家都有相当数量的华裔人口，马来西亚的华人约占总人口的 23.8%，是马来西亚的第二大民族。

同一国家，隔海相望

马来西亚国土面积约为330000平方千米，海岸线长4192千米，西马来西亚和东马来西亚隔南海相望。

西马来西亚（马来亚地区）位于马来半岛，其中东、西两侧沿海地区为平原，中部则是分布着热带雨林的山地，其中不乏海拔超过2000米的高地。马来半岛西海岸毗邻被誉为“海上十字路口”的马六甲海峡，由于航行条件优越，半岛的很多重要海港分布在西海岸。东马来西亚位于加里曼丹岛北部，与马来亚地区类似，北部沿海地区地势较低，越向岛内山地越多、地势越高，最高峰是位于沙巴州的基纳巴卢山，高4095米，是东南亚地区最高的山峰。

“多雨”和“更多雨”

无论是位于马来半岛的西马来西亚，还是位于加里曼丹岛北部的东马来西亚，位置都非常接近赤道，因此马来西亚普遍为热带雨林气候。全年气温变化很小，各月降水都很充沛。不过由于马来西亚受到季风影响比较明显，当地气候也具有一些热带季风气候的特点。

在马来半岛，如果一定要划分季节，那么大体可以分为两个，一个是“多雨”季节，另一种是“更多雨”的季节。

由于接近赤道，马来半岛全年雨水丰沛，所以只有雨水相对较多和较少的时期。而由于地形作用，以中部山地为界，马来半岛东侧和西侧的“多雨季”和“更多雨季”出现的时间稍有不同。

半岛西部一年中通常有两个降水高峰期。例如吉隆坡，每年3~4月和9~12月这两个时段，各月平均降水量都会达到200毫米以上，其中雨水最充沛的11月，月平均降水量为321毫米。

其实无论哪个月，降雨都是“出镜率”最高的天气现象。即使是雨水最少的5月，吉隆坡平均也有 14 天会下雨。

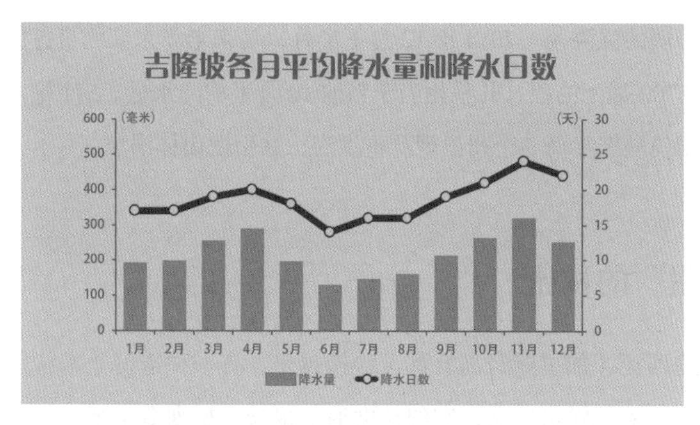

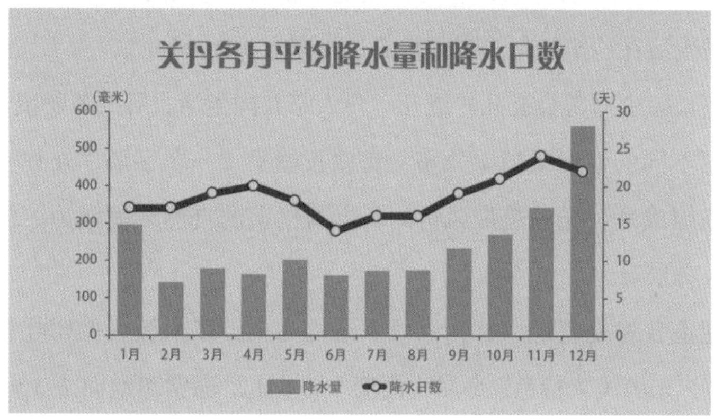

半岛东部的情况则与西部有些差异，每年总体只有一个降水高峰期，而且峰值通常比西部大很多。例如关丹，每年的降水高峰期出现在 11 月至次年 1 月，月平均降水量普遍在 300 毫米左右。降水最多的 12 月，平均降水量达到 563.9 毫米，超过北京一年的降水量（532.1 毫米）！

马来半岛东部在年底的雨水如此充沛，最主要的原因还是——这里位于山区的东侧。在北半球的冬季，来自亚洲大陆的冷空气越发强势。进入 12 月，中国持续受到冷高压控制，南海的低空则普遍盛行高压前部的东北风。当冷空气势力增强，东北风甚至可以向南推进到马来半岛所在的赤道附近，这时半岛东侧就成了水汽抬升凝结、成云致雨的“迎风坡”，成为强降雨的“聚居区”。

而当东北风持续控制南海上空，冷暖空气的持续交汇甚至会使马来半岛东部出现“连续剧”般的强降雨。2014 年 12 月下半月，马来半岛东部的哥打巴鲁在短短半个月内下了 1 700 毫米的雨，几乎相当于当地 12 月平均降水量（571 毫米）的 3 倍。持续的强降雨使马来半岛 9 个州出现严重洪涝，并引发山体滑坡。

“长屋”的秘密

在东马来西亚（加里曼丹岛北部）沙捞越州，有一种造型非常特别的民居——马来长屋。“长屋”顾名思义，它的长度通常很长，短则数十米，长则超过百米。长屋的主人是生活在沙捞越州热带雨林的达雅克人（Dayak）。

因为一座长屋中通常会有几户或几十户人家共同生活，所以需要屋子的“长度”比较长。根据不同的地形或河岸分布，有些长屋呈“一”字形，外观整齐，有的则蜿蜒起伏，连绵成片。充满热带风情的长屋与优美的自然环境融为一体，成为马来西亚特有的人文景观。

长屋的建造普遍是就地取材，以竹木结构为主，以木板或椰树叶覆盖屋顶，周围有篱笆环绕，充满民族特色。房屋由高架木桩支起，通常离地面 2~3 米，上面住人，屋下饲养家禽牲畜，这与中国的“吊脚楼”有些相似。

房屋主体由柱子高高架起，远离地面。房屋有很多窗户，四面透风，而且屋顶的斜度也比较大。这样结构别致的房屋，与当地天气密切相关。

东马来西亚与西马来西亚一样，都距离赤道非常近，所以一年中各个时期的气温起伏不大，大部分时间雨水充沛，只是比起西马，东马雨季更长，雨量也维持在更高水平。

例如沙巴州首府亚庇（Kota Kinabalu），5~12 月各月的平均降水量都超过 200 毫米。而气温的发挥更加稳定，一年各月的平均最高气温都保持在 30~33℃，最低气温也大多是 23~24℃。

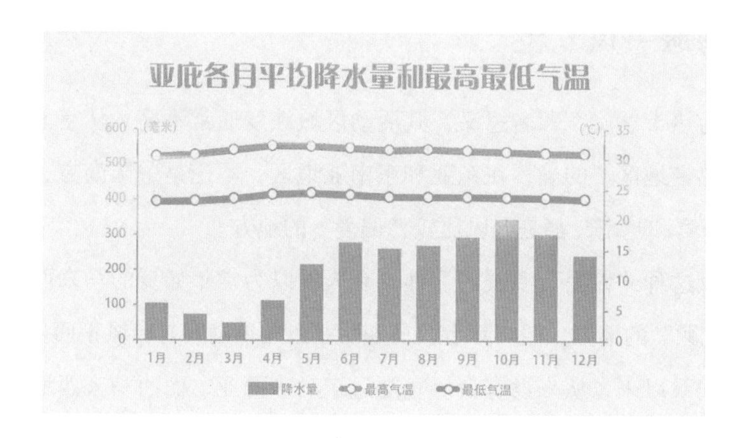

综合降雨和气温的条件来看，亚庇的气候与中国华南地区的雨季比较相似。气温高、雨水多、空气潮湿。而且由于亚庇所在的加里曼丹岛北部接近赤道，常年受到赤道无风带的影响，很难出现大风天气。这样高温、高湿、多雨还少风的气候背景下，居民的住所就需要具备以下几个功能：

防潮：即使在中国江南、华南地区，春夏季节也容易出现地面返潮，甚至地面积水的现象，而更加潮湿的加里曼丹岛，防潮功能是必需的。

防洪：在几乎全年皆雨季的加里曼丹岛，房屋不仅需要具有防潮功能，更需要能够防范不期而遇的强降雨引发的屋顶漏雨、地面积水甚至洪水。

透风：除了少有 35℃以上的高温天气，加里曼丹岛全年的气温水平总体与中国江南、华南的夏季相当。再加上空气潮湿、风力弱，房屋通风透气的功能就显得非常重要了。

返回来看长屋的构造，上面几个条件都很好地得到了满足：房屋主体距离地面 2~3 米，这样的高度使得房屋能够最大限度地躲避突发的洪涝灾害。大斜度的屋顶可以使雨水即时倾泻，减少漏雨风险。此外在通风方面，不仅房屋四周宽敞的窗户利于空气充分流动，远离地面的房屋本身就可以利用自下而上的穿堂风来保持屋内凉爽，同时也能减少地面返潮。所以从天气的角度考虑，这样构造的房屋对于加里曼丹岛雨林中的居民来说是非常实用的。

罕见的避“风”港

台风作为热带气旋，顾名思义，其活动区域纬度通常不高。从字面看，台风应该是最青睐热带地区。的确，在东亚和东南亚地区，不论是中国南方、日本，还是更南边的菲律宾和越南，都是台风比较“偏爱”的地方。

基于台风这种“偏爱”温暖的习性，有人便以为常年如夏的马来西亚应该也是台风经常“光顾”的地方。但实际上，马来西亚人几乎没有与台风正面接触的经历。

有气象记录以来，从来没有台风登陆过东马来西亚，而西马来西亚也只遇到过一个台风登陆。貌似很招台风的马来西亚，为什么几乎没有台风登陆呢?

首先,马来西亚所处纬度是非常不合乎台风习性的。大多数台风是在北纬5°~20°之间的热带海域生成的，极少在北纬 5° 以内能有台风生成和发展，因为低纬度地区过于微弱的地转偏向力，会使台风的螺旋形结构很难形成和维持。马来西亚虽然周边环海，但是国土总体位于赤道至北纬 6° ，基本处于台风极少到达的区域内。

另外，东马来西亚地处南海以南，西马来西亚位于南海西南方，而台风在南海南部海域活动的机会其实很少。

在台风活跃的夏秋季节，北上的赤道辐合带会使台风的活动范围北上，且很多台风会受到副热带高压外围气流牵引，或经过菲律宾、南海北部或中国南方沿海、越南等地，或是转向北上影响中国东部或日本等地。而到了年底、年初，虽然赤道辐合带南下与海温下降使台风大多只能在北纬 5°~10° 生成，但这时南海上空盛行相对寒冷干燥的东北季风，台风即使生成也极易夭折。

相比周边的菲律宾、越南等国，台风对于马来西亚来说绝对是个稀罕物。不过在 2001 年底，却有一个台风不走寻常路，成了有气象记录以来第一个登陆马来西亚的台风。

这个台风就是 2001 年第 26 号台风“画眉”，它于 2001 年 12 月 26 日加强为热带风暴级并正式获得编号及命名，而此时它所在的纬度仅为北纬 1.5° ，是有气象记录以来全球第二最接近赤道形成的热带气旋。

12 月 27 日，“画眉”在新加坡东北方 60 千米的马来西亚柔佛州登陆，“画眉”登陆前后，西马来西亚出现狂风暴雨，河水上涨，交通受阻。但由于台风对于马来西亚来说过于罕见，很多马来西亚人此时并不清楚是个台风来了。

穿长袍戴头巾真的不热?

除了礼拜帽或头巾，马来人的传统服装也以长袖衣物和长裤、长裙为主。马来人男子传统服饰为 Baju-Melayu，上衣非常宽松，罩在长裤外面，有时会在腰上搭配一种短纱笼（Sampin）。女子传统服饰为 Baju-Kurung，这是一种随着伊斯兰教的普及而逐渐流行的服饰，上衣宽松，长及膝盖，罩在长裙外面，通常还会搭配 Selendang（披巾）或 Tudung（头巾）。

这两种传统服饰最大的特点就是——非常宽松。在常年闷热少风的马来西亚，宽松、轻薄的服装可以减少与身体的贴合，更利于身体散热，而长款的设计则可以使大部分皮肤免遭暴晒。虽然穿着长衣长裤（或长裙）还是会觉得比较闷热，但是千万不要小看热带地区阳光的威力，如果在室外长期活动又没有做好充分的防晒措施，皮肤会很容易被晒伤，且往往需要数日才能恢复。所以在马来西亚这样的热带地区，选择长款服装会更加明智。

61

缅甸——丝路上的翡翠

Union of Myanmar

地理概况

缅甸，全称缅甸联邦共和国，是东南亚地区最西最北的国家。缅甸东北方与中国接壤，西北与印度、孟加拉国相邻，东南与老挝、泰国相邻，西南部则毗邻孟加拉湾与安达曼海。

缅甸境内多山地与河谷，东、北、西三面群山环绕。而在西部山地和东部高原之间，伊洛瓦底江的冲积平原徐徐展开。缅甸东部为掸邦高原，西部和北部则分布着那加丘陵和若开山脉，其中靠近中国边境的开卡博峰海拔 5881 米，为全国最高峰。

缅甸是一个有着古老历史和灿烂文化的文明古国。相传早在公元前 200 年，在伊洛瓦底江上游生活的骠人就掌控着中国和印度之间的通商之路。

西南丝路上的长夏之地

提起陆上丝绸之路，最为人所熟知的就是汉代张骞行走的，起于长安（今西安）、途经中亚通往西域各地的丝绸之路。不过当张骞出使西域（今阿富汗、伊朗等地）的时候也吃了一惊，因为在西域竟然可以找到从印度传来的蜀地（今四川）商品。而蜀地商品之所以能够向外流通，其实是因为另一条“陆上丝绸之路”的存在，与西北的丝绸之路相对，可以称它为“西南丝绸之路”。

西南丝绸之路大约起源于西汉时期，从西汉武帝时期发端，在东汉明帝时期全线贯通，称为“蜀身毒道”（身毒为印度古称）。“蜀身毒道”起于成都，覆盖四川南部、贵州西部、云南等地，再经由缅甸北部到达印度。

西南丝绸之路蜿蜒在崇山峻岭当中，途中多艰难险阻，路上的气候也是千变万化：从四季分明的四川盆地，到四季如春的云南，再一路向西到达缅甸，走下高原，长夏气候扑面而来。

坐落在伊洛瓦底江上游支流岸边的密支那，不仅是古代西南丝绸之路的必经之地，也是当今缅甸北部最重要的河港和铁路中转站。密支那离云南很近，不过由于其海拔较低，比起云南要热许多，属于典型的热带季风气候。

在密支那，一年中大多数月份的平均最高气温都超过30℃，相对于我国大多数地方而言，密支那是一个“长夏之地”。当地最热的4~5月是“热季”，平均最高气温在33℃左右，35℃以上的高温天气并非新闻，有时甚至会出现40℃以上的酷暑。

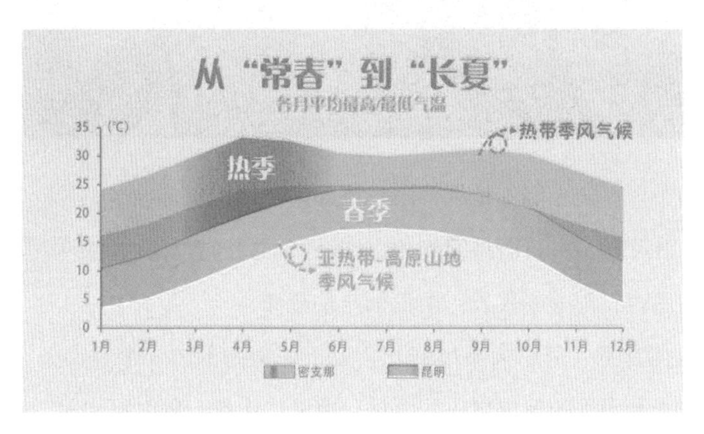

密支那的雨季通常在5月底前后开始，一直会持续到9月。但雨季的气温也不低，而且昼夜温差很小，各月平均最高/最低气温总体保持在31℃/24℃左右，配上阴雨，天气非常闷热。

人字拖走遍缅甸

在缅甸,无论在城市还是乡村,人字拖都非常流行。在缅甸平原的长夏之地,轻便、凉爽的人字拖几乎成为一种“标配”。而人字拖在缅甸流行,还有一个重要的原因——能蹚水!

在缅甸,每年夏季印度西南季风都会送来丰沛的雨水。每年 5 月,西南季风从安达曼海出发,由南向北逐渐推移上陆,最后北上到巴基斯坦,新一年的南亚雨季也随之完全开启。

缅甸作为季风率先控制的地区,雨季比起南亚诸国更加漫长。

通常从 5 月开始,一直会持续到 10 月前后,而且越往南的地方雨季越长。

对于缅甸而言,雨季不仅长,雨量也非常充沛。

例如缅甸前首都、第一大城市仰光,位于缅甸南部的一个“尖尖”上,这里是缅甸每年最先开始雨季的地方之一,而且“雨来如山倒,随时可倾盆”。

仰光 1~4 月的各月平均降水量普遍不到 20 毫米,而到了 5 月雨季开始,月平均降水量就猛增到 303 毫米。随后仰光的雨水还会继续增多,8 月的平均降水量达到顶峰的 602 毫米,平均降水天数也达到 26 天,几乎每天都可能会来一场倾盆大雨。

一直要到 11 月,仰光才会再次切换到干季,月平均降水量回到几十毫米。

仰光的雨季持续时间长达半年,而且下起雨来毫不含糊,可谓“速度与激情”兼备。

相比之下，“西南丝绸之路”的起点成都就差得远了，虽然在我国，成都属于雨水充沛、天气湿润的地方，但是和仰光一比真是望尘莫及。

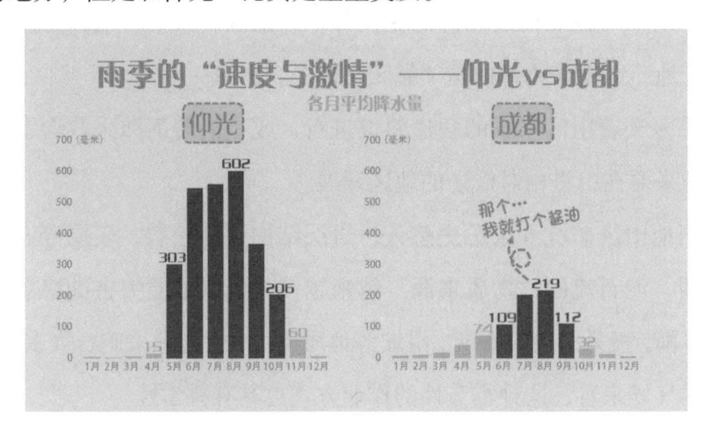

缅甸的气温和降水都体现着极端性，而另一种天气也同样彰显着暴力性情，那就是气旋风暴（即北印度洋热带气旋，如果热带气旋在西北太平洋活动，那就称为台风）。

通常在每年 4~5 月和 10~11 月，也就是雨季开始前和结束后的时段，是北印度洋气旋风暴最为活跃的时期，而位于孟加拉湾东岸的缅甸时常会遭遇气旋风暴。

1981~2010 年间共有 9 个气旋风暴在缅甸登陆，大约三四年一个，看似概率不高，但一个气旋风暴便可能意味着一场浩劫。

最令人刻骨铭心的是 2008 年 5 月 2 日，特强气旋风暴 Nargis 以其巅峰强度（中心附近最大风速 165 千米 / 小时，相当于中国的强台风级别）登陆缅甸南部沿海，使缅甸遭遇了历史上最严重的自然灾害。

Nargis 在登陆前后，给包括仰光在内的缅甸南部带来狂风暴雨，引发了洪水和风暴潮，导致伊洛瓦底江三角洲地区大批房屋和庄稼被毁，至少 14.6 万人死亡或失踪，超过 150 万人的生活受到严重影响和威胁。

探采翡翠，时由天定

缅甸盛产翡翠。在缅甸最北部的克钦邦帕敢地区，聚集着缅甸乃至世界上最负盛名的翡翠产地，而探采翡翠也是“靠天吃饭”。

玉石开采多顺着山区水系的两边斜坡进行，或是沿着河滩采收含翡翠的砾石。总之，玉石开采要在山里相对低洼的地区开展。

而由于当地山区矿坑开采历史悠久，岩层结构逐渐松散，表层碎石增多。地质条件变得脆弱，泥石流的“物质来源”越来越多，所以地质灾害的隐患日渐加大。一旦出现强降雨，极易引发泥石流、滑坡等地质灾害，因此开采矿石大多选择在干季。

从当地的气候来看，这种季节性的作业方式也具有科学性。

以密支那（克钦邦首府）为例，每年11月至次年4月的干季，密支那普遍雨水稀少，雨水最少的1月平均降水量只有8毫米。而在6~9月的主雨季，密支那每月的平均降水量都会超过250毫米，降水最多的6月达到了535毫米，与干季呈现天壤之别。

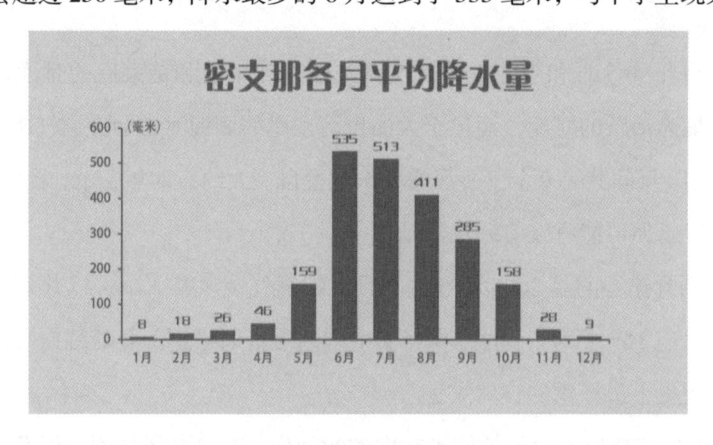

持续的强降雨使即时性地质灾害的发生概率大幅提高。

采玉需要看“天”作业，旅游当然也需要看“天”出行。雨季的缅甸虽然生机盎然但是雨水淋漓，出行有诸多不便，所以理想的访缅时间当然是干季，特别是11月至次年2月，不仅雨水稀少，天气也相对凉爽。

内比都：低调的首都

提起缅甸的首都，很多人的第一反应是缅甸第一大城市仰光，这里有绿树繁花的优美街景，也有佛塔与洋房的文化混搭，至今仍然是缅甸的政治、经济和文化中心。

仰光的确曾经是缅甸的首都，然而在 2005 年，缅甸政府决定将首都搬迁至位于该国中部的内比都（Naypyitaw）。与巴西首都巴西利亚相似，内比都是缅甸为迁都而新建的一座城市，就连名字也是采用缅甸古语“京都”一词命名，然而对于世人而言，缅甸这座新都城直到如今都显得非常低调而神秘。

外界对于缅甸迁都的原因众说纷纭，不过与仰光相比，内比都倒是具有一定的气候优越性。

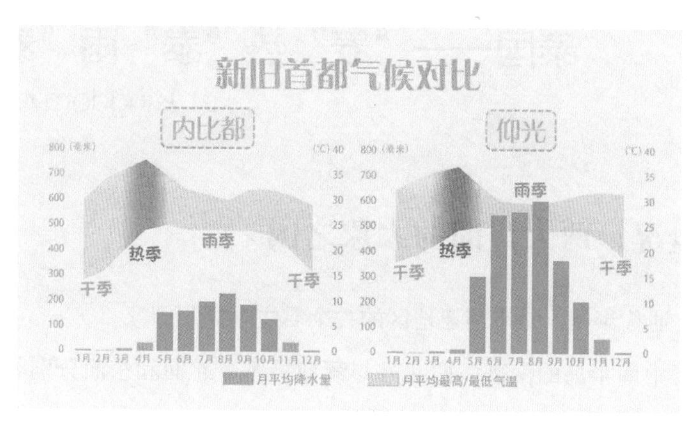

降雨是影响出行的最重要的因素。而在这方面，内比都“完胜”仰光。

内比都和仰光的雨季都在 5~10 月，不过二者雨季的彪悍程度完全不在一个档次上。

仰光的雨季来势凶猛，其中 6~8 月的平均降水量普遍超过 500 毫米。

内比都的雨季就显得温和许多——5~10 月，内比都各月的平均降水量普遍在 130~230 毫米，即使是雨水最多的 8 月，平均降水量也才 229 毫米。

在年末、年初的干季，内比都与仰光的白天仍然非常炎热，不过到了晚上，内比都地处内陆山区的优势就凸显出来了。在最凉爽的 12 月、1 月和 2 月，仰光的平均最低气温分别为 19℃、17.9℃和 19.3℃；而内比都则分别是 16℃、14℃和 16℃，具有更高的舒适度。

然而内陆山区的气候是一把双刃剑。到了 4 月前后的热季，内比都白天会比仰光更加炎热，仰光 4 月的平均最高气温高达 37℃，而内比都则达到 38℃，“发烧”般的酷热会成为家常便饭。不过总体而言，内比都的气候要比仰光温和一些。

62

泰国——“泰”热“泰”雨“泰”有趣

Kingdom of Thailand

地理概况：两大洋间的大象之国

泰王国，通称泰国，是东南亚地区的一个君主立宪制国家。

泰国位于中南半岛的南部，西北方与缅甸接壤，北面和东面分别与老挝和柬埔寨相邻，南部的狭长地带与马来西亚相接。

泰国是一个在两大洋都拥有海岸线的国家。泰国湾属于太平洋海域，西海岸则面临安达曼海，属于印度洋海域。

泰国民众习惯将国家的疆域比作大象的头部，将北部视为“象冠”，东北部代表“象耳”，泰国湾代表“象口”，而南方的狭长地带则代表了“象鼻”。

泰国境内地形多样化，高山、高地、平原、谷地一应俱全，按地形大致可以把泰国分为北部、东北部、中部和南部地区。

泰国北部是泰国地势最高的地区，山地密布，道路蜿蜒曲折。

泰国东北部地势不高（海拔大多在 300 米以下），河流众多。

泰国中部是丰沃的湄南河平原，西边以一系列山脉与缅甸分隔。

泰国南部则分隔了太平洋和印度洋，地形狭长，多平原和丘陵，其中克拉地峡被认为是中南半岛与马来半岛的分界。

泰国北面有掸邦高原，东边又有长山山脉包裹，所以即使在北半球的隆冬时节，从我国大陆南下的冷空气也很难侵入泰国，使得这里成为一片“长夏之地”，天气炎热而相对干燥。

而到了北半球的夏季，随着西南季风逐渐强盛，泰国则会成为中南半岛率先受到西南季风影响而进入雨季的地区，天气多雨而闷热。

所以到泰国，通常感受到的不是“泰热”就是“泰多雨”，这也是热带季风气候的两大特点——全年如夏，且有比较明显的雨季和干季。

泰国历史悠久、文化绚烂。早在公元 1238 年就形成了较为统一的国家。

泰国古名“暹罗”，先后经历了素可泰王朝、大城王朝、吞武里王朝和曼谷王朝。其中大城王朝建立之后，其国王乌通王被明朝封为暹罗国王。明永乐年间，郑和下西洋多次经过暹罗。

如今，传统与现代交融、宁静与繁华并存、以“微笑国度”闻名于世的泰国，不仅成为世界上重要的粮食产地和制造业基地，也成为世界各国游客心之所向的度假胜地，这个古老的国度在新的世纪里继续释放着独特的魅力。

天使之城曼谷

泰国首都曼谷就位于泰国中部。1782 年，随着曼谷王朝的兴起，位于湄南河东的曼谷也逐渐兴盛起来，雄伟恢宏的大王宫、华丽典雅的玉佛寺等都成了这座城市的名片。

曼谷的全称或许是世界上最长的地名，用英文拼音写出来长达 169 个字母，翻译成中文的意思是“天使之城，不朽之城，有九种宝石存在的宏伟之城，国王之御座，皇宫之城，神明化身之住所，创造之神奉天神之命建造的大都会”。而如此华美繁复的描述，也充分表明了在泰国人的心目中，曼谷是一片兴盛繁荣的世间乐土。

作为现今的东南亚第二大城市，曼谷每天都非常热闹繁忙，而当地的天气也与这热闹“相得益彰”——曼谷大约位于北纬13°，地势平缓，平均海拔不到2米，属于典型的热带地区。按照我国的季节划分标准，曼谷全年常夏无冬，无论哪个时间到访，曼谷总会以“泰热”来迎接你。

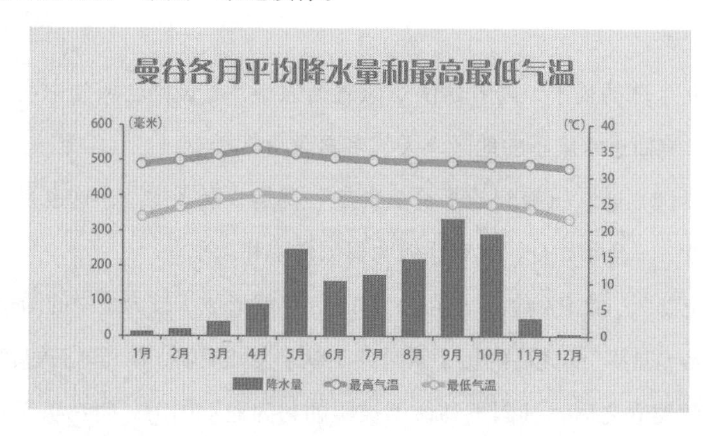

曼谷属于典型的热带季风气候，这里的天气大致有两种组合：“热+少雨”以及“热+多雨”，所以这里的“泰热”分为两种：

“泰热”之干热

每年11月至次年4月属于曼谷的干季，这段时间曼谷的雨水普遍比较少，天气干燥炎热。即使在一年中最凉的12月，曼谷的平均最高气温也为31.7℃，平均最低气温22℃，相当于中国长江中下游地区的初夏时节。

3月和4月又被视为曼谷的“热季”。在最热的4月，曼谷的平均最高气温为35.4℃，所以35℃以上的高温天气在4月是常态，而当地4月的极端最高气温更是高达40.2℃，阳光毒辣，酷热难耐。

曼谷干季的另一大特点就是日照非常充足。每年11月至次年4月期间，曼谷各月的平均日照时数普遍在230~280小时，这也意味着平均每天有8~9小时的有效日照！所以在干季游览曼谷时，普通的防晒霜会显得非常不顶用，如果不做好充分的防晒措施，甚至没有及时补涂防晒霜，相当容易被晒黑甚至被晒伤。

不过干季游览曼谷的最大好处，也正是阳光充足、大气能见度高，比较容易看到蓝天衬托的亮丽风景。

“泰热”之湿热

到了 5 月，随着西南季风的逐渐强盛，曼谷也正式进入长达半年的雨季。

5~10 月，曼谷各月的平均降水量都超过 150 毫米，并且每月的降雨日数都超过半个月。不过即使如此多雨，曼谷的气温也并没有比干季低多少。

5 月的曼谷还留有“热季”高温的“余威”，平均最高气温为 34.4℃，极端最高气温为 39.7℃。

而 6~10 月，曼谷的平均最高气温仍然保持在 33℃左右，平均最低气温普遍也在 25℃左右，昼夜温差很小，加上随时会“即兴发挥”的雨水使空气保持着湿润，雨季的曼谷几乎始终都会处在“桑拿天”当中。

曼谷热季时的火热，堪比重庆 7~8 月的伏旱时段。而雨季时的闷热，如同江南的盛夏时节。一年中两种“泰热”交替出现，容易使人有“苦夏”之感。

所以曼谷所在的泰国中部地区，很多菜肴都以酸辣口味为主，其中冬阴功汤就是最典型的代表。

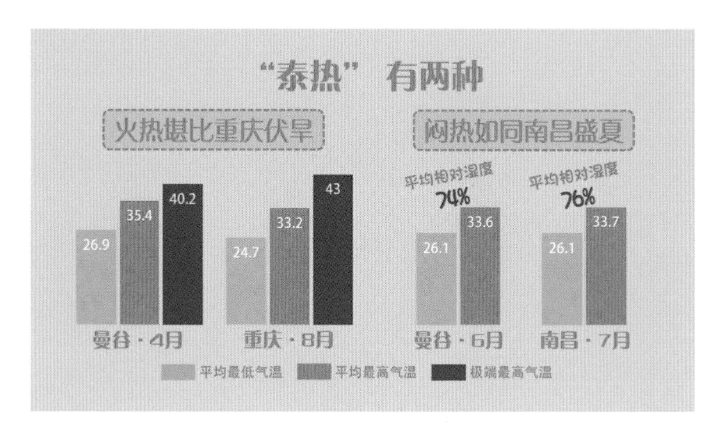

冬阴功汤的酸味由青柠等酸涩水果提供，辣味则以辣椒、南姜等材料激发，再

佐以香茅等特色香料。常见的冬阴功浓汤集合酸、辣、甜、咸、香等味道于一体，不仅口味非常重，还很有热带特色，通常用来拌饭吃，而不是直接食用。

不过冬阴功汤酸辣的味道能有效刺激人的食欲，辣椒可以祛除湿气、促进消化，姜可以提神醒脑，这样浓郁而具有“穿透力”的食品非常适合热带地区的人们食用。所以不仅在泰国，甚至在东南亚的很多地方，冬阴功汤都是极受欢迎的泰式美食。

清迈：季节性避暑胜地

首先需要说明的是，这个“避暑胜地”的称谓是相对于泰国自己而言的。

泰国国土主体位于北纬 4°~22°，是标准的热带地区。而泰国北部由于位置靠北，地势也比较高，所以比泰国其他地区要凉快一些。但这份凉爽是“季节特供”，对于常年火热的泰国来说弥足珍贵。

位于泰国北部的清迈，是目前泰国的第六大城市、泰北的第一大城市，曾是古兰纳王朝的都城，如今则以其星罗棋布的典雅寺庙和宁静安详的慢节奏生活，使世界各地的游客流连忘返。

清迈位于泰国北部山区，虽然市区很少会看到像“山城”重庆那样跌宕起伏的道路，但无论是清迈近郊山路的连续 30° 大斜坡与 180° 急转弯的“酸爽”组合，还是从清迈到拜县（泰北一小城）3 小时车程走过的“762 道拐”，都在时刻提醒着人们：这里是泰北，多山的泰北。

由于位置靠北又地处山区，清迈在每年 12 月至次年 1 月会拥有泰国难得一见的福利——凉季。

12 月和 1 月，清迈的平均最高气温普遍在 29℃左右，平均最低气温在 15℃左右。虽然清迈这时的最高气温水平比中国海南三亚还要高上不少（三亚 1 月的平均最高气温是 26.1℃），但是比起同期的泰国中部南部地区可就凉快多了。

比如曼谷也是 12 月气温最低，但是平均最高气温为 31.7℃，平均最低气温为 22℃。曼谷的 12 月相当于中国江南的 6 月，清迈的 12 月相当于江南的 4 月。难怪

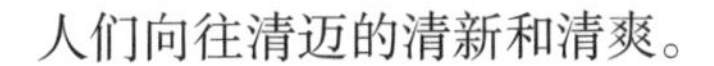
人们向往清迈的清新和清爽。

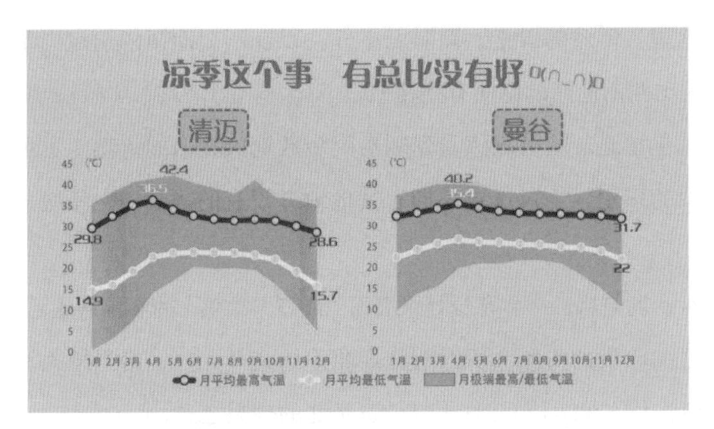

但从清迈各月的气温数据也可以发现，当地的“凉季”时间其实非常短暂。一年中的绝大部分时间，清迈其实和泰国大多数地方一样，不是“泰热”就是“泰多雨”。

在雨季开始之前，清迈也会经历一年中最为干燥酷热的“热季”。最热的4月，清迈平均最高气温为36.5℃，比同期的曼谷还要高。清迈的极端最高气温为42.4℃，也是高于曼谷的。

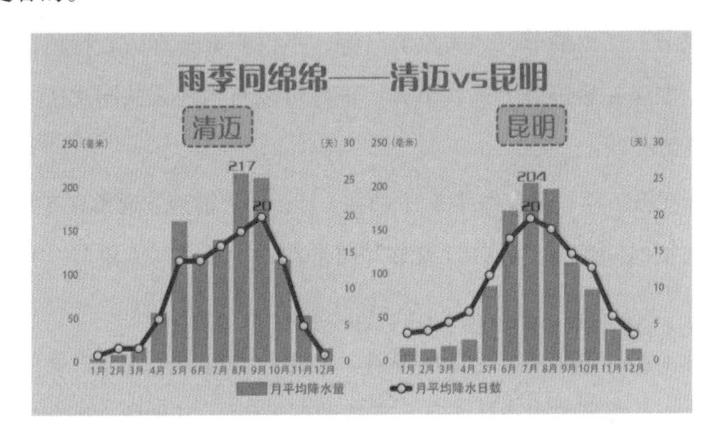

进入雨季之后，清迈又会有大约半年时间沉浸于连绵阴雨之中。清迈的雨季通常会从5月一直坚持到10月。在这期间，清迈每月的平均降水量都会超过100毫米，平均降水天数也会达到15~20天。其中9月，清迈一般有20天都会下雨，是全年降水日数最多的一个月。9月清迈的平均降水量为211毫米，与降水量最大的8月（217

毫米）的差距只在毫厘之间。

雨季的清迈，低矮的天空、潮湿的空气，以及不期而至的滂沱雨水，和以连绵多雨著称的中国西南地区的昆明有些相似。

在清迈，在泰北，既可以感受到和泰国多数地区相似的火热，也可以感受到和其他地区相似的多雨，不过这里还拥有其他地方没有的福利——年底、年初短暂的凉季。

于是每到元旦前后，总会有身处“水深”或者“火热”的泰国各地游客涌向泰北，来享受国门之内珍贵的清凉。所以游览泰北不妨避开元旦，给当地人和自己一个更好的旅游环境，其实 11 月和 2 月也是游览泰北的理想之选。

雨季前后好过节

每年泰历 12 月的满月之夜（通常在公历 11 月），清迈都会举行盛大的水灯节庆典。

泰国是一个拥有众多传统节日的国家，如鼎鼎大名的“泼水节”宋干节，泰国东北部的“鬼节”“火箭节”“大象节”等，不仅非常具有民族特色，而且具有很强的互动性。如果在泰国赶上这些节日，正好可以与当地人共同欢庆，感受到更多的泰国民族风情。

宋干节（泰国新年）是在每年 4 月 13~15 日；“火箭节”通常在 5 月或 6 月初，不同地区的庆祝时间稍有差异；“鬼节”通常在 6~7 月；“大象节”和水灯节通常在 11 月。

比较泰国南部的苏梅岛、中部的曼谷、北部的清迈和东北部素辇的各月平均降水量，可以发现苏梅岛的雨季从 5 月一直持续到 12 月，其他地方则普遍是从 5 月持续到 10 月。

而如果把宋干节、火箭节、鬼节、大象节和水灯节的举办时间和这些地方各月的降水量作比较，可以发现一个有趣的现象：除了鬼节是泰国东北部黎府地区纪念王子 Vessandor 的佛教节日以外，其他节日都是在泰国多数地区临近雨季或雨季过后举办的。

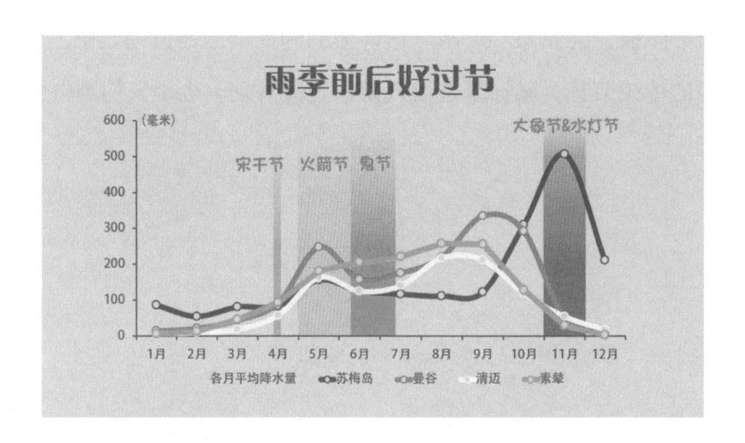

泰国东北部多地的火箭节，最重要的庆祝活动就是发射自制的简易火箭，而且这个节日的含义就是祈祷风调雨顺。所以各地举办火箭节的时间虽然不尽相同，但是在5月中旬雨季来临之前举办的最多，不仅具有传统的“求雨”意义，而且干燥的季节明显更利于自制火箭成功发射升空。

而泰国东北部素辇府的大象节和清迈的水灯节通常会在11月举办，这时无论对于泰国东北部还是北部地区，雨季都已经过去，正是举办大型户外庆典的好时机。

清迈在水灯节期间，人们不仅会在河流或湖泊里放上美丽的河灯，还会举行像“万人天灯”这样大型的燃放孔明灯活动。千万盏孔明灯飞向夜空，景象壮观而梦幻。而无论是大象节还是水灯节，若要顺利举办，当然最好是天不下雨，所以选在11月雨季结束之际举办也就顺理成章了。

泰国最为盛大的节日是新年宋干节，在每年4月的13~15日举行庆典。宋干节的庆祝方式非常著名，热闹非凡而“简单粗暴”——泼水。宋干节期间，人们回家团圆、祭祖祈福，随后用花车载着佛像和“宋干女神”，在街上举行盛大的游行。

游行期间，人们先用带有香料的水洒向佛像和“宋干女神”，祈祷来年风调雨顺。然后人们与亲朋好友相互洒水，洗去彼此过去一年的不顺，祝福所爱的人在新的一年里万事如意。

如今宋干节以其“泼水”的庆祝方式闻名于世，现在的街头泼水活动也更具趣味性。而以气候的视角，4 月泰国正是一年中最干热的时期，不仅雨水少，35℃以上的高温更是家常便饭，因而像“泼水”这样清凉的活动当是情理之中。

品味泰国的传统节日，感觉既是由气候选定的日期，也是人们与气候之间的“亲密互动”。

63

文莱——长夏悠闲

Negara Brunei Darussalam

地理概况

文莱，全名文莱达鲁萨兰国（马来语意为“海上的和平之邦”），是东南亚的一个富裕、安详的君主制国家。位于加里曼丹岛北部，共有 33 个岛屿，加里曼丹岛上的国土主体被马来西亚林梦地区分隔成两部分，陆上东、西、南三面与马来西亚相邻，北部面向南海。

文莱自古以来便与中国有密切往来。明朝永乐年间，郑和第一次下西洋就造访过渤泥国（文莱的古称），1408 年（永乐六年）渤泥国苏丹麻那惹加那乃更是携家眷陪臣浩浩荡荡访问了明朝，后来在南京病逝，今南京市安德门外向花村乌龟山的渤泥国王墓是我国现存的两座外国国王墓之一。

长夏的悠闲之地

文莱总面积为 5765 平方千米，约为北京市面积的 1/3；文莱总人口约 42 万人，约为北京市常住人口的 2%。

虽然国土狭小，但文莱拥有丰富的石油和天然气资源，“黑色黄金”是文莱最主要的经济来源，也是文莱成为世界上最富有国家之一的重要原因。

文莱人的生活节奏普遍比较悠闲，不仅是因为生活安定，更多是因为这里接近赤道，终年闷热。

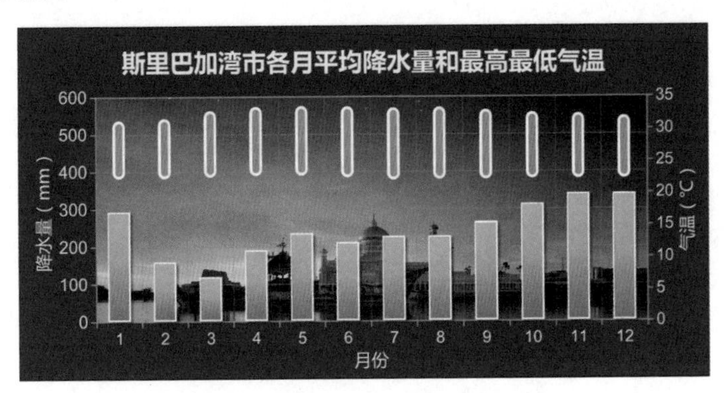

以首都斯里巴加湾市为例，当地全年各月的平均最高气温普遍保持在 30~33℃，平均最低气温也普遍保持在 23~24℃，与我国江南、华南地区夏季的情况比较相似，白天非常闷热，夜里也不凉爽，正所谓“溽暑昼夜兴”。加上热辣的阳光照射，外出活动时很容易流“瀑布汗”。

但与中国南方相比，斯里巴加湾市的气候更具海洋风格，而且由于接近赤道，斯里巴加湾市不会受到副热带高压的影响，所以虽然终年闷热，但是极端酷热的天气并不多见。

所以热带之热，在于发挥稳定。总是热，但又不会酷热。而亚热带之热，在于大开大合。可以不热，也可以比热带更热。例如中国著名的“火炉”重庆，在隆冬，极端最低气温可以低于 0℃；在盛夏，极端最高气温可以超过 40℃以上。所以与豪放的亚热带气候相比，纯正的热带气候显得十分婉约。当然，这里说的是如文莱般湿润的热带气候。

斯里巴加湾市，一年中大多数月份的极端最高气温都在 35℃左右，全年的极端最高气温也只有 38.3℃。这两项数据，前者属于“世界先进水平”，后者就非常“大众化”了，就连北京的极端最高气温都还有 41.9℃呢。

由于天气总是非常闷热，文莱各个公共场所的冷气都开得很足。对于热带地区的人们来说，空调或许是人类最伟大的发明之一。这里天然的昼夜温差小，但人造的室内外温差大。所以到访文莱时，适合闷热天气的轻薄、透气的服装，在室内便难以胜任了。

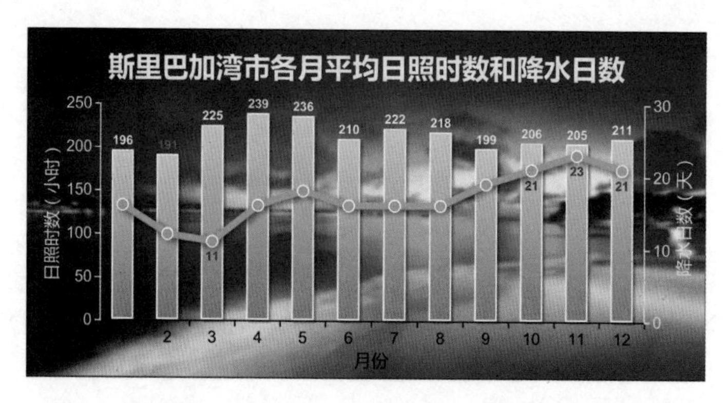

雨水浴和日光浴

文莱全年各月的气温都高，每月的雨水也都不少，属于典型的热带雨林气候。

首都斯里巴加湾市即使在雨水最少的 3 月，平均降水量也能达到 119 毫米，平均降水日数有 11 天，要是搁在北京，这就是雨季！

斯里巴加湾市从 9 月开始雨水增多，10~12 月是一年之中雨水最多的时期，月平均降水量普遍超过 300 毫米，平均降水日数普遍超过 20 天。不下雨，反倒成了“少数派”的天气。

斯里巴加湾市气候的另一大特色是：虽然全年多雨，但是日照时间并不少。所以来到这里既能赶上雨水的“洗礼”，也可以充分感受“日光浴”。

10~12 月斯里巴加湾市的雨水最多、降水日数也最多，各月的平均日照时数在 210 小时左右，平均每天有 7 小时的日照。雨水最少的 3 月，月平均日照时数也只是稍微多了一点点，为 225 小时。这从侧面说明斯里巴加湾市的雨大多属于“速战速决”型，历时短，雨势猛。所以在文莱，几乎感觉不出所谓“雨季”和“干季”的差别。

“天”赐雨林

正是全年闷热多雨的天气，使得文莱所在的加里曼丹岛成为热带雨林的集中地。

文莱沿海地区普遍是平原，越向内地，山地越多。文莱西部大多是平原和沼泽，东部淡布隆区以丘陵和山地为主。淡布隆区总体上是原始森林地带，常住人口很少（不到一万人），其中不少人仍然保持着马来土著的生活习俗。文莱政府在淡布隆区建设了淡布隆国家森林公园。保护完好的热带雨林风貌，众多独特的动植物和宁静安详的自然环境使人充分感受雨林之美。

64

新加坡——雨林气候之美

Republic of Singapore

地理概况：东南亚的袖珍国

新加坡，全称为新加坡共和国，旧称新嘉坡、星洲或星岛，别称狮城。新加坡虽然袖珍，但恰到好处的地理位置以及常年如夏的气候，都为这里的优美和繁荣提供了助力。

新加坡毗邻马六甲海峡南口，北隔狭窄的柔佛海峡与马来西亚紧临，并在北部和西部边境分别建有新柔长堤和第二通道与马来西亚柔佛州相通；南隔新加坡海峡与印尼的民丹岛和巴淡岛等岛屿有轮渡往来。

新加坡的陆地面积为 718.3 平方千米，海岸线总长 200 余千米，由新加坡岛、圣约翰岛、龟屿、圣淘沙、姐妹岛、炯岛等 63 个岛屿组成，最大的三个外岛为裕廊岛、德光岛和乌敏岛。

新加坡地势起伏和缓，其西部和中部地区由丘陵地构成，多被树林覆盖，东部为平原，地理最高点为武吉知马，海拔 163 米。

“单曲循环”的天气

新加坡临近赤道（北纬 1° 17'），海洋环绕且海拔低，所以这里的气候是典型的热带雨林气候，终年潮热多雨，天气就像单曲循环播放一般。

按照中国的季节划分标准，新加坡全年都是夏天，各月的平均气温都在 25℃以上，而且最热月份和最冷月份的平均最高气温相差不到 2℃。

尽管在新加坡找寻不到秋高气爽的天气，但是也不会像中国江南 7~8 月那样酷热难耐。由于新加坡有海洋的“空调”作用，所以气温很少超过 35℃，历史上的极端最高气温也不过 36℃。因此，新加坡的气候是全年都热，但又不会特别热。

与气温发挥一样稳定的是雨水。新加坡虽然一整年都会受到季风影响，但是并没有明显的雨季和干季之分。新加坡各月的平均降水量普遍达到 150 毫米以上，月平均降水日数也多于 10 天，可以说不论什么时间去新加坡，都有不小的概率遇到降雨。

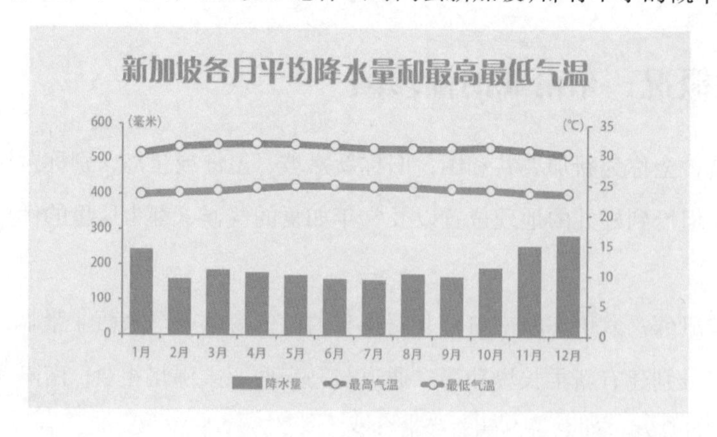

每年 11 月至次年 1 月，赤道辐合带南下到赤道附近，北半球大陆东北季风也逐渐达到最强，这段时间也是新加坡一年中降水最多的时期，月平均降水量普遍达到 200 毫米以上，月平均降水日数超过 15 天。雨水最多的 12 月，新加坡月平均降水量

为 287.4 毫米，降水日数为 19 天，而台北 12 月的降水日数仅为 11.7 天，单纯就气候而言，“冬季到台北来看雨”不如改为冬季到新加坡来看雨。

虽同处东南亚，但新加坡与经常遭遇台风的菲律宾不同。新加坡与台风基本无缘，使这里的天气又少了一个变数。

之所以出现这种情况，是因为新加坡的地理位置得天独厚，接近赤道的位置使热带系统很难发展出螺旋形结构，更遑论加强为台风。而且新加坡周围有马来半岛、苏门答腊岛、加里曼丹岛等岛屿或半岛阻挡，即使周边海域移来的台风也很难在新加坡附近海域活动。

有气象记录以来，唯一直接影响新加坡和马来半岛南部的台风是 2001 年第 26 号台风“画眉”，而“画眉”也是有气象记录以来全球第二最接近赤道形成的热带气旋，足见一个台风想要接近新加坡是多么艰难。

新加坡不仅一年四时天气变化不大，就连一天中天气的变化也有迹可循。

新加坡的降雨以阵雨居多，大多发生在白天，且午后降雨的概率最大。所以人们如果约定见面时间，都可以说“雨后见”。

因为下午是一天中太阳辐射加热作用最强的时段，本就湿润的空气加热后更容易产生对流性天气，这也是新加坡下雨时常伴有雷电的原因。

既然新加坡的天气如此“稳定”，那么预报当地的天气会不会很容易呢？其实不然。

新加坡的天气看似规律，但由于常年温热湿润，大气也经常处于不稳定状态，局地性的对流随时可能带来一场不期而遇的降雨。在新加坡气象局的网站里可以看到 2 小时内的短时临近预报，也可以看到 6 小时和 12 小时区间的短期预报，主要聚焦雨水可能的“突袭”。

另外，虽然新加坡全年的天气变化不大，但也是个长期受到季风控制的地方，稳定的风向不仅能带来雨水，也能带来一些困扰——霾。

有时新闻会报道新加坡遭遇霾天气，但众所周知，新加坡是著名的“花园城市”，自身制造的污染物非常有限，出现霾基本属于无辜“躺枪”，而影响新加坡的季风就是“罪魁”之一。在北半球的夏季，新加坡南侧的岛屿出现大规模“烧芭”行为时，西南季风就会把“烧芭”产生的颗粒物向北输送到新加坡。

花园城市国家

新加坡城市环境整洁美丽，树木成荫，花香草绿，被公认为“花园城市国家”。

新加坡能够成为“花园城市国家”，得益于最适合热带雨林维持和发展的高温多雨的气候。

热带雨林分布的地区通常具有以下气候特点：

降雨量：年降水量达到 1800 毫米以上，且各月的降雨普遍比较充沛。

空气湿度：常年保持空气湿润，平均相对湿度达到 70% 以上。

气温：白天最高气温保持在 30℃上下，夜间最低气温保持在 20℃上下。

新加坡的气候完全符合这些特点，而且“符合”得非常精确：

新加坡年降水量为 2342.5 毫米，且各月平均降水量普遍高于 100 毫米。

新加坡一年中最“干燥”的 2 月和 7 月，月平均相对湿度为 82.8%。

新加坡年平均最高和最低气温分别为 31.0℃、24.1℃，且全年极端最低气温是 19.4℃。

因此，新加坡具备了适合热带雨林植被生长的气候“硬件”。

从气候类型来看，热带雨林气候无疑最为适合热带雨林生长，另外，一些属于热带海洋性气候或热带季风气候的地区也有热带雨林分布。绝大多数热带雨林都分布在南北回归线之间的热带地区，包括中国华南、云南，以及东南亚多数地区、印度东北部、非洲中部、马达加斯加东海岸、南美洲北部和巴西东海岸等地区。

除了“硬件”条件好以外，新加坡成为“花园城市国家”还有一个重要的因素，就是当地政府对于热带雨林的保护以及城市绿化历来十分重视。

早在建国之初，新加坡政府就制定了建设花园城市的目标。在土地资源十分紧缺的情况下，就提出了人均 8 平方米绿地的指标，不仅对区域性公园、绿化带、停车场、高架桥等绿化进行了详细规划，而且要求在住宅前均要有绿地，“见缝插针”地绿化。新加坡的城市绿化目标明确、规划设计具体，并且有健全的法律保障。如今新加坡市内占地 20 公顷以上的公园达到 44 个，0.2 公顷的街心公园达 240 多个，

由于当地政府和人民对绿化的高度重视，国土狭小的新加坡也拥有一些自然保护区，如武吉知马自然保护区、武吉巴督自然公园、双溪布洛湿地保留区等，在这些地方可以观赏到种类繁多的热带动植物，充分体验热带生态环境。国际知名的新加坡植物园也是观赏热带植物的绝佳去处。

海上十字路口

新加坡之所以是一个繁华的国际都市，和它独特的地理位置有很大关系。被称为“海上十字路口”的马六甲海峡，东西两端连通着南海和印度洋，是一条跨越东西方的航海通道。而新加坡正处于南海和马六甲海峡的分界点——新加坡海峡北侧。

新加坡海峡位于新加坡与印度尼西亚的廖内群岛之间，东连南海，西通马六甲海峡、接安达曼海，是世界船舶交往最繁忙、航运量最大的水道之一。

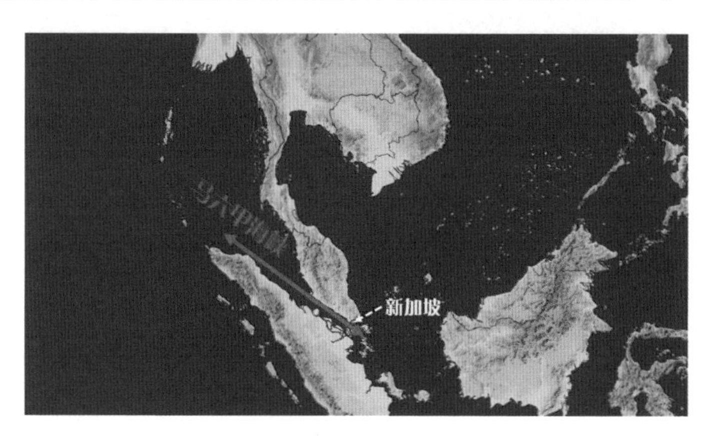

从地理环境上看，新加坡海峡及马六甲海峡东段多深水区，可通行吃水 20 米的巨轮。而且这一带近岸分布着很多的岬角或岩岛，便于船只停泊。位于海峡北侧的新加坡港是亚太地区最大的转口港，也是世界最大的集装箱港口之一。早在 2005 年，

新加坡港就已经与 123 个国家和地区以航线相连，共有 200 多条航线通向世界各地 600 多个港口。

不过换个角度，新加坡海峡之所以繁忙，也与当地的气候条件不无关系。新加坡位置接近赤道，受到赤道辐合带的直接影响，常年少有大风天气。

从气候数据来看，新加坡一年中各月的平均风速只有 3 米 / 秒或以下（风力相当于 2 级或以下），平均最大风速也低于 7 米 / 秒（相当于 4 级）。这样平静的天气不仅不会对逆风航行造成障碍，而且不会掀起大浪，保证了船只的安全航行。并且由于临近赤道，新加坡周边海域也很难有台风，所以这一带海域通常十分平静，气候为航运提供了足够的安全感。

不仅风力小是个很有利的航行因素，新加坡及周边海域在一年中的风向变化也很有规律，也就更利于航行。

在北半球的冬季（12 月至次年 2 月），赤道辐合带位于一年中比较靠南的位置，这时新加坡及周边海域的风向主要是东北风或北风；而到了夏季，随着赤道辐合带北移，新加坡的风向也逐渐改变，每年 5~10 月，新加坡总体位于辐合带南侧，风向也以东南风或南风为主。

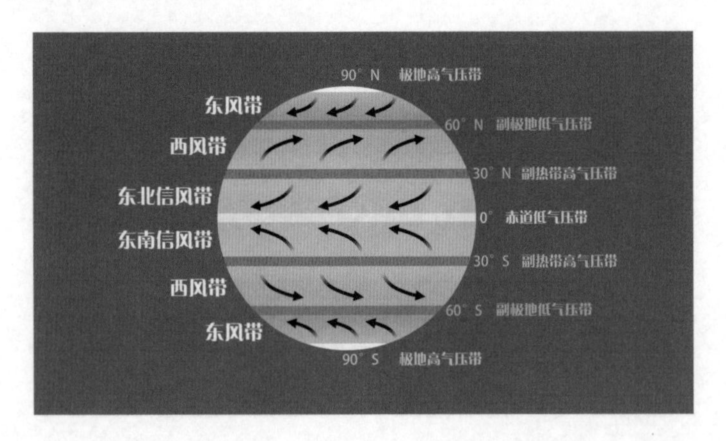

这种稳定的东北风和东南风在气象上被分别称为“东北信风”和“东南信风”。在近赤道地区，由于受到太阳照射最多，近地面空气受热抬升，而由于地转偏向力的作用，高空气流在南北纬 30° 左右转为偏东方向，无法继续向极地运动，导致空

气下沉堆积形成高压区（这也是南北半球副热带高压形成的原因）；高压区的下沉气流回到近地面以后，其中一支逐渐向赤道汇聚，而同样受到地转偏向力影响，北半球的这支气流向西南方向流动，形成东北风，南半球的气流则形成东南风，即是“东北信风”和“东南信风”。东北信风和东南信风在赤道附近汇聚，形成赤道辐合带。

而随着太阳的直射点在一年中北上和南下，赤道辐合带及南北两侧的信风带也会出现周期性的北上和南下，这也造成了新加坡及其他近赤道地区非常规律的风向变化。早在几百年前，这种规律性的风向变化就已经被东西方的航海者掌握并充分利用。

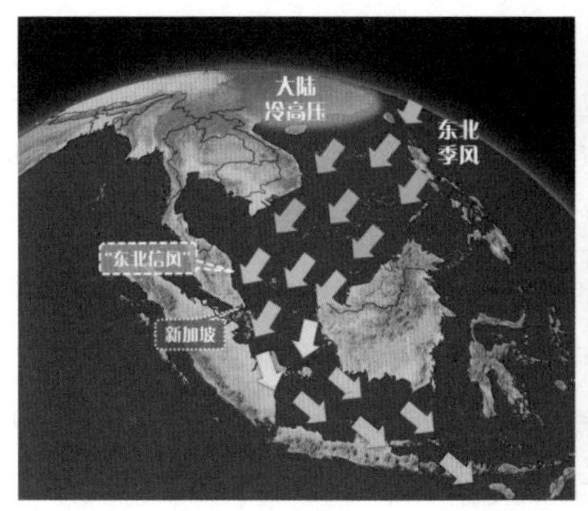

在南海，夏季普遍盛行偏南风，冬季则盛行东北风；在北印度洋，夏季普遍以西南风为主，冬季则是偏东风居多。所以古代帆船可以靠摸清季风转换规律来大致确定出航和返航的时间。

我国元代的航海家汪大渊，以及明代的郑和船队从中国航海到达东南亚时，东北信风都帮了不少忙。同理，在西方的大航海时代，欧洲国家的航海者们也是利用信风，从另一侧来到的东南亚。

65

印度尼西亚——赤道上的千岛之国

The Republic of Indonesia

地理概况

印度尼西亚共和国，简称印尼，位于东南亚地区南部。地跨赤道（南纬 11° ~ 北纬 6° ），其 70% 以上领土位于南半球，是亚洲南半球领土面积最大的国家。

印尼人口仅次于中国、印度和美国，居世界第 4 位。陆地面积约 1904000 平方千米（全球排名第 14 位），海洋面积约 316600 平方千米（不包括专属经济区）。

我曾经和孩子玩拼地图的游戏，孩子指着印尼天真地说："这个没法儿拼，太'乱'了！"在孩子看来，印尼的版图实在是太复杂了。

印尼是全世界最大的群岛国家，别称"千岛之国"。实际上，印尼由太平洋和印度洋之间约 13466 个大小岛屿组成，说是"千岛之国"，都太过于谦虚了。

印尼地处赤道、四面环海，所以全年湿润闷热，各月间的气温差异也非常小。

印尼位于热带辐合带的活动范围内，因此近地面的风力普遍非常弱，接近静风。

而受到热带辐合带南北两侧的季风气流影响，全年降雨充沛，不过随着热带辐合带南移或北上，各地也有相对多雨的湿季和相对少雨的干季，所以兼具热带雨林气候和热带季风气候的特点。

不同的雨季

由于热带辐合带通常在10~11月南下到北纬10°附近，1月位于南纬5°附近，3~4月又北上到赤道附近，因此印尼北部和南部受到热带辐合带影响的时间不同，干湿季的时间分布差别很大。

在印尼位于北半球的地区，如苏门答腊岛北部、廖内群岛和加里曼丹岛北部，雨季出现在每年9~12月，1~8月相对少雨，但是也很充沛。

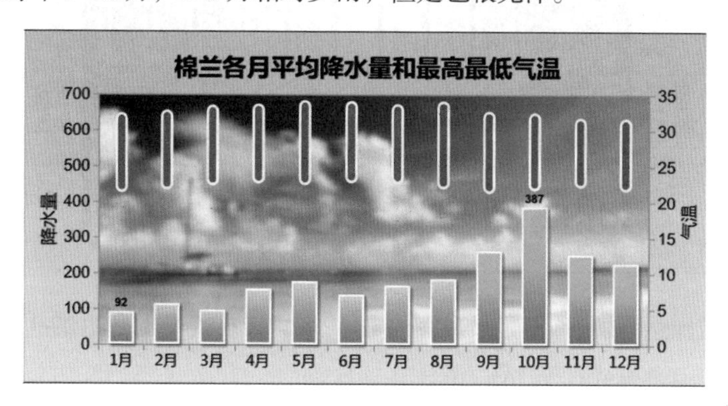

例如苏门答腊岛北部城市棉兰，9~12月的月平均降雨量普遍达到250毫米以上，月平均降水日数也达到20天上下。而在印尼位于南半球的地区，例如爪哇岛和相邻的巴厘岛，降雨最多的时间出现在每年12月至次年3月，比北半球地区大约晚3个月。

而且由于爪哇岛和巴厘岛距离澳大利亚大陆比较近，6~9月常受到澳大利亚冬季高压北侧的西北气流影响，降雨明显减少，导致当地鲜明的干湿季差异，热带季风气候特征更显著。

例如位于爪哇岛西部的印尼首都雅加达，每年12月至次年3月的月平均降雨量都在200毫米以上，月平均降水日数也有15天左右；但是在降雨最少的6~9月，雅加达的月平均降水量普遍不足100毫米，月平均降水日数普遍在8天以下，和雨季差别比较大。特别在7~8月，亚洲多数地区都处于夏季的多雨时节，爪哇岛和巴厘岛却正处于干季当中，因此每年这时候是到这里旅游的理想季节。

各季皆有“当季”鲜果

印尼地跨赤道，全国普遍位于太阳的直射范围内，而且四面环海，因此湿度大、气温高，气温在一年中并没有显著的跳跃。

低海拔地区的平均最高气温普遍在29~34℃，闷热潮湿。

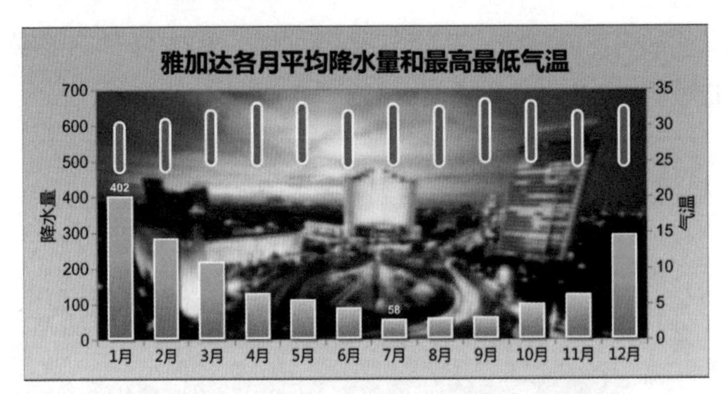

以首都雅加达为例，即使是最凉爽的1月，平均最高气温也高达29.9℃。纵观全年，雅加达的平均相对湿度只在70%~95%小幅波动。

这种闷热潮湿的天气与中国江南6~8月的情况比较类似。

雅加达与南京气温湿度对比表

	平均气温	平均最高气温	平均相对湿度
雅加达，全年	27.6	31.8	80.6
南京，6~8月	26.8	31.0	78.7

以南京为例，6~8月平均最高气温为29~33℃，平均相对湿度为75%~80%。南京这一时节的气候数据，无论湿度、温度还是降水量，都基本上可以“扮演”雅加达。

这种终年闷热潮湿的天气或许令很多人厌烦，但“人在屋里热得燥，稻在田里哈哈笑”。对于很多原产于热带、喜欢高温高湿环境的水果和农作物来说，印尼的气候堪称完美。

印尼几种水果的上市时间表

<table>
<tr><th>1月</th><th>2月</th><th>3月</th><th>4月</th><th>5月</th><th>6月</th><th>7月</th><th>8月</th><th>9月</th><th>10月</th><th>11月</th><th>12月</th></tr>
<tr><td></td><td></td><td></td><td></td><td></td><td colspan="2">榴莲</td><td></td><td></td><td></td><td></td><td></td></tr>
<tr><td colspan="2">山竹</td><td></td><td></td><td></td><td></td><td></td><td></td><td></td><td></td><td colspan="2">山竹</td></tr>
<tr><td colspan="2">红毛丹</td><td></td><td></td><td></td><td></td><td></td><td></td><td></td><td></td><td></td><td>红毛丹</td></tr>
<tr><td></td><td></td><td colspan="3">杜古</td><td></td><td></td><td></td><td></td><td></td><td></td><td></td></tr>
<tr><td colspan="12">一年可多次收获的水果：西瓜、椰子（一年4次）、莲雾（一年可达5次）</td></tr>
</table>

印尼最重要的粮食作物——水稻，还有椰子、莲雾等热带水果，在印尼都可以一年收获多次。另外，印尼也盛产榴莲、山竹、红毛丹等季节性的热带水果。不论什么时候来到这里，都能赶上“正当季”的新鲜水果。

静风的“羽毛球王国”

印尼享有“羽毛球王国”的美称，羽毛球是其“国球”。作为羽毛球爱好者，我观看过印度尼西亚不同年代顶尖高手诸如梁海量、林水镜、苏吉亚托、魏仁芳、陶菲克等人的比赛。

羽毛球在印度尼西亚的风靡，其实气候因素也是不应忽视的一个重要原因。印度尼西亚位于赤道附近，是热带辐合带南北摆动的必经之地。热带辐合带是南、北半球信风气流汇合形成的狭窄气流辐合带，辐合带正处于东风带和西风带之间，是东、西风的过渡带，因此在辐合带中，地面基本静风。

热带辐合带长期“坐镇”于此，使印度尼西亚的空气水平运动相对于中高纬度地区要小很多，而且由于纬度低，台风很少“光顾”，所以风往往是被人们忽略的气象要素。以巴厘岛首府登巴萨为例，一年之中的最大风力平均只有7米/秒，相当于4级风，当地极少出现6级以上的大风天气。对于球重很轻、很容易被风影响的羽毛球来说，印尼的这种天气条件实在是太完美了。

除了风力弱，湿度大也是羽毛球的“福音”。因为在湿度大的环境中，羽毛会变得湿软，面积也会有所扩张，使空气阻力增大，打出同样力度的球会更难，球的耐打性会更高，羽毛不容易折断。

“火山地震之国”

印尼的地理位置非常特殊，它位于太平洋板块、印度洋板块、亚欧板块这三大板块的冲撞区域，夹在环太平洋地震带和欧亚地震带之间，地壳活动剧烈，地震和火山活动比世界上绝大多数国家和地区都频繁得多。

世界上大约 90% 的地震和全球 81% 最强的地震都发生在环太平洋地震带，大约 17% 的地震和全球 5%~6% 最强的地震都发生在欧亚地震带。而印尼东北面临环太平洋地震带，从苏门答腊岛到帝汶岛的西南则临近欧亚地震带。

除了地震，由于印尼处于多个板块的交界地带，火山也非常密集，被称为“火山之国”。印尼全国共有火山近 400 座，其中 129 座是活火山。

印尼最活跃的两座火山——凯拉特火山和默拉皮火山都位于爪哇岛，这两座火山也都曾发生过大规模爆发。而位于苏门答腊岛北部、沉寂了 400 多年的锡纳朋火山，2010 年以来已爆发近 10 次。

“咖啡地带”

温暖湿润的气候、众多的火山也使印尼这片土地上培育出了一种著名特产——咖啡。

印尼虽地处赤道，但全国分布着很多海拔 500 米以上的山地。山地之上，气温不如低海拔地区那么炎热，而且由于四面环海，森林密布，这些山地温和而湿润的环境非常适合咖啡树生长。

咖啡树喜欢温和的气温、充足的降雨、湿润的空气、肥沃的土壤以及少量的直接日照。咖啡树生长的理想环境，需要具有这些特点：

1. **海拔高度**：对于咖啡而言，生长的理想海拔高度为 500~2000 米。

2. 温度：15~25℃，温度适中。过于温暖，会使咖啡浆果发育过快，结不出小而味浓的坚硬的优质咖啡豆；过于寒凉，树木就会休眠，如果出现霜冻，咖啡树又会被冻死。

3. 降雨量：全年的降雨量要达到1500~2000毫米，而且其降雨时间，还要能配合咖啡树种的开花周期。

4. 土壤：最适合栽培咖啡的土壤，是排水良好、含火山灰质的肥沃土壤。

5. 日照：咖啡树成长需要适量的日照，又不宜过于强烈，每天的直接日照通常少于2小时。因此咖啡的各个产地通常会配合种植一些遮阳树，一般多种植香蕉、芒果以及豆科植物等树干较高的植物。

满足这么多苛刻条件的地方，多半是位于南北回归线之间，且拥有高山地形（有火山更好）的地方，这一带就是所谓的咖啡地带（Coffee Zone/Coffee belt）。而位于赤道附近、多山地、多火山的印尼恰好位于其间。印尼拥有三大咖啡产地，分别是苏门答腊岛、爪哇岛和苏拉威西岛，且这三个产地的咖啡各有特色，因此印尼出产的咖啡通常以“苏门答腊”“爪哇”“苏拉威西”岛名标识，而不是以国名标识。

印尼分区介绍

“千岛之国”印度尼西亚，南北跨度近 20 个纬度，东西横跨超 40 个经度，所以各地气候虽有相似之处，但由于地理位置和地形有异，气候特点也不尽相同。

在此主要对爪哇岛、巴厘岛、苏门答腊岛和加里曼丹岛的气候和地理特点进行重点介绍。

爪哇岛

爪哇岛位于印度尼西亚西南部，苏门答腊岛东南方，加里曼丹岛以南。爪哇岛仅是印尼西第四大岛，但拥有全国人口的一半以上，而且是全国政治和经济中心。首都雅加达以及古都日惹、泗水、万隆等城市都位于爪哇岛。

爪哇岛的地形以山地、丘陵为主，岛上有一东西走向的纵向山脉，山脊有许多火山，两侧是石灰岩山岭和低地。爪哇岛是火山活动较多的地区，但严重的喷发次数极少，全岛共有 112 座火山，其中只有 35 座是活火山。岛西部火山聚集，中部和东部则较为分散。最高的火山是塞梅鲁火山，海拔 3 676 米。

爪哇岛位于南半球，也是印尼比较靠南的岛屿。爪哇岛靠近赤道，全年气温普遍比较高。因距离澳大利亚大陆较近，南半球季风的影响更大，干湿季比较鲜明，季风气候特征显著。对于游客而言，也就有比较明确的旅游旺季。

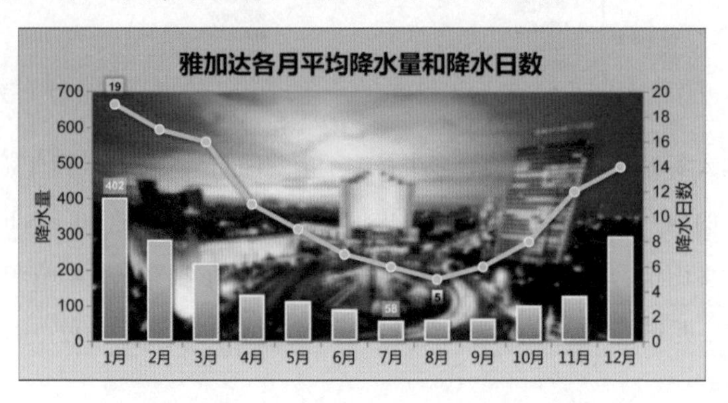

每年 12 月热带辐合带逐渐南移到赤道，爪哇岛会受到湿润的西北气流控制，进入雨季，一直持续到次年 3 月。热带的雨季不是一般的多雨，印尼首都雅加达降雨最多的是 1 月，月降水量 400 毫米左右，一个月就能把北京差不多一年的雨都下完了。

和雨季相反，每年 6~9 月是爪哇岛的干季，爪哇岛上空受到相对干燥的东南气流控制，各月平均降水量只有几十毫米，降水日数也只有 5 天。

巴厘岛

巴厘岛位于爪哇岛以东，同样位于赤道以南。巴厘岛行政上称为巴厘省，是印度尼西亚著名的旅游胜地。省会为该岛南部的登巴萨，距印尼首都雅加达 1000 多千米。

巴厘岛兼具壮观的火山和美丽的海滩，又拥有百沙基陵庙等历史悠久的众多庙宇，无论是自然景观还是人文景观都非常绮丽多彩。巴厘岛全岛山脉纵横，地势东高西低。岛上有数座完整的锥形火山峰，其中阿贡火山（巴厘峰）海拔 3142 米，是岛上的最高点。海滨浴场沙细滩阔、海水湛蓝清澈，吸引世界各地的大批游客来此度假。

巴厘岛气候也与爪哇岛相似，属于比较典型的热带季风气候，而且终年炎热湿润，干湿季的时间分布大体相同。不过仔细分辨，会发现巴厘岛的气候与爪哇岛还是有一些差异。

每年 12 月至次年 3 月是巴厘岛一年中雨水最多的季节。以巴厘省首府登巴萨为例，这几个月每月的平均降水量在 200 毫米以上，平均最高气温为 33~34℃，平均最低气温约为 24℃，非常湿润而闷热。

到了 4 月，由于热带辐合带北上，巴厘岛的雨水明显减少，而同时气温有些上升，这与爪哇岛的情况稍有不同。以登巴萨为例，4 月是当地一年中最热的月份，平均最高气温达到 34.4℃。所谓闷热，平时以闷为主，这时是以热为主。

6~9 月，南半球进入冬季，巴厘岛的降雨达到全年最少，气温也达到全年最低。登巴萨最凉爽的 8 月，平均最高气温和最低气温分别只有 29.6℃和 22.5℃，比爪哇岛低海拔地区更舒适一些。

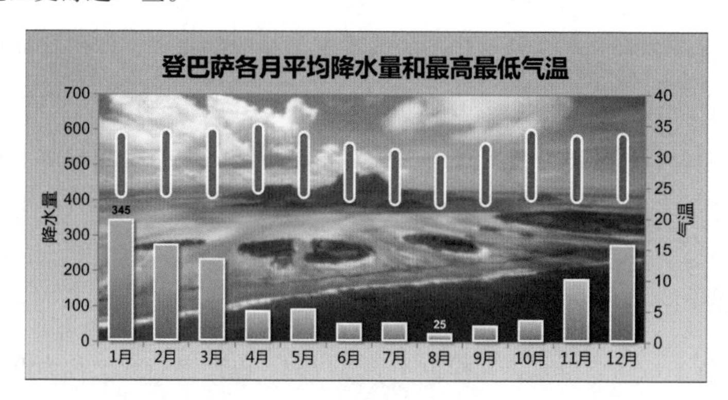

10 月，南半球逐渐进入春季，巴厘岛的气温也达到一年中仅次于 4 月的第二个高点。到了 11 月，巴厘岛的雨水明显增多。

如果仅从气候上看，巴厘岛的最佳旅游时期无疑是每年 7 月和 8 月，因为这时候巴厘岛雨水相对稀少，而且气温也达到全年最低。这时，不仅是巴厘岛最宜人的季节，而且与其他地方相比，气候优越性更加凸显：7~8 月对于北半球中纬度地区是一年中最热的季节，要避暑；7~8 月又是南半球中纬度地区一年中最冷的季节，要避寒。无论避暑还是避寒，巴厘岛都还不错。

苏门答腊岛

苏门答腊岛是世界第六大岛，印度尼西亚第二大岛屿，仅次于加里曼丹岛，经济地位仅次于爪哇岛。苏门答腊岛隔马六甲海峡与马来半岛相望，西濒印度洋，东临南海和爪哇岛。苏门答腊岛包括属岛（廖内群岛等）约 475000 平方千米，占国土面积的 1/4。

苏门答腊岛火山众多，吸引了不少喜好探险的游客，另外苏门答腊岛旁边的廖内群岛风景优美，其中的民丹岛等岛屿也是休闲度假胜地。

苏门答腊岛西半部山地纵贯，河流众多。而东半部，河流将淤泥带到下游形成了辽阔的平原，遍布沼泽和湖泊。苏门答腊岛位于亚欧板块的东南边缘，该岛以南地区位于印度洋板块边缘，是欧亚地震带的一部分，因此苏门答腊岛及其近海时常发生地震，有时甚至会引发海啸。

苏门答腊岛横穿赤道，全岛总体降雨充沛，不过热带辐合带影响北部和南部的时间稍有不同，各地雨季的持续时间也稍有差别。

苏门答腊岛北部的雨季总体出现在每年 9~12 月，这是因为热带辐合带在这一时期逐渐南撤，苏门答腊岛附近的西南气流增强，降雨也明显增多。以棉兰为例，当地 9~12 月的月平均降雨量普遍在 250 毫米以上，月平均降水日数为 20 天左右。而在 1~8 月，降雨量虽然明显比雨季减少，仍然比较充沛。降雨最少的 1 月，月平均降雨量 92 毫米，降雨日数 14 天。

而在苏门答腊岛南部，雨水比起北部更充沛，雨季也更长，会从每年 10 月一直持续到次年 4 月前后。由于热带辐合带在北半球秋季是自北向南移动，因此苏门答腊岛南部的雨季开始时间比北部稍晚。每年 11 月之后，苏门答腊岛南部盛行强降雨，这种状况直到 5 月热带辐合带再次回归到北纬 10° 附近时才会有所改变。

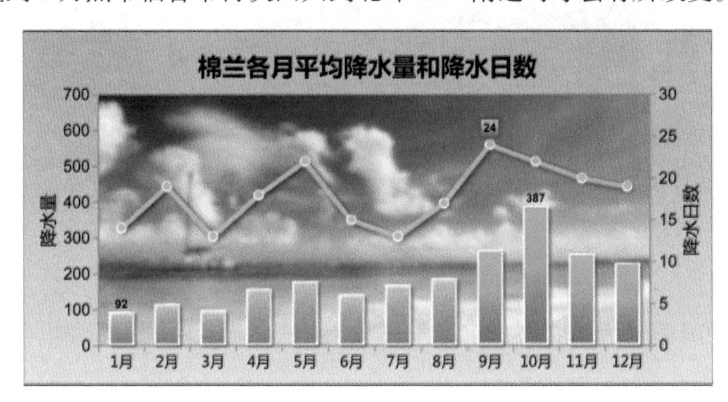

以苏门答腊岛东南部的巨港为例，当地 10 月至次年 4 月，每月平均降雨量普遍达到 200 毫米以上，是非常漫长的雨季；而在 6~9 月，当地的月平均降水量只有 100 毫米左右，虽然对于干旱地区而言，100 毫米依然是天量，但对于当地而言，已经属于“干季”了。

加里曼丹岛

加里曼丹岛也译作婆罗洲，是世界第三大岛。加里曼丹岛西面为苏门答腊岛，南面为爪哇岛，东为苏拉威西岛，北临南海。加里曼丹岛上分别有马来西亚、文莱和印度尼西亚三国领土，其中该岛中、南部属印度尼西亚。

加里曼丹岛的山脉从内地向四外伸展，东北部有东南亚最高峰基纳巴卢山，海拔 4 102 米。沿海地区以平原为主，南部地势较低，分布着大片湿地。

加里曼丹岛横穿赤道，属印度尼西亚的部分基本位于赤道以南。

西加里曼丹省首府坤甸正位于赤道上，离亚洲大陆和澳大利亚大陆均相对较远，因此坤甸的气候几乎不具有季风特征，属于典型的热带雨林气候，全年高温多雨，各月的降雨量分布比较平均，且降雨日数较多，各月降雨日数为 13~27 天，所以下雨乃是货真价实的“家常便饭”。

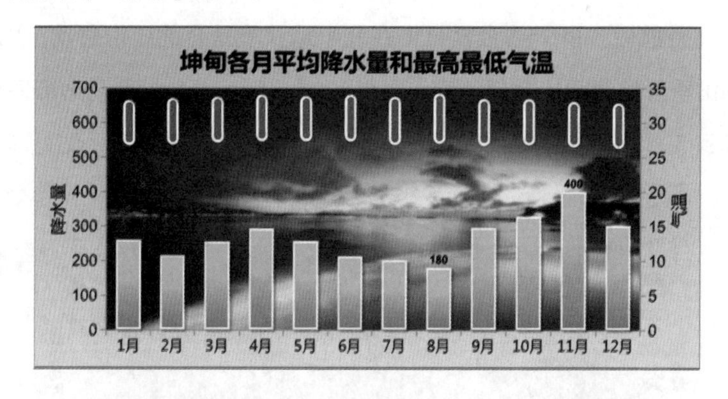

每年 11 月，当热带辐合带南下到达赤道附近时，坤甸的降雨量达到一年中的最大值，月平均降雨量为 400 毫米，降雨日数为 25 天。而 8 月，热带辐合带位于北半球最北的位置时，降雨量也达到一年中的最小值，月平均降雨量 180 毫米，降雨日数也是 25 天，可见当地即使在降雨最少的月份，感觉也是老在下雨。

66

越南——似曾相识的风物和季节

Socialist Republic of Vietnam

地理概况：狭长山国

越南，全称越南社会主义共和国，位于中南半岛东部。越南是一个呈“S”形的狭长国度，北与中国接壤，西与老挝、柬埔寨交界，东部和南部则临南海。

越南南部与中南半岛诸国的气候很相似，季节并非分为春夏秋冬四季，而是干湿两季。而越南北部与中国南方的气候相似，我们可以感受到很多的“似曾相识”。

提到“狭长”的国家，可能不少人会首先想到世界上最狭长的国家——智利。智利从南到北伸展了4300多千米，然而智利从东到西最狭窄的地方不到100千米，不足南北跨度的1/40。

在太平洋彼岸也有一个国土非常狭长的国家——越南。越南的东西跨度也非常狭窄，中部最窄的地方只有大约50千米；而越南南北跨度约为1700千米，海岸线更是长达3260多千米。东西最窄之处不足南北跨度的1/30，狭窄程度可与智利媲美。

另外，从地形来看，越南和智利其实也有许多相似之处。

面朝大海、背靠山脉

智利东部背靠南美洲最长的山脉——安第斯山脉，西部面临太平洋。

越南的“面”和“背”则正好与智利相反。越南西部背靠中南半岛东部最主要的山脉——长山山脉，东部面临南海。

山地密布、沿海低平

由于背靠安第斯山脉，智利境内群山密布，山地约占国土总面积的 80%，为数不多的低海拔地区普遍在沿海。

越南也非常相似。越南大约有 3/4 国土是山地和小高原，越接近沿海地势越低。

繁荣的平原

当上帝关上你的一扇门，必定会为你打开另一扇门。虽然智利和越南平原不多，但仅有的肥沃平原，支撑起了这两个国家的繁荣。智利中部狭长的平原上坐落着该国首都圣地亚哥、繁荣的港口城市瓦尔帕莱索以及工农业中心康塞普西翁。

越南则更加幸运，北部拥有红河三角洲，南部拥有湄公河三角洲，这两个三角洲平原不仅物产丰富，还分别孕育出了越南两个最繁华的都市——越南首都河内与最大城市胡志明市。

气候概况：共饮两江水

越南作为中国的邻邦，山水相连，气候关联。越南最重要的两条河流都发源自中国。越南北部最为重要的红河发源自中国云南的巍山，上游主干为元江，流入红河州境内后改称为红河，随后一路向东南方进入越南老街省，最后在下游的河内市附近延展，形成支流密布、土壤肥沃的红河三角洲。

与红河相映，越南南部也有一条非常重要的河流，这就是东南亚第一大河——湄公河。湄公河来头相当大，源自中国青海的三江源地区，“三江”分别为黄河、长江和澜沧江。澜沧江即湄公河在中国境内的上游。澜沧江从青藏高原南下，途经云南流出并改名湄公河，先后流经缅甸、老挝、泰国和柬埔寨，最后到达越南。由于湄公河途经了 6 个国家，因此它有一个别称——“东方多瑙河”。

湄公河支流众多，途经的地区雨季降水丰沛，大规模水流冲刷形成的湄公河三角洲地域广阔，是东南亚地区最大的平原、著名的鱼米之乡。不得不说越南很幸运——

“东方多瑙河”上中游跌宕起伏，奔流五国后逐渐平缓，即将入海之际被越南坐拥，面积达 44 000 平方千米的湄公河三角洲，有 39 000 平方千米属于越南。

湄公河三角洲在越南又名为“九龙江三角洲”，因为湄公河在入海口共分为 9 条支流，这些支流在三角洲平原上织成河网，使得土地极为丰沃。

湄公河三角洲是越南最大的粮仓，稻田一望无际，果园四季飘香，这里也是越南人口最密集的地方。越南最大的城市胡志明市也因坐落在湄公河三角洲而繁荣，加上浓郁的法式风情，使得这里曾有“东方巴黎”之称。

似曾相识的分界

在气候带划分的问题上，越南与中国方式极为相似。中国通常把秦岭 – 淮河一线作为南北方的地理和气候分界：秦岭 – 淮河以南地区属于亚热带季风气候，年降水量普遍超过 800 毫米；冬季相对温和，1 月平均气温高于 0℃。而秦岭 – 淮河以北地区属于温带季风气候，雨季短促（多集中在 7~8 月），年降水量普遍低于 800 毫米；冬季寒冷干燥，1 月平均气温低于 0℃。

而狭长的越南中部有一座海云岭，是长山山脉的支脉，自西向东将越南的沿海平原切成两段。越南的学界认为，越南气候大致可以由海云岭分界：海云岭以南地区是越南的南方地区，气候与中南半岛其他地区相似，常年火热如夏，多数地方的雨季长达半年；而海云岭以北的越南北方，特别是红河中下游地区，普遍呈现出类似中国的一年四季，这样的季节特征是整个东南亚地区都不多见的。

一方气候，养两方人

越南首都河内与中国首都北京有不少相似之处——两者同为千年古城，同样西北背靠群山、东南面向平原，两者同样虽然不靠海，但城市东南方都紧临一座繁华的港口城市（天津与海防）。另外两者在气候方面也有一点类似，就是一年中都有春夏秋冬四季。

北京地处温带，拥有一年四季是正常的事情。然而对于河内所处的中南半岛来说，拥有一年四季可谓“特产”。

在北半球的冬季，东亚地区会受到一个强大的地面冷高压控制，高压前部的东北风难以越过长山山脉影响老挝、柬埔寨、泰国等地，却可以直接影响到越南北部。相对寒冷的空气使越南北部比起同纬度的中南半岛其他地区阴凉许多。

到了北半球的夏季，控制南亚地区的西南季风走高空路线，不仅可以飞跃孟加拉湾，也可以越过长山山脉，使得包括越南北部在内的整个中南半岛普遍闷热多雨。

夏季风可以顺利越过长山山脉，而冬季风基本不能，这导致中南半岛大多数地方常年如夏，而越南北部却夏季闷热、冬季阴凉。

所以从季节形成的原因上看，越南北部的气候并不能与中南半岛大部分地区攀上亲戚，却与中国华南地区一脉相承。

从中国对于“冬季”的气象定义来看，河内的“冬季”其实不太能够“达标”。但是对于一个位于北回归线以南的热带平原城市来说，1 月平均气温达到 16.5℃已经算是非常冷了，何况河内历史上曾经出现过 2.7℃的极端低温。

对比河内和南宁，可以发现这两个地方都少见中国气象意义上的“冬季”。“冬季”虽然难以“立足”，但是年底、年初的气温都比较低，春秋两季还是能够“站稳脚跟”的。

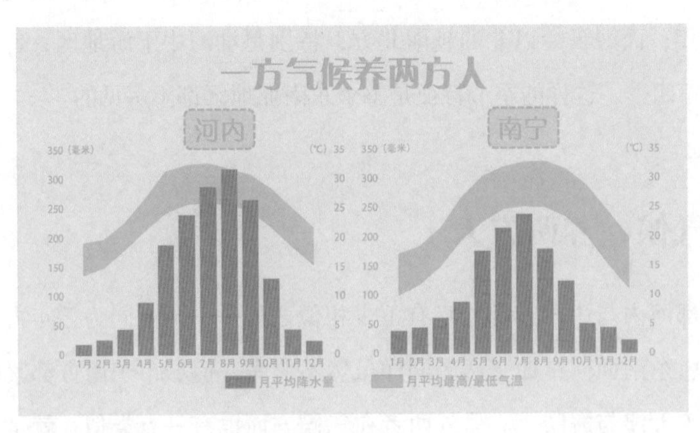

距离北部湾不远的河内和南宁，气候也有不少相似之处

而到了夏季（5~9 月），河内和南宁的平均最高气温普遍达到 30℃以上，同时夏季也是两地雨水最为集中的时期。综合来看，河内和南宁都是雨热同期、季节分明，而且河内除了夏季雨水明显多于南宁以外，无论是一年中的降水变化趋势还是气温变化趋势，都几乎和南宁相仿。

“东方巴黎”胡志明市

“东方巴黎”这个称号其实给过不少东方城市，比如黎巴嫩的贝鲁特、越南的胡志明市、我国的上海与哈尔滨，历史上都曾经被称为“东方巴黎”。

同为“东方巴黎”，胡志明市与上海确实也有不少相似之处。在地理方面，胡志明市位于湄公河三角洲，而上海位于长江三角洲，一面是河流穿城而过，另一面则是广阔的大海，平坦肥沃的三角洲土地与便利的交通使这两座城市生机勃勃，分别成了越南与中国的最大城市。

不过同为“东方巴黎”，胡志明市与上海的气候却有不少差异。胡志明市拥有比较典型的热带季风气候，全年如夏，各月的平均最高气温都超过 30℃。其中 4 月胡志明市平均最高气温为 34.6℃，是热带季风气候区最为经典的“热季”。而在降水方面，胡志明市在 5~10 月，每个月的平均降水量都超过 200 毫米，平均降水日数也普遍达到 20 天左右。

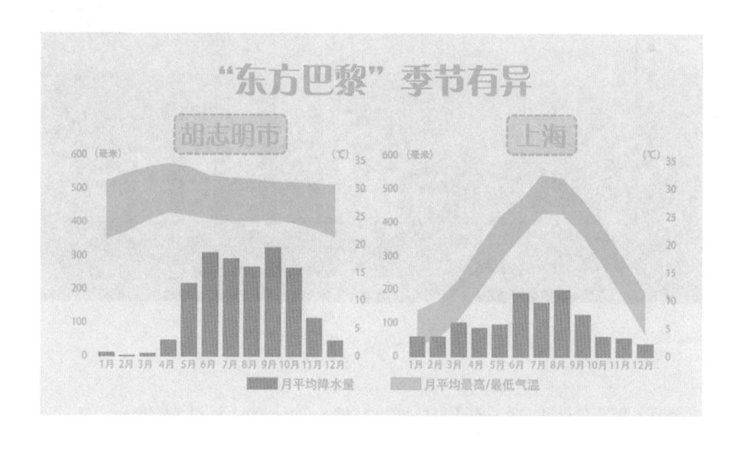

再看上海，虽然年初的降水量比胡志明市多，且一年中有 5 个月的平均降水量超过 100 毫米，但是超过 200 毫米的只有 8 月，而且一年中气温的变化相当大，冬季最冷的 1 月平均最高气温只有 8.4℃，而夏季最热的 7 月平均最高气温达 32.6℃。

对比胡志明市与上海，胡志明市拥有“全天候”的漫长夏季与持续半年的漫长雨季，而上海却拥有差异明显的一年四季，所以这两个“东方巴黎”的气候都很不巴黎。

多雨季节的不速之客

在越南的多雨季节，有时也会出现一些“不速之客”，这就是台风。

从 1981 ~2010 年的统计数据来看，每年 5~12 月，西北太平洋和南海海面上平均都会有超过一个台风生成，7~10 月更是台风最活跃的时期。

西北太平洋和南海生成的台风如果登陆，登陆地点通常也会比较“就近”。中国东南沿海、菲律宾、日本和越南都是比较常见的台风登陆地区。

越南纬度不高且不算非常接近赤道，而且又濒临南海这个台风的“成长区域”，所以基本上每年都会遭遇台风登陆，登陆时间通常也在 6~10 月。

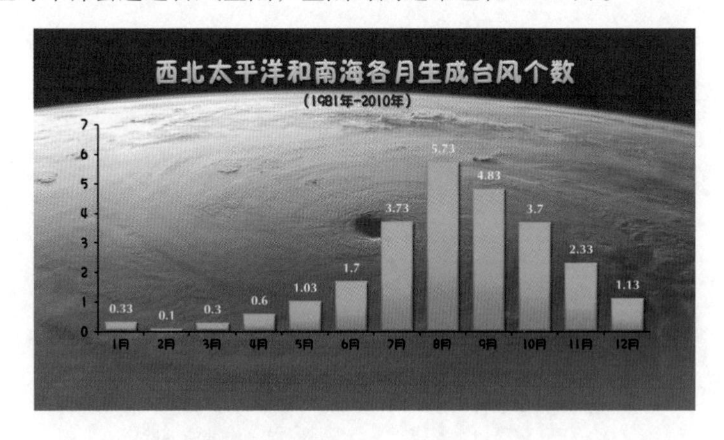

图 66-5

与长途奔袭的西北太平洋台风相比，南海台风往往是就近偷袭，所以人们预见和防御的时效相对较短。

遭遇台风，除了狂风暴雨，次生灾害也可能会伴随出现：平原地区可能会遭遇洪涝，山区则可能遭遇地质灾害。

图书在版编目（CIP）数据

风云丝路："一带一路"沿线国家气候概况 / 宋英杰主编. -- 南京：江苏凤凰科学技术出版社，2017.10

ISBN 978-7-5537-6386-6

Ⅰ. ①风… Ⅱ. ①宋… Ⅲ. ①气候－概况－世界 Ⅳ. ① P468.1

中国版本图书馆 CIP 数据核字（2017）第 232034 号

风云丝路："一带一路"沿线国家气候概况

主　　编　宋英杰
责任编辑　王　岽　李莹肖
助理编辑　刘小月
责任校对　郝慧华
责任监制　曹叶平　周雅婷

出版发行　凤凰出版传媒股份有限公司
出版社地址　南京市湖南路 1 号 A 楼，邮编：210009
出版社网址　http://www.pspress.cn
印　　刷　南京海兴印务有限公司

开　　本　718mm × 1000mm　1/16
印　　张　19
字　　数　276 000
版　　次　2017 年 10 月第 1 版
印　　次　2017 年 10 月第 1 次印刷

标准书号　ISBN 978-7-5537-6386-6
定　　价　48.00 元